W0012214

Hans Joachim Schlichting
und Christian Ucke

Physikalische Spielereien

Beachten Sie bitte auch
weitere interessante Titel
zu diesem Thema

Ucke, C., Schlichting, H. J.
Spiel, Physik und Spaß
Physik zum Mitdenken und Nachmachen
2011
Print ISBN: 9783527409501

Full, R.
Vom Urknall zum Gummibärchen
Ein Lese-und Experimentierbuch
2014
Print ISBN: 978-3-527-33601-2

Hermans, J.
Im Dunkeln hört man besser
Alltag in 78 Fragen und Antworten
2014
Print ISBN: 978-3-527-33701-9

Hüfner, J., Löhken, R.
Physik ohne Ende
Eine geführte Tour von Kopernikus bis Hawking
2012
Print ISBN: 978-3-527-41017-0

Bührke, T., Wengenmayr, R. (Hrsg.)
Erneuerbare Energie
Konzepte für die Energiewende
3. Auflage
2012
Print ISBN: 978-3-527-41108-5

Hans Joachim Schlichting und Christian Ucke

Physikalische Spielereien

Aktiv, kreativ, lehrreich

WILEY-VCH

Verlag GmbH & Co. KGaA

Autoren

Hans Joachim Schlichting
Universität Münster
Institut für Didaktik der Physik
Wilhelm-Klemm-Str. 10
48149 Münster

Christian Ucke
Rofanstraße 14B
81825 München

Titelbild
Foto von Professor Ursel Fantz und
Dr. Andreas Lotter, mit Erlaubnis.

Alle Bücher von Wiley-VCH werden sorgfältig erarbeitet.
Dennoch übernehmen Autoren, Herausgeber und Verlag
in keinem Fall, einschließlich des vorliegenden Werkes,
für die Richtigkeit von Angaben, Hinweisen und Ratschlä-
gen sowie für eventuelle Druckfehler irgendeine Haftung

**Bibliografische Information
der Deutschen Nationalbibliothek**
Die Deutsche Nationalbibliothek verzeichnet diese
Publikation in der Deutschen Nationalbibliografie;
detaillierte bibliografische Daten sind im Internet über
<http://dnb.d-nb.de> abrufbar.

© 2016 Wiley-VCH Verlag GmbH & Co. KGaA,
Boschstr. 12, 69469 Weinheim, Germany

Alle Rechte, insbesondere die der Übersetzung in andere
Sprachen, vorbehalten. Kein Teil dieses Buches darf ohne
schriftliche Genehmigung des Verlages in irgendeiner
Form – durch Photokopie, Mikroverfilmung oder irgen-
dein anderes Verfahren – reproduziert oder in eine von
Maschinen, insbesondere von Datenverarbeitungs-
maschinen, verwendbare Sprache übertragen oder übersetzt werden. Die Wiedergabe von Warenbezeichnun-
gen, Handelsnamen oder sonstigen Kennzeichen in
diesem Buch berechtigt nicht zu der Annahme, dass
diese von jedermann frei benutzt werden dürfen.
Vielmehr kann es sich auch dann um eingetragene
Warenzeichen oder sonstige gesetzlich geschützte
Kennzeichen handeln, wenn sie nicht eigens als solche
markiert sind.

Buchhandelsausgabe erhältlich unter:
Print ISBN: 978-3-527-33893-1

Umschlaggestaltung   Bluesea Design
Satz   TypoDesign Hecker GmbH, Leimen
Druck und Bindung   Appl, aprinta druck, Wemding

Gedruckt auf säurefreiem Papier.

Mitautoren

Die folgenden Personen haben bei den in Klammern hinter ihrem Namen stehenden Beiträgen mitgewirkt oder waren der Erstautor.

Prof. Dr. **Friedhelm Kuypers** (Bierdeckelsalto, Stehaufmännchen), geb. 1949, studierte Physik in Münster, Bonn, Freiburg und promovierte dort in theoretischer Physik. Er war Professor an der Hochschule Regensburg und unterrichtete bis 2014 Physik und Technische Mechanik für Ingenieure und Naturwissenschaftler. Er ist Verfasser mehrerer Lehrbücher, u.a. Klassische Mechanik. Sein besonderes Interesse gilt dem Stehaufkreisel und Simulationen von Demonstrationen von physikalischen Effekten.
friedhelm.kuypers@oth-regensburg.de

Dr. **Wilfried Suhr** (Schnurrer, Geodreieck, Kettenfontäne, Leonardos Kreuz, Moirémuster), geb. 1951, studierte Physik an der Universität Oldenburg, wo er 1992 über ein Thema der Wissenschaftsforschung promovierte. Gegenwärtig ist er als Mitarbeiter am Institut für Didaktik der Physik der Universität Münster im Bereich der Lehrerausbildung tätig.
wilfried.suhr@uni-muenster.de

Prof. Dr. Ing. **Ursel Fantz** (Blitze-Plasmakugel), geb. 1963, studierte Physik in Stuttgart und promovierte dort am Institut für Plasmaforschung der Fakultät Elektrotechnik. Danach wechselte sie an die Universität Augsburg wo sie sich 2002 in der Experimentalphysik habilitierte. Sie betreibt Lehre und Forschung auf dem Gebiet der Plasmaphysik und Fusionsforschung an der Universität Augsburg und am Max-Planck-Institut für Plasmaphysik, Garching, wo sie seit 2004 tätig ist und seit 2010 den Bereich ITER Technologie und Diagnostik leitet. Ihr besonderes Interesse gilt der Plasmaspektroskopie von Niedertemperaturplasmen.
ursel.fantz@ipp.mpg.de

Dr. **Andreas Lotter** (Blitze-Plasmakugel), geb. 1974, studierte Physik in Augsburg und promovierte in Heidelberg am Institut für Umweltphysik. Danach wechselte er zur Leica Microsystems GmbH nach Wetzlar, wo er als Optikentwickler tätig ist. Sein besonderes Interesse gilt dort der Auslegung optischer Systeme für die Mikroskopie. Darüber hinaus interessiert er sich für das Optikdesign und den Bau astronomischer Teleskope.
andreas.lotter@gmx.net

Jan Schlichting (Die einfachste Eisenbahn der Welt, Ein Boot mit einem magneto-hydrodynamischen Antrieb), geb. 1982, studierte Lehramt Physik und Technik (Master of Education) in Münster und befindet sich z.Zt. im Referendariat.

Liebe Preisträgerin, lieber Preisträger,

herzlichen Glückwunsch zu Ihren hervorragenden Leistungen im Fach Physik und viel Spaß mit den „Physikalischen Spielereien", dem diesjährigen Buchpreis der Deutschen Physikalischen Gesellschaft (DPG). Wir hoffen, Sie bleiben auch nach der Schule in der Physik am Ball, denn unsere Gesellschaft baut in hohem Maße auf den Entdeckungen und Innovationen in der Physik und in den anderen Natur- und Technikwissenschaften auf – und dafür brauchen wir motivierte, begeisterte junge Leute.

Der DPG-Buchpreis wird seit dem Jahr 2000 jährlich bundesweit an die ca. 3.500 Schülerinnen und Schüler vergeben, die ein besonderes Interesse an Physik zeigen. Wir verfolgen damit natürlich ein Anliegen: Die DPG möchte Ihre Motivation und Ihr Interesse an naturwissenschaftlichen Fragestellungen fördern. Naturwissenschaftlicher Nachwuchs wird auf der ganzen Welt gebraucht. Vor diesem Hintergrund würden wir uns sehr freuen, Sie für ein Studium in diesem Bereich begeistern zu können.

Lassen Sie mich ein bisschen die Werbetrommel für das Fach rühren: Physik bleibt im gesamten Verlauf des Berufslebens spannend. Physikerinnen und Physiker arbeiten in den verschiedensten Bereichen und forschen zum Beispiel an Energiekonzepten der Zukunft, bauen an neuen medizinischen Geräten und Analysemethoden mit, entwickeln neue Konzepte für Mobilität, Nanotechnologie und optische Kommunikation, entschlüsseln die Entstehung des Universums, den Aufbau der Materie oder arbeiten an künftigen Quantencomputern. Andere sind im Grenzbereich zur Biologie tätig oder erforschen Verkehrsstaus, Börsenkurse und soziale Netzwerke.

Physikerinnern und Physiker sind neugierig, kreativ, analytisch und arbeiten heutzutage meist in internationalen Teams. Das gilt für die Arbeit in einer Großforschungsanlage ebenso wie für die Tätigkeit und Abstimmungsprozesse in einem Unternehmen. Die Berufsaussichten für Physikabsolventen sind überdurchschnittlich gut.

Die DPG ist mit rund 62.000 Mitgliedern die größte physikalische Fachgesellschaft weltweit. Über die Hälfte ihrer Mitglieder ist jünger als 31 Jahre. Im Jahr 2006 hat sich aus diesem Kreis die „junge DPG" innerhalb der DPG gegründet, die sich speziell um die Belange von Schülerinnen und Schülern sowie Studierenden kümmert – schnuppern Sie doch mal rein unter www.jdpg.de und nutzen Sie die einjährige freie Mitgliedschaft, die mit diesem Buchpreis einhergeht.

Ich wünsche Ihnen, dass Sie an die Physik des Alltags immer genauso spielerisch herangehen wie dieses Buch. Alles Gute für Ihre persönliche Zukunft!

Rolf Heuer,
Präsident der Deutschen Physikalischen Gesellschaft

Inhaltsverzeichnis

Man kann sich nicht nur auf das Denken verlassen

*Für das Können gibt es nur einen Beweis
– das Tun*

Marie von Ebner-Eschenbach

Mit der hier zusammengestellten Auswahl physikalischer Themen möchten wir zum einen das in unserer Monografie *Spiel, Physik und Spaß - Physik zum Mitdenken und Nachmachen* [1] begonnene Projekt zur spielerischen Physik und Physik alltäglicher Gegenstände fortsetzen. Zum anderen beabsichtigen wir, die Art der Themen noch etwas zu verallgemeinern. Es zeigt sich nämlich häufig, dass nicht erst konkrete Objekte - Spielzeuge, Designobjekte und andere Alltagsgegenstände - zu konkreten physikalischen Fragestellungen und Untersuchungen anregen. Auch Begebenheiten und Phänomene aus dem Alltag, die auf den ersten Blick mit Physik überhaupt nichts zu tun haben, können die physikalische Intuition herausfordern und zu explorativen und experimentellen Aktivitäten führen.

Diese Verallgemeinerung soll unsere generelle Absicht unterstützen, Physik aus dem Schattendasein der Labore und Physikräume herauszuholen und als ein auch den Alltag der Menschen in der natürlichen und wissenschaftlich-technischen Welt gleichermaßen betreffendes Unternehmen vorzustellen. Auch wenn im Rahmen der Physik ein grundlegend anderer Blick auf die Welt gerichtet wird, als wir es aus der lebensweltlichen Sehweise heraus gewohnt sind ist sie spätestens durch die naturwissenschaftliche Technisierung des Alltags in komplexer Weise mit dem Leben der Menschen verwoben.

Physik – Teil unserer Kultur

Physik ist direkt und indirekt ein integraler Teil unserer Lebenswelt. Im Rahmen des Bildungsauftrags allgemeinbildender Schulen kommt dem Physikunterricht die Aufgabe zu, ihren Beitrag zur Emanzipation der Lernenden zu liefern. Das geht natürlich nur, wenn die physikalischen Probleme auch auf die Lebenswelt bezogen werden. Dieser Bezug darf nicht nur eine verbale Absichtsbekundung bleiben, er muss gelebt und unmittelbar erfahren werden. Nur wenn man dem im Physikunterricht Erfahrenen und Gelernten im Alltag wiederbegegnet und mit ihm in der einen oder anderen Weise in Kontakt bleibt, besteht eine Chance, dass das physikalische Denken - dort wo es angebracht ist oder benötigt wird - eine natürliche Fundierung erfährt. Das ist auch lerntheoretisch von Bedeutung, denn was man nicht wiederholt verwendet, wird vergessen. Wir wollen aber nicht nur Lernende und Lehrende ansprechen. Auch interessierte Laien können unseres Erachtens anhand der hier zusammengestellten Themen einen neuen Zugang zur Physik erhalten.

Als Beispiel aus dem Wellnessbereich, der sonst kaum in den Verdacht gerät, eine heimliche physikalische Bildungsstätte zu sein, sei ein Saunabesuch genannt. Das unmittelbar am eigenen Körper erlebte Phänomen, in der Sauna eine Temperatur von 100 °C eine Zeitlang als angenehm zu empfinden, während allein der Gedanke an ein Bad in 100 °C heißem Wasser unangenehme Gefühle hervorruft, kann mitten in physikalisch-physiologischen Fragestellungen und vielleicht zu experimentellen Aktivitäten führen. Voraussetzung dafür ist aber, dass man gelernt hat, Physik auf solche nichtphysikalischen Situationen und insbesondere auf den eigenen Körper zu beziehen. (siehe: Physik in der Sauna, Seite 97).

Ein anderes Beispiel ist das im Scheinwerferlicht aufflammende Kennzeichen eines parkenden Autos. Man hat sich daran gewöhnt und wundert sich kaum darüber. Es sei denn man hat einmal bewusst wahrgenommen, wie an einem Sonnentag der eigene Kopfschatten bei Annäherung an ein solches Kennzeichen oder ein Verkehrsschild eine Aufhellung bewirkt, die den Kopfschatten umgibt. Ist die Verwunderung erst einmal da, dann hat das entsprechende physikalische Problem eine reelle Chance, gelöst zu werden (Der Heiligenschein in Natur und Technik, Seite 4f). Darüber hinaus ist das leuchtende Verkehrsschild nichts anderes als eine technische Version des Heiligenscheins auf der feuchten Wiese. Wer das erkennt, erfährt außerdem die physikalische Untrennbarkeit natürlicher und technischer Phänomene.

In anderen Fällen besteht der Bezug unserer Themen zur Lebenswelt in der schlichten Tatsache, dass wir mit Gegenständen hantieren, die normalerweise ein unscheinbares Dasein führen. Eine gewöhnliche Kugelkette, wie man sie oft im Sanitärbereich zur Sicherung von Abflussstöpseln verwendet, wächst über sich selbst hinaus, wenn man eine längere Variante derselben aus einem Gefäß hinausgleiten lässt. Sie steigt wie von Zauberhand geführt zu einer Fontäne auf. Es ist dieses eines der typischen Beispiele, die man nur durch Zufall finden kann. Obwohl dabei alles mit rechten (physikalischen) Dingen zugeht, hätte man kaum durch systematische Überlegung darauf kommen können. Aber nachdem die profane Kette in die Sphäre der Physik aufgestiegen war, gelang es, weitere erstaunliche Vorgänge dieser Art durch physikalische Schlussfolgerungen zu finden (Die rätselhafte Kettenfontäne & Co., Seite 54).

Zum Glück ist dieser Zufallsfund nicht beim Finder geblieben, sondern wurde in Windeseile über das Internet verbreitet. Damit rückt das Web einmal mehr in den Fokus auch unserer Aktivitäten. Schon in *Spiel, Physik und Spaß* hatten wir unsere Beiträge mit Links zu interessanten Videos verknüpft. Dies wird in der vorliegenden Monografie nicht nur dadurch vertieft, dass einige Beiträge durch Anregungen von Videos aus dem Internet entstanden sind, sondern auch dadurch, dass wir mit einem eigenen Beitrag auf eine sinnvolle Nutzung des Internets eingehen (Spielerische Physik mit und in Videos, Seite 139). Zwar ist es inzwischen zu einem Problem geworden, die überbordende Datenflut zu überschauen und an die relevanten Informationen zu gelangen. Dafür stößt man aber auch manchmal auf gleichsam „evolutionäre" Ergebnisse dieses Austauschs in Form von fantastischen Realisierungen an sich bekannter Zusammenhänge. Wer hätte gedacht, dass eine an ihren beiden Polen mit starken Magneten versehene Batterie wie ein Zug durch einen Tunnel rast, der nichts anderes ist als eine aus blankem Kupferdraht gewickelte Spule (Die einfachste Eisenbahn der Welt, S. 110).

Auch wenn darin physikalisch nicht Neues zu entdecken ist, so wird doch durch die zauberhafte Wirkung eines solchen von Jedermann mit wenigen Handgriffen selbst herzustellenden Spielzeugs einem verstaubten Schulexperiment zur elektrodynamischen Induktion neues Leben eingehaucht. Die Differenz zwischen der einfachen Anfertigung und dem eindrucksvollen Ergebnis regt unserer Erfahrung nach zu eigenem, kreativem Handeln an.

Selbst Objekte aus der physikalischen Schulsammlung, die einzig zu dem Zweck hergestellt werden, das Physiklernen experimentell zu unterstützen, fordern vor diesem Hintergrund zu originellen Weiterentwicklungen heraus. Am Beispiel des Maxwell-Rades (S. 76) zeigen wir, dass auch dieser Klassiker mit zeitgemäßen Realisierungen und Fragestellungen neuen Glanz erhält und zu einer spielerischen Auseinandersetzung herausfordert.

Schließlich enthält dieses Buch „klassisches" physikalisches Spielzeug mit neuen Zugängen. Der einfach herzustellende Schnurrer wird mit einer weniger einfachen, dafür wohl erstmalig mit einer physikalisch soliden Erklärung versehen, und das fast schon vergessene Stehaufmännchen erfährt im Verein mit einigen modernen Varianten eine Art Auferstehung, die außerdem zeigt, dass physikalisch mehr in ihm steckt, als gemeinhin angenommen.

Anders als ein Lehrbuch der Physik ist unsere Sammlung physikalischer Themen nicht dazu gedacht, vom Anfang bis zum Ende durchgelesen zu werden. Jedes Thema ist für sich verständlich und ist nicht auf andere Themen des Buches angewiesen. Auch der Anspruch an die physikalischen An-

forderungen unterscheidet sich von Thema zu Thema zum Teil drastisch. Selbst innerhalb eines Themas können Teile enthalten sein, die schon Lernende der Grundschule ansprechen, aber in einem vertiefenden Teil Oberstufenphysik enthalten und selbst Studierende herausfordern können. Als Beispiel sei erneut der Schnurrer genannt, den schon Kinder antreiben und sogar selbst herstellen können. Das quantitative Erfassen des Schnurrens erfordert hingegen höhere Mathematik. Weitere Beispiele dafür sind Lauftiere, Plasmakugeln, Spiegelexperimente, Stehaufmännchen und anderes mehr.

Besonders wichtig ist uns, mit den unterschiedlichen Themen die Leserinnen und Leser zum eigenen Tun anzuregen. Erst wenn man die auf den ersten Blick leicht nachvollziehbar erscheinenden Probleme selbst „in die Hand nimmt" erfährt man gewissermaßen am eigenen Leibe, dass Vieles, das sich leicht anhört oder „logisch" erscheint zu einer experimentellen Herausforderung werden kann. Und dabei wird zweierlei klar: Erstens, das oft gering geschätzte Nachmachen und der konkrete Nachvollzug erfordern ein geschicktes, sich in die je besondere Stofflichkeit der beteiligten Gegenstände einfühlendes Handeln. Das ist mehr als eine Handlungsanweisung zu befolgen oder eine Versuchsbeschreibung abzuarbeiten. Das Mundwerkliche kann das Handwerkliche nicht ersetzen. Zweitens können im Kontakt mit den Gegenständen neue Phänomene entdeckt werden und neue Ideen entstehen, auf die man durch reines Denken nicht gekommen wäre. Erst wenn man mit dem Laserpointer zunächst rein spielerisch durch das transparente Geodreieck leuchtet und plötzlich statt des erwarteten Punktes auf der dahinter liegenden Wand eine ganze Serie von Punkten erblickt, ist ein bislang unbekanntes Phänomen und damit ein neuer Untersuchungsgegenstand entstanden (S. 29). Wir hoffen also, dass der praktische Umgang mit den hier zusammengestellten Beispielen über die konkrete Thematik hinauswirkt und die Kreativität beflügelt.

Die Themen sind konventionell der physikalischen Fachsystematik entsprechend den Themenbereichen Optik, Mechanik, Thermodynamik und Elektrodynamik zugeordnet. Auch andere Gliederungen wären möglich, zumal der Herkunft aus einem nichtphysikalischen Kontext entsprechend mehrere Gegenstandsbereiche angesprochen werden. Gemessen an der Fachsystematik dominieren mechanik- und optikorientierte Themen. Was die Mechanik betrifft, so ist das zu einem Gutteil der Tatsache zuzuschreiben, dass das Tun in einem ursprünglichen Sinne mit Bewegungen zu tun hat. Teilweise ist dies wohl auch den Zufällen geschuldet, die die Themen an die Autoren herangetragen haben.

[1] C. Ucke, H. J. Schlichting, Spiel, Physik und Spaß – Physik zum Mitdenken und Nachmachen, Wiley-VCH, Weinheim 2011.

Alle im Buch angegebenen Links und Videos sowie der Anhänge am Ende dieses Buchs sind herunterladbar unter:
https://hjschlichting.wordpress.com/links/physikalische-spielereien/ oder
http://ucke.de/physikalische-spielereien/

Optik

Der Heiligenschein in Natur und Technik

Kleine transparente Kugeln können eintreffendes Licht etwa in die Herkunftsrichtung zurücksenden – vorausgesetzt, das Licht wird unmittelbar nach oder vor Austritt aus der Kugel zumindest teilweise in diese zurück reflektiert. Diese Retroreflexion kennt man aus der Natur als Heiligenschein, im Alltag wird sie zur Aufhellung von Verkehrsschildern genutzt.

Heiligenscheine treten nicht nur bei Heiligen auf, sondern unter bestimmten Umständen bei jedem Menschen. Die physikalische Entzauberung des Scheins geht jedoch mit der auf den ersten Blick irritierend erscheinenden Erkenntnis einher, dass der eigene Schein – anders als bei den künstlerischen Darstellungen – nur von seinem eigenen Träger wahrgenommen werden kann und nicht von einem Anderen. So gesehen bleibt etwas von der Auserwählung bestehen.

Das hat auch Benvenuto Cellini (1500–1571) erkannt, ein seinerzeit berühmt berüchtigter Künstler und Goldschmied, wenn er sich folgendermaßen äußert:

„Dann muss ich noch eine Sache nicht zurücklassen, die größer ist, als dass sie einem anderen Menschen begegnet wäre, ein Zeichen, dass Gott mich losgesprochen und mir seine Geheimnisse selbst offenbar hat. Denn seit der Zeit, dass ich jene himmlischen Gegenstände gesehen, ist mir ein Schein ums Haupt geblieben, den jedermann sehen konnte, ob ich ihn gleich nur wenigen gezeigt habe... Diesen Schein sieht man des Morgens über meinem Schatten, wenn die Sonne aufgeht, und etwa zwei Stunden danach. Am besten sieht man ihn, wenn ein leichter Tau auf dem Grase liegt.... ich kann ihn auch anderen zeigen...“ [1]. Trotz der Betonung der nichtphysischen Herkunft des Heiligenscheins lässt seine Beschreibung erkennen, dass Cellini ein reales Naturphänomen vor Augen hatte, zu dessen Verständnis nicht eigens der Himmel bemüht werden muss.

Physikalische Phänomene sind reproduzierbar und überprüfbar. Diese Überzeugung sollte diejenigen, die noch nicht wissen, ob auch sie zu den Auserwählten gehören, beflügeln, einmal früh aufzustehen und den eigenen Schatten auf dem noch vom Tau bedeckten Gras zu betrachten (Abbildung 1). Je nach den herrschenden Bedingungen werden sie dann meist in Form einer mehr oder weniger deutlichen Aufhellung um den Schatten des eigenen Kopfes belohnt. Sie werden außerdem Cellinis Beobachtung bestätigen können, dass bei einem anderen Menschen, kein derartiger Schein zu sehen ist. Allerdings wird dieser bei *uns* keinen Schein vorfinden, dafür aber einen eigenen. Weil Cellini für seinen Jähzorn gefürchtet war, werden seine Begleiter es seinerzeit nicht gewagt haben, ihn durch eine solche Feststellung zu desillusionieren. Auf den ersten Blick kann diese merkwürdige Verquickung von beobachtendem Subjekt und beobachtetem Objekt auch oder gerade aus physikalischer Sicht irritierend wirken. Sie will nicht so recht zu unserer Überzeugung passen, dass Subjekt und Objekt klar voneinander getrennt sind.

Abb. 1 *Links: Eine deutliche Aufhellung um das Schattenhaupt des Fotografen, nicht aber um den des Begleiters. Rechts: Bei einem Foto ist die Kamera die Auserwählte.*

Abb. 2 *Oppositionseffekt auf einer Sanddüne. Der Sand in der Nähe des Kopfes erscheint aufgehellt.*

Beim Heiligenschein zeigt sich, dass der Beobachter offenbar mit zum „Versuchsaufbau" gehört, der die Erscheinung hervorbringt. Beruhigend wirkt da die Kenntnis, dass der Beobachter gar kein Subjekt sein muss. Eine Kamera tut es auch. Auch sie „sieht" nur einen Schein bei sich und nicht beim Fotografen, wenn dieser ehrlicherweise dafür sorgt, dass beide genügend weit voneinander getrennt sind, so dass keine Verwechslungen auftreten können (Abbildung 1 rechts). Vielleicht erinnern wir uns an dieser Stelle, dass auch andere optische Phänomene, wie etwa die Lage eines Spiegelbildes, die Wahrnehmung des Regenbogens und des „Schwerts der Sonne"[2] ebenfalls von der Lage des Beobachters beziehungsweise der Kamera abhängen.

Die physikalische Entzauberung des Scheins
Beim Zustandekommen des Heiligenscheins spielen zwei Effekte eine wesentliche Rolle: der Oppositionseffekt und die

Abb. 3 *Auf den Härchen eines Grashalms sitzende Tropfen retroreflektieren das auftreffende Sonnenlicht. Nicht der ganze Tropfen ist erhellt, weil wegen der Verdeckung der Sonne durch die Kamera die Aufnahme etwas von der Seite her gemacht werden musste.*

Retroreflexion des Lichts durch die an den Grashalmen anhaftenden Wassertröpfchen. Wenn man von der Sonne weg auf den Schatten des eigenen Kopfes blickt, sieht man in der Nähe des Kopfes die von der Sonne aufgehellten Objekte, die den hinter ihnen liegenden Schatten weitgehend verdecken. Je weiter sich der Blick von diesem Antisolarpunkt entfernt, desto mehr blickt man auch seitlich auf die Objekte und die von ihnen beschatteten Bereiche. Dadurch nimmt die aus beleuchteter und beschatteter Fläche bestimmte durchschnittliche Helligkeit immer mehr ab. In der Nähe des Kopfes sieht es daher am hellsten aus. Dieser Effekt ist natürlich umso größer, je strukturierter die Gegenstände sind. Wälder vom Flugzeug aus gesehen, Kornfelder, aber auch granulare Oberflächen aus Sand und Kies zeigen daher häufig diese Aufhellung (Abbildung 2).

Wenn dies der einzige Effekt wäre, der zum Heiligenschein führt, müsste man ihn auch auf trockenen Wiesen sehen. Das ist aber nur sehr bedingt der Fall. Ein zweiter in seiner Wirkung wesentlich stärkerer Effekt kommt hinzu, die Retroreflexion. Das ist die Rückstreuung von Licht in Richtung Lichtquelle durch Tautropfen an den Grashalmen (Abbildung 3).

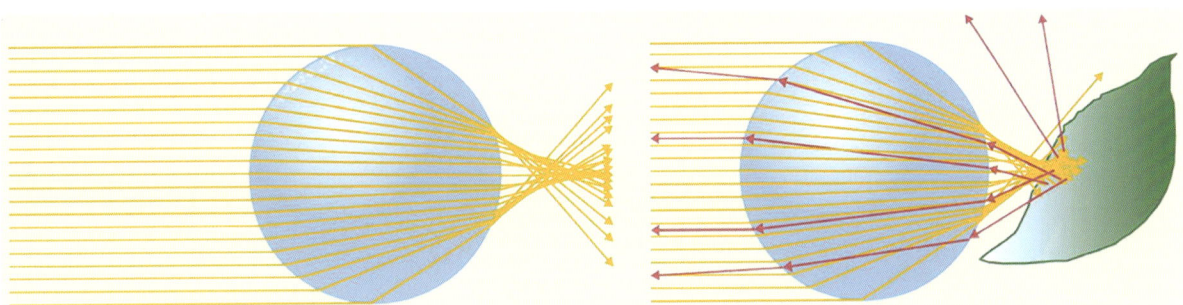

Abb. 4 *Das nahezu parallele Sonnenlicht wird nach Durchgang durch den Tropfen fokussiert (links). Befindet sich in der Nähe des Brennpunkts ein Gegenstand, beispielsweise ein Blatt, so wird ein Teil des Lichts in den Tropfen zurückgestreut und von diesem so gebrochen, dass das Licht hauptsächlich in Richtung der Lichtquelle zurückgestrahlt wird (rechts).*

Abb. 5 *Der Schatten einer von hinten angestrahlten Person ist von einem hellen Schein umgeben (links). Nur der „eigene" Schatten, hier der einer Kamera, ist vom Heiligenschein umgeben (rechts).*

Betrachten wir einen Modellwassertropfen in Form einer Glaskugel oder eines wassergefüllten Rundkolbens. Wenn wir den frei im Raum positionierten „Tropfen" mit Licht bestrahlen, passiert nichts Auffälliges. Das Licht durchquert ihn nahezu ungestört und wird unmittelbar hinter ihm fokussiert. Wenn wir den Tropfen jedoch dicht vor eine (helle) Wand oder ein Blatt Papier platzieren und ihn mit der Lichtquelle im Rücken betrachten, leuchtet er um so heller auf, je näher wir der direkten Verbindungslinie Lichtquelle-Tropfen kommen. Dabei verhindert lediglich die Undurchsichtigkeit unseres Kopfes eine weitere Steigerung der Lichtintensität.

Offenbar strahlen die Tropfen das auffallende Licht hauptsächlich in 180° - Richtung, also zur Lichtquelle zurück (Abbildung 4 rechts). Die Intensität des zurückgestrahlten Lichtes klingt mit zunehmender Abweichung von der 180°- Richtung sehr schnell ab. Der Heiligenschein wird also nur von den abweichenden Lichtstrahlen hervorgebracht und ist deshalb umso intensiver, je weiter man von den reflektierenden Tropfen entfernt ist. Da die Wassertropfen auf den Grashalmen nicht alle kreisrund sind, spielt neben der Streuung des auf die Halme fokussierten Lichts auch die Totalreflexion eine wichtige Rolle.

Technische Anwendung der Retroreflexion

Normalerweise sind Naturphänomene nur schön und zu nichts zu gebrauchen, so wie man an einem Regenbogen keine Wäsche aufhängen kann. Aber bei der Retroreflexion drängt sich eine technische Anwendung geradezu auf. Wäre es nicht äußerst praktisch, wenn die Gegenstände, die man mit einer Lichtquelle beleuchtet, das Licht vor allem in die Richtung zurückstrahlen aus der es kommt? Im Licht eines Autoscheinwerfers geradezu entflammte Verkehrsschilder oder Kfz-Kennzeichen sind auf diese Weise nicht zu übersehen, ohne dass sie über eine eigene Beleuchtung verfügen (Abbildung 5). Von einem glatten Schild würde das Licht größtenteils nur in die sich aus dem Reflexionsgesetz ergebende Richtung zurückgestrahlt werden. Nur bei frontaler Beleuchtung gelangte Streulicht zum Fahrzeug zurück. Hinzu kommt, dass der technische Heiligenschein im Gegensatz zum natürlichen äußerst verlässlich ist.

Dabei hat man die technische Retroreflexion der natürlichen ziemlich genau nachempfunden, so dass man von einem Musterbeispiel der Bionik sprechen kann. Die schnell vergänglichen und unzuverlässigen Tröpfchen auf dem Gras werden durch transparente Glas- oder Kunststoffkügelchen ersetzt, die in Form von Folien aufgebracht werden. Neben Verkehrsschilder und Kfz-Kennzeichen werden damit beispielsweise auch Streifen an der Kleidung von Polizisten und Feuerwehrleuten und anderen Sicherheitskleidungsstücken versehen.

Schaut man sich eine dieser Folien unter dem Mikroskop an, so erkennt man, dass sie aus einer reflektierenden Schicht bestehen, in die die Kugeln von etwa 0,05 mm Durchmesser eingebettet sind (Abbildung 6). Wie beim natürlichen Vorbild macht es die Kugelgeometrie möglich, das Licht so zu brechen und zu reflektieren, dass es ungefähr in Einstrahlungsrichtung zurückfällt. Dieses „ungefähr" ist

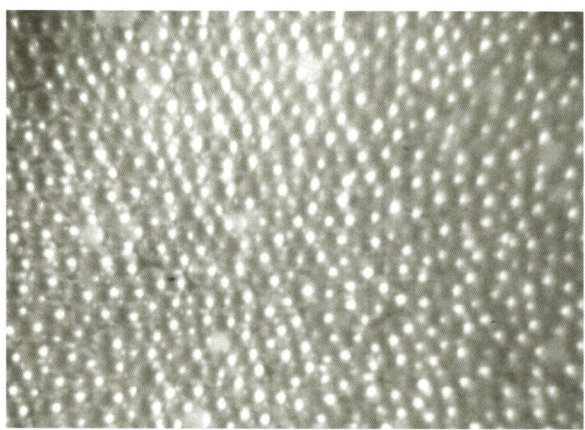

Abb. 6 *Mikroskopaufnahme der Oberfläche eines Kfz-Kennzeichens. Deutlich zu erkennen sind die in der Folie eingelagerten Plastikkügelchen.*

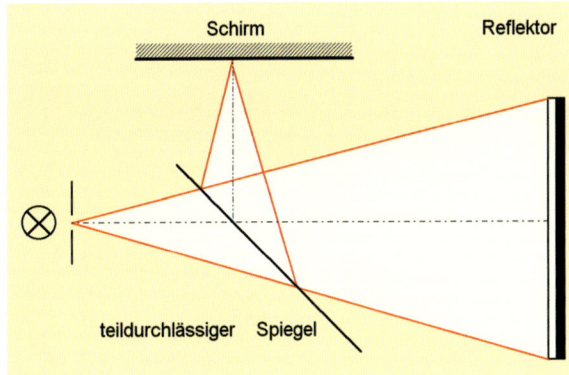

Abb. 7 *Mit einer Glasscheibe als Strahlteiler lässt sich das vom Retroreflektor in Richtung auf die Lichtquelle zurückgestrahlte Bild der Lichtquelle auskoppeln und auf einem Schirm auffangen.*

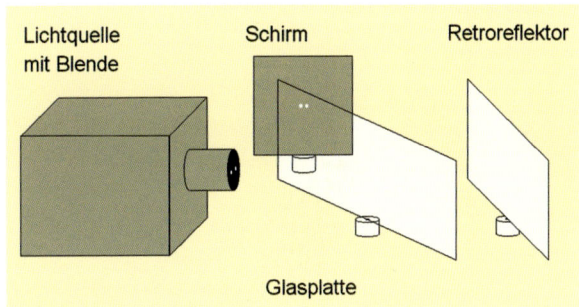

Abb. 8 *Schematischer Versuchsaufbau zur Demonstration, dass das Bild der Blende (hier in Form zweier Lichtpunkte) in Richtung Blende zurückgestrahlt wird.*

wichtig. Denn nur dadurch, dass ein großer Teil des Lichts nicht exakt zur Lichtquelle zurückgestrahlt wird, aber auch nicht wesentlich von der Einstrahlrichtung abweicht, erreicht es den Beobachter, der sich stets etwas außerhalb der Lichtquelle befindet.

Wegen der Geometrie der Kugel wird das Licht so gebrochen und reflektiert, dass es vor allem in Einstrahlungsrichtung zurück gestrahlt wird. Wie beim natürlichen Heiligenschein lässt sich auch hier das exakt zurückgestrahlte Licht nicht direkt beobachten, weil in diesem Fall zwar nicht der Kopf des Beobachters, dafür aber die Lichtquelle im Wege ist. Man kann sich aber eines einfachen Tricks bedienen, um die Retroreflexion zu demonstrieren. Dazu bildet man eine Lichtquelle auf eine Blende ab und lässt das Licht auf einen Retroreflektor fallen (beispielsweise eine retroflektierende Armbinde). Da sich das Bild der Blende nicht auf ihr selbst auffangen lässt, koppelt man zurückgeworfenes Licht mit einem teildurchlässigen Spiegel, etwa einer Glasplatte, aus (Abbildungen 7 und 8).

Aufgrund der Reflexionseigenschaften des Retroreflektors zeigt sich, dass auf dem Schirm genau dann ein scharfes Bild der Blende entsteht, wenn Schirm und Blende denselben Abstand zur spiegelnden Scheibe haben. Nun kann man den Retroreflektor verkippen, seinen Abstand zur Glasplatte variieren oder vor ihn Linsen oder andere transparente Gegenstände stellen und beispielsweise die Einstrahlrichtung des Lichtes variieren. Nichts von alledem hat jedoch einen merklichen Effekt auf die Lage und die Schärfe des Bildes auf dem Schirm: Der Retroreflektor kehrt den Strahlengang weitgehend unabhängig vom Einfallswinkel um und bildet die Lichtquelle in sich selbst ab. Dies geschieht wie schon erwähnt nicht exakt, sondern nur ungefähr.

Eine eingehendere Untersuchung der Reflexionseigenschaften solcher Kugeln zeigt, dass der Winkel δ, um den der zurückgeworfene Strahl von der Einfallsrichtung abweicht, vom Einfallswinkel α und vom Brechungsindex n_K der Kugeln abhängt.

Anders als beim natürlichen Heiligenschein wird beim technischen Heiligenschein die Retroreflexion durch Totalreflexion am reflektierenden Hintergrund der perfekt sphärischen Kugeln bewirkt. Bei ersteren kommt es nur durch deformierte Tropfen zur Totalreflexion. Die unterschiedliche Farbgebung der Schilder wird durch eine transparente Folie in der gewünschten Farbe erreicht, mit der die Retroreflektorschicht überzogen ist.

Auf die Abweichung kommt es an

Da die Kügelchen in eine reflektierende Schicht eingebettet sind, werden die Lichtstrahlen an der Grenzfläche zwischen Kügelchen und Folie reflektiert. Die Geometrie der Reflexion eines beliebigen Lichtstrahls zeigt Abbildung 9. Demnach wird der unter dem Winkel α auf der Kugel auftreffende Lichtstrahl nach dem Snelliusschen Brechungsgesetz unter dem Winkel β gebrochen:

$$\frac{\sin \alpha}{\sin \beta} = n_K.$$

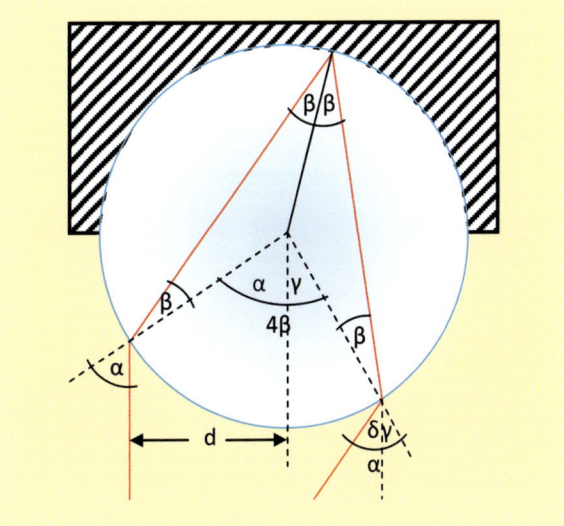

Abb. 9 *Strahlengang eines an der Rückwand der Kugel reflektierten Lichtstrahls (die Abweichung von der 180° Richtung wurde übertrieben gezeichnet).*

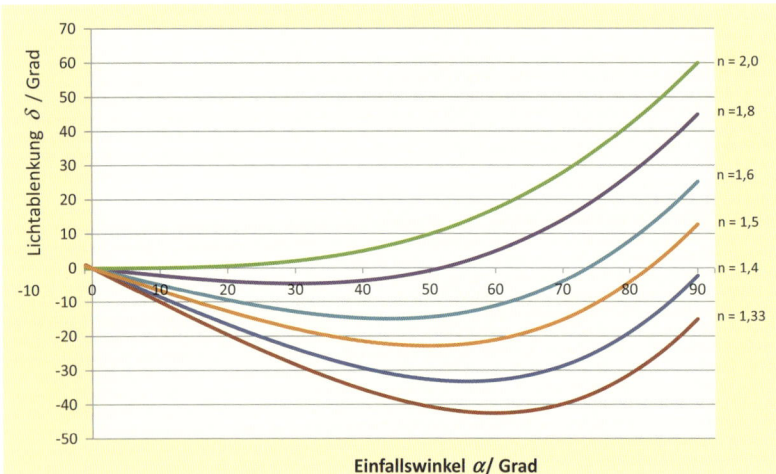

Abb. 10 *Abhängigkeit der Lichtablenkung δ vom Einfallwinkel α für verschiedene Brechungsindizes.*

Wie man sich leicht klarmacht, gilt:

$$\gamma = 4\beta - \alpha$$
$$\delta = \alpha - \gamma$$
$$\delta = 2\alpha - 4\beta$$

Wenn das eingestrahlte Licht in 180°-Richtung reflektiert wird, gilt:

$$\delta = 0.$$

Daraus folgt:

$$4\beta - 2\alpha = 0 \text{ oder } \alpha = 2\beta.$$

Der Einfallswinkel ist also gerade doppelt so groß wie der Brechungswinkel. Die Retroreflexion erfolgt demnach entgegen der Einfallsrichtung (180°-Richtung). Für alle davon abweichenden Einfallsrichtungen, wovon in der Regel aus-

zugehen ist, ergibt sich eine Ablenkung δ_{n_K} von der 180°-Richtung:

$$\delta_{n_K}(\alpha) = 2\alpha - 4 \arcsin\left(\frac{\sin\alpha}{n_K}\right).$$

Wie man Abbildung 10 entnimmt, variiert die Lichtablenkung δ nur wenig mit dem Einfallswinkel α. Für Brechungsindizes $1{,}7 \leq n_K \leq 2{,}0$ ist die Ablenkung minimal.

Beim natürlichen Heiligenschein dominiert die Totalreflexion des Lichtes. Deshalb erstrahlt er auch nicht in der Farbe des grünen Grases, sondern eher im weißen Licht der Lichtquelle. Das ist auch bei den Retroreflektoren der Fall. Der Unterschied besteht jedoch darin, dass die Totalreflexion nicht durch die Deformation der Kugeln bedingt wird, sondern bei perfekt sphärischen Kugeln aufgrund einer reflektierenden Hintergrundmatrix erfolgt, in die die Kugeln eingebettet sind. Die unterschiedliche Farbgebung der Schilder wird durch eine transparente Folie in der gewünschten Farbe erreicht, mit der die Retroreflektorschicht überzogen ist.

Für Experimente mit Retroreflektoren ist man nicht auf Verkehrsschilder angewiesen. Retroreflektierende Folien sind in Dekorationsgeschäften in verschiedenen Farben als Meterware relativ preiswert erhältlich. An der Wand befestigt kann man sich in der eigenen Wohnung ständig eines lebensgroßen Heiligenscheins erfreuen (Abbildung 11).

Die Retroreflektoren sind eines von vielen schönen Beispielen dafür, dass Naturphänomene auch in der wissenschaftlich technischen Welt, die ja unter anderem auf einer Nutzung der Naturphänomene im weitesten Sinne des Wortes beruht, eine wichtige Rolle spielen können.

Literatur

[1] B. Cellini, in: Goethes Werke, Gutenberg Verlag, Hamburg 1928, S. 236.
[2] H. J. Schlichting, Der mathematische und naturwissenschaftliche Unterricht **1998**, *51*(7), 387.

Abb. 11 *Technischer Heiligenschein auf einer Retroreflektorfolie. Der Heiligenschein ist stets dem oder der Blickenden vorbehalten.*

Leonardos Kreuz in der Teetasse

Schon Leonardo da Vinci bemerkte, dass eine Blase auf der Oberfläche eines mit Wasser gefüllten Gefäßes an dessen Boden unerwartete Lichtmuster erzeugt. Verantwortlich dafür sind komplexe Lichtbrechungen in der Blase.

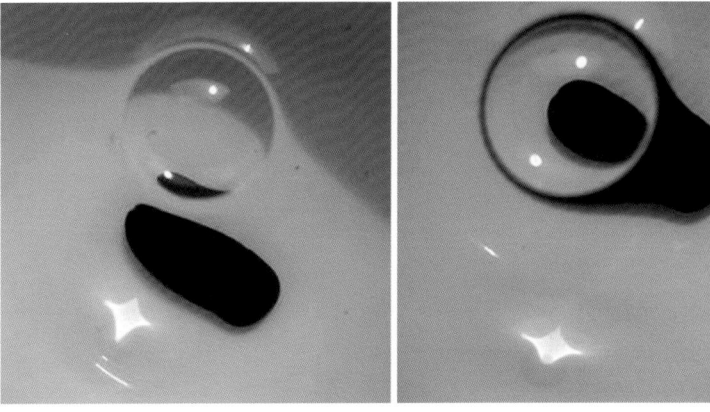

Abb. 1 *Links: Eine Schaumblase auf der Wasseroberfläche erzeugt am Boden eine sternförmige Kaustik. Rechts: Die Blase wirkt als Zerstreuungslinse und ruft ein verkleinertes Bild eines am Boden liegenden Steins hervor.*

Es gibt Phänomene, die selbst nach Jahrhunderten ihren Reiz nicht verlieren. So notierte Leonardo da Vinci vor rund einem halben Jahrtausend: „Der durch die Blase an der Oberfläche des Wassers gehende Strahl wirft auf den Grund des Wassers ein kreuzförmiges Bild von dieser Blase." Diese Beobachtung lässt sich einfach nachstellen, indem man Wasser in eine weiße Tasse einlässt, einen Tropfen Spülmittel hinzufügt und auf der Oberfläche eine Blase erzeugt. Mit einiger Verwunderung wird man bei geeigneter Beleuchtung feststellen, dass auf dem Boden nicht nur ein Schatten der Blase zu beobachten ist, sondern eine kreuzförmige Aufhellung. In Abbildung 1 links erscheint sie links unterhalb eines dunklen Steins, den wir für ein weiteres Experiment auf den Boden gelegt haben. Das Sonnenlicht fällt schräg von rechts oben ein.

Wenn die Blase ausschließlich eine aus einer dünnen Flüssigkeitshaut bestehende Halbkugel auf dem Wasser wäre, würde man ein derartiges Phänomen nicht beobachten. Die Blasenhaut würde sich allenfalls durch eine sehr geringe zerstreuende Wirkung bemerkbar machen. Dieses Phänomen kennt man beispielsweise von einem bauchigen Rotweinglas. Blickt man durch das leere Glas auf einen entfernten Gegenstand, so erscheint dieser etwas verkleinert.

Betrachtet man durch die Blase hindurch einen auf dem Boden liegenden Stein (Abbildung 1 rechts), so stellt man eine beträchtliche Verkleinerung des Bildes fest, was auf eine zerstreuende Linsenwirkung durch die Blase schließen lässt. Ursache für diesen Effekt ist die passgenaue Kombination zweier Phänomene. Zum einen sorgt der Überdruck der Luft in der Blase dafür, dass die Wasseroberfläche ein wenig eingedellt wird. Passend dazu kommt ein interessantes Grenzflächenphänomen ins Spiel: Ähnlich wie in einem mit Wasser gefüllten Glas stellt sich an der Blasenhaut ein konkaver Meniskus ein. Das Wasser wird von der Haut angezogen und bewegt sich so weit an ihr hinauf, bis sich ein Gleichgewichtskontaktwinkel einstellt (Abbildung 2).

Beide Effekte zusammen sorgen dafür, dass die Wasseroberfläche die Form einer Zerstreuungslinse annimmt, mit einem aufgewölbten Randbereich und einer abgesenkten Mitte. Durch diese Linse hindurch betrachtet erscheint der auf dem Boden liegende Stein verkleinert.

Aus denselben Gründen, aus denen sich ein konkaver Meniskus am Innenrand der Blase einstellt, muss ein solcher auch am Außenrand entstehen. Dessen Wirkung kann man ebenfalls Abbildung 1 rechts entnehmen. Zum einen wird die Sonne außer auf der Blasenhaut am äußeren und inneren Meniskus reflektiert, so dass drei Abbilder der Sonne an der Blase zu erkennen sind. Zum anderen äußert sich die Wirkung der Menisken in einer ringförmigen Abbildung des Steins, erkennbar als dunkler Rand der Blase.

Die kreuz- oder astroidförmige Kaustik auf dem Boden der Tasse wird durch den gesamten Meniskenring beim Übergang der Blase zur Wasseroberfläche hervorgerufen. Da das Licht schräg von oben einfällt, trifft es auf die eine Hälfte des Meniskenrings von außerhalb und auf die andere Hälfte von innerhalb der Blase. In beiden Fällen kommt es zur Fokussierung des Lichts, durch die je eine Hälfte des hellen Astroids hervorgerufen wird (Abbildung 2).

Wenn das Licht die Blase durchdringt und auf den inneren Teil des Meniskenrings trifft, wird es in den Ring hinein gebrochen und anschließend an einem Teil der äußeren Grenzfläche zum Boden der Tasse hin total reflektiert. Der Reflex bildet den der Blase zugewandten Teil des Astroids und erinnert an die bekannte Kaffeetassenkaustik [1], wie man sie auch an einem Fingerring beobachten kann (Abbildung 3). Ihre Entstehung kann auf einfache Weise demonstriert werden. Man lässt das Licht auf einen ebenen Streifen Spiegelfolie fallen, so dass es auf einen Schirm reflektiert wird und dort eine rechteckige Aufhellung hervorruft. Krümmt man jetzt die Folie zu einem Halbkreis, so

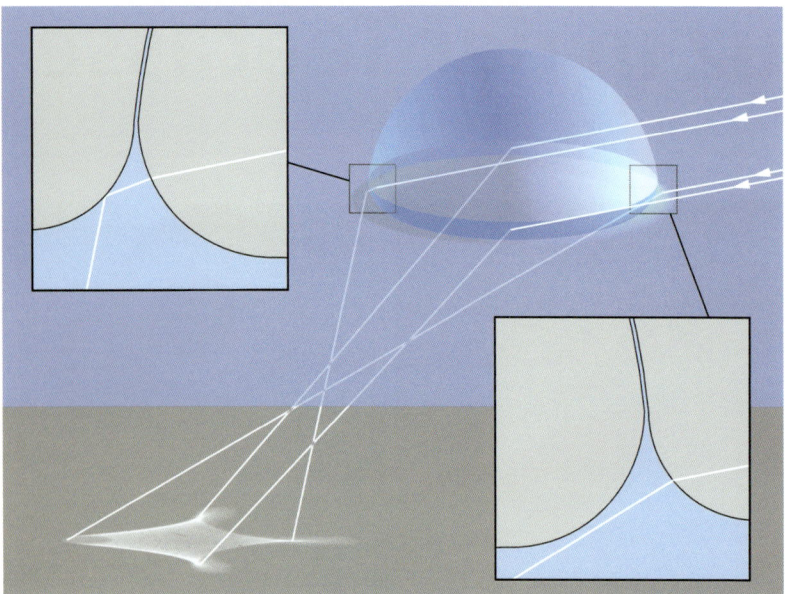

Abb. 2 *Optische Wirkungen der Menisken beiderseits der Blasenwand.*

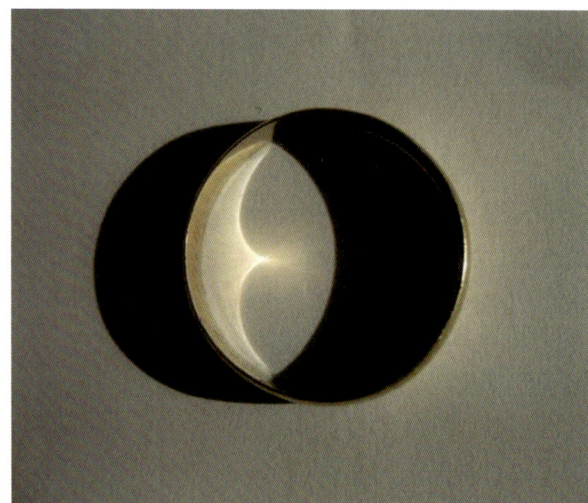

Abb. 3 *Katakaustik an einem Ring.*

überlagern sich die reflektierten Lichtstrahlen, deren Einhüllende dann die Form der Katakaustik annimmt.

Der von der Blase abgewandte Teil des Astroids wird durch den äußeren Halbring des Meniskus hervorgerufen. Auch hier hilft eine einfache Demonstration, um sich die Entstehung dieser Kaustik zu veranschaulichen. Man hält statt des Spiegelstreifens einen Streifen transparenter Folie (die vom Wasser benetzt wird) in das Wasser. Das an dem entstehenden Meniskus ins Wasser gebrochene Licht ruft auf dem Boden des Gefäßes einen hellen Streifen hervor. Er

entsteht dadurch, dass der vom direkten Licht erhellte Boden zusätzlich von dem am Meniskus gebrochenen Licht beleuchtet wird. Biegt man jetzt die Folie zu einem Halbkreis, so bildet die Einhüllende der sich dadurch auf dem Boden überkreuzenden Lichtstrahlen abermals eine Kaustik. Sie stellt aber wegen der umgekehrten Krümmung das spiegelbildliche Gegenstück der oben diskutierten Katakaustik dar. Beide Kaustiken zusammen bilden dann den Astroiden, den wir als Leonardo-Kreuz bezeichnen.

Literatur

[1] C. Ucke, H. J. Schlichting, Spiel, Physik und Spaß. Physik zum Mitdenken und Nachmachen, Wiley-VCH, Weinheim 2011, S. 217.

Paradoxe Schatten

Das Licht der Sonne erzeugt von einem in Wasser schwimmenden Ball unter gewissen Bedingungen mehrere Schatten. Dieser scheinbar paradoxe Effekt lässt sich ganz klassisch mit dem Brechungsgesetz erklären.

Lebte man auf einem Planeten, der um ein Doppelsternsystem kreist, würde man sich nicht wundern, wenn man hinter einem Gegenstand zwei Schatten sieht. Es gibt tatsächlich derartige, in Wirklichkeit ziemlich unwirtliche Planeten, beispielsweise Kepler-16b und Kepler-34b. In der Science-Fiction-Saga Star Wars mit Luke Skywalker wurde ein entsprechender, allerdings lebensfreundlicher Planet namens Tatooine vorweggenommen. Sieht man jedoch auf der Erde in einem flachen Kinderswimmingpool bei einem schwimmenden, steil von einer Sonne beleuchteten Ball sogar drei Schatten, so erzeugt das Irritationen und Neugierde zugleich.

Ein Kunststoffball mit 5,5 cm Durchmesser schwimmt etwa halb eingetaucht in 9 cm tiefem Wasser. Das steil auf ihn treffende Sonnenlicht erzeugt die in Abbildung 1 gezeigten Schatten. Am Rand der Kugel bildet sich ein kon-

kaver Meniskus aus, wie an der Verzerrung der Schattenlinie gut zu erkennen ist. Die Breite des Meniskus wird aufgrund des Fotos zu etwa 0,4 cm geschätzt. Das genaue Profil des Meniskus hängt von der Oberflächenspannung und der Benetzung der Kugel ab.

Abbildung 2 zeigt links einen Querschnitt von der Seite. Ein Lichtstrahl geht am linken Rand der Kugel vorbei und trifft auf den Meniskus, wo er stärker zum Lot hin gebrochen wird (durchgehende Linie) als ein auf die ebene Wasseroberfläche fallender Lichtstrahl (gestrichelte Linie). Ein Lichtstrahl an der rechten Seite der Kugel, der direkt an der Kugel am oberen Rand des Meniskus auf die Wasseroberfläche gelangt, wird zur Kugel hin gebrochen und an der Oberfläche der Kugel absorbiert. Erst ein Lichtstrahl, der in einem gewissen Abstand von der Kugel auf den Meniskus trifft, wird zur Kugel hin gebrochen und geht unter der Wasseroberfläche am Kugelrand vorbei (durchgehende Linie). Ein auf die ebene Wasseroberfläche fallender Lichtstrahl (gestrichelte Linie) wird weniger stark gebrochen.

Betrachtet man einen dazu um 90° gedrehten Querschnitt (Abbildung 2 rechts), stellt sich die Situation etwas anders dar. Ein an der linken oder rechten Seite der Kugel vorbeigehender Lichtstrahl trifft nunmehr näher an der Kugel auf die Meniskusoberfläche. Dort erfolgt die Ablenkung wegen des größeren Einfallswinkels der Wasseroberfläche

Abb. 1 *Ein von der Sonne beschienener Ball wirft drei Schatten.*

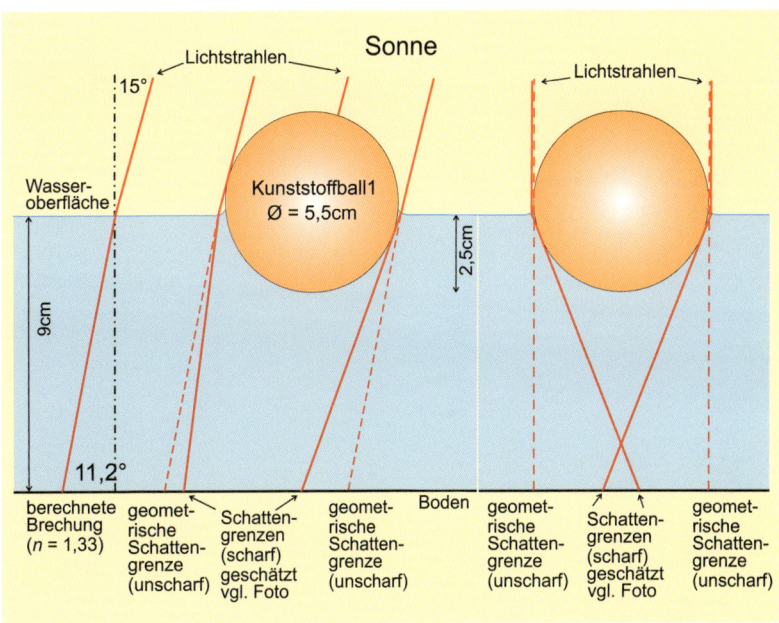

Abb. 2 *Zwei zueinander senkrechte Querschnitte durch die Situation, die Abbildung 1 darstellt. Links verlaufen die Lichtstrahlen in der Zeichenebene, rechts sind sie um 15° gegen diese geneigt. Abmessungen maßstabsgerecht. Die Größe und Form des Meniskus und die Brechung an ihm sind geschätzt.*

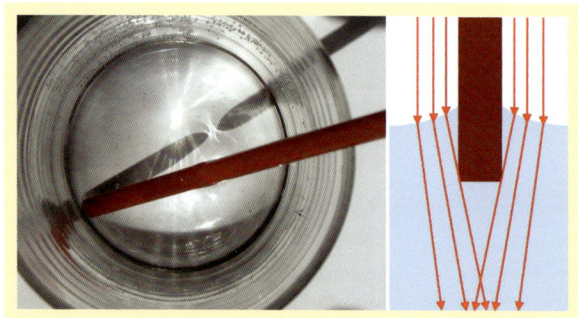

Abb. 3 *Shadow-Sausage-Effect mit einem Bleistift (aus [4]).*

des Meniskus stärker zur Mitte hin. Diese stärkere Ablenkung ist die Ursache der Einschnürung in der Mitte des relativ scharfrandigen Doppelschattens. Die Stärke dieser Einschnürung hängt extrem von der Wassertiefe ab, wie sich unmittelbar aus Abbildung 2 rechts entnehmen lässt. In dieser Einschnürung sind unter Umständen auch hellere Teile sichtbar. Das ist eine Folge von Kaustiken, die sich durch Überlagerung der gebrochenen Strahlen an unterschiedlich geneigten Bereichen des Meniskus ergeben (siehe Physik in unserer Zeit **2012**, *43*(5), 244).

Die Auffächerung der Strahlen durch den Meniskus erzeugt eine Aufhellung des Schattens und eine Unschärfe des Schattenrandes, der sich bei einer rein geometrischen Betrachtung ohne Berücksichtigung der Brechung am Meniskus ergeben würde. Das ist der in Abbildung 1 große und unscharfe Schatten mit einem Durchmesser, der etwa dem des Balles entspricht.

Die Formen und Größen der Schatten verändern sich auch sehr stark in Abhängigkeit von der Eindringtiefe der Kugel im Wasser. Taucht die Kugel beispielsweise sehr wenig ein, kommen die Strahlen zwar noch am Rand der Kugel vorbei, gelangen aber nicht zum Meniskus. Bei sehr tief eintauchenden Kugeln werden die Strahlen am Meniskus ge-

brochen, treffen dann aber auf die Kugel und werden von ihr absorbiert. Die Neigung der Strahlen gegen die Senkrechte spielt ebenfalls eine Rolle.

Grundlage dieser Erscheinung ist der schon 1967 beschriebene Shadow-Sausage-Effect [1]. Die wörtliche Übersetzung mit Würstchenschatten-Effekt lässt zunächst keinen Bezug zu der hier beschriebenen Erscheinung erkennen. Der Autor der ersten Publikation zu diesem Effekt hatte bei heller Lichteinstrahlung einen runden Bleistift schräg in ein mit Wasser gefülltes Gefäß gestellt. Der Schatten auf dem Boden des Gefäßes zeigte eine Einschnürung wie bei aneinander gereihten Würstchen (Abbildung 3). Verantwortlich dafür ist der am Rand des eingetauchten Bleistifts vorhandene Meniskus.

Mittlerweile haben sich weitere Autoren in mathematisch anspruchsvollen Veröffentlichungen damit befasst [2, 3]. Deren Schwerpunkt liegt allerdings mehr auf den kaustikartigen Erscheinungen.

Das beschriebene Experiment lässt sich leicht realisieren. Geeignet sind Holzkugeln oder Kunststoffbälle von einigen Zentimetern Durchmesser, die etwa bis zur Hälfte in Wasser eintauchen. Es muss sich mit der Benetzung ein konkaver Meniskus ausbilden. Auch ein Tennisball wird übrigens trotz der Filzoberfläche ausreichend benetzt. Eine helle Taschenlampe reicht aus, um in hinreichend dämmriger Umgebung auf dem Boden des Gefäßes einen Dreifachschatten zu generieren. Die Wassertiefe muss eventuell angepasst werden. Das Experiment mit dem Bleistift ist noch schneller zu verwirklichen.

Literatur

[1] C. Adler, Am. J. Phys. **1967**, *35*, 774.
[2] M. Berry et al., Opt. Acta **1983**, *30*, 23.
[3] J. A Lock et al., Appl. Opt., **2003**, *42*, 418.
[4] H. J. Schlichting, Optische Marginalien – Phänomene im Trinkglas, in: R. Erb, J. Grebe-Ellis (Hrsg.), Alles, was der Mensch ernstlich unternimmt ist ein Unendliches, Logos, Berlin 2011, 157.

Unendliche Spiegelfechtereien

Mit Spiegeln lassen sich überraschende Effekte erzielen. Zwei einander gegenüberstehende Spiegel erzeugen Vielfachreflexionen mit enormer Tiefenwirkung. Begehbare Spiegeldreiecke und Spiegellabyrinthe irritieren die Wahrnehmung mit unendlich vielen Reflexionen.

Abb. 1 *Einer der Autoren im Fahrstuhl zwischen zwei gegenüberliegenden, ebenen Spiegeln.*

Mehrfachspiegel finden sich in vielen Alltagssituationen. Man denke nur an Fahrstühle mit verspiegelten Wänden, an große Kleider- oder Badezimmerschränke mit mehreren Türen, die so zu öffnen sind, dass sich zwei gegenüberliegende Türen ineinander spiegeln. In diversen Science Centern sind sogar begehbare Unendlichkeitsspiegel mit drei Spiegeln vorhanden. Das ist schon das Prinzip einfacher Kaleidoskope.

Es gibt prinzipiell zwei Möglichkeiten, solche Unendlichkeitsspiegel zu realisieren. Zum einen mit zwei gegeneinandergestellten, voll reflektierenden Spiegeln, zum anderen mit einem voll reflektierenden und einem teildurchlässigen Spiegel (Glasplatte oder noch besser Einweg- oder Spionspiegel).

Die erste Möglichkeit lässt sich einfach mit zwei parallel stehenden, ebenen und voll reflektierenden Spiegeln realisieren. Kann man sich als Person dazwischen stellen, sieht man sich selbst in einer – fast – unendlichen Reihe (Abbildung 1). Sind die Spiegel nicht exakt parallel ausgerichtet, so ergibt sich eine leicht gekrümmte Fluchtlinie.

Bei üblichen Spiegeln ist die reflekierende Schicht auf der rückwärtigen Glasscheibe aufgebracht. Das Licht passiert deshalb vielfach diese Glasschichten. Dabei kann sich die Absorption im Glas mit einem grünlichen Stich umso stärker bemerkbar machen, je größer die Anzahl der Reflexionen ist [1].

Alternativ kann man zwei ebene, kleinere Spiegelfliesen nehmen. In die versilberte Rückseite lässt sich eine Lochöffnung hineinkratzen, Acrylglasspiegel kann man durchbohren. Beim Blick durch das Loch ergeben sich dann ebenfalls viele Spiegelungen (Abbildung 2). Das Loch spiegelt sich natürlich auch und ist in der Abbildung oben als kleiner, schwarzer Kreis zu erkennen.

Solche Unendlichkeitsspiegel werden manchmal auch zu Dekorationszwecken verwendet. Der englische Designer Nick Moore hat eine ästhetisch ansprechende Tischversion kreiert, die vom Bund der britischen Innenarchitekten ausgezeichnet wurde. Zwischen einem normalen, ebenen Glasspiegel und einer ebenen, teildurchlässig ver-

spiegelten Glasplatte (etwa 50 % Transmission für rotes Licht) befindet sich ein Teelicht. Sind die beiden Glasplatten exakt parallel zueinander ausgerichtet, scheint sich das Teelicht in einer geraden Linie ins Unendliche fortzusetzen (Abbildung 3 links). Sind die Platten leicht gegeneinander geneigt, so liegen die Bilder auf einer gekrümmten Linie (Abbildung 3 rechts). Der Abstand der Platten beträgt 5,5 cm. Daraus ergibt sich bei etwa zwanzig sichtbaren Kerzenspiegelungen eine optische Tiefe von 1,20 m. Dieser optische Tiefeneffekt ist besonders beeindruckend, wenn ein derartiger Unendlichkeitsspiegel mit hellen Lämpchen bestückt an einer Wand hängt und die Illusion hervorruft, es würde sich ein Tunnel in die Wand hinein erstrecken.

Man kann sich nun fragen, was für eine Kurve die gekrümmte Linie der Kerzenflammen bei nicht parallel zueinander angeordneten, ebenen Spiegeln beschreibt. Hier hilft eine einfache Konstruktionszeichnung der Reflexionen (Abbildung 4). Zur deutlicheren Darstellung ist der Winkel zwischen den Spiegeln mit 20° übertrieben groß gewählt. Der Beobachter blickt senkrecht zum Spiegel 1. Ein Gegenstand A (Kerzenflamme) befindet sich etwas unsym-

Abb. 2 *Eine Figur zwischen zwei ebenen Acrylglasspiegeln.*

Abb. 3 *Die unendliche Kerze (Infinity Candle) des englischen Designers Nick Moore. Die vordere Glasplatte ist teildurchlässig verspiegelt.*

metrisch gelegen zwischen zwei ebenen, nicht parallel angeordneten Spiegeln. A_1 ist das virtuelle Bild des Objekts A, das durch die Reflexion an Spiegel 1 entsteht, A_2 das Bild, das durch Reflexion von A_1 an Spiegel 2 entsteht, A_3 das Bild, das durch Reflexion von A_2 an Spiegel 1 entsteht usw.. In gleicher Weise entstehen die Bilder B_1, B_2, B_3 etc..

Bei der Reflexion ist der Abstand des Gegenstandes vom Spiegel genau so groß, wie der Abstand des Bildes vom Spiegel. Deswegen stellen die blauen Linien der Spiegel jeweils

die Mittelsenkrechten zwischen den einander zugeordneten Bildern dar, und diese schneiden sich im Mittelpunkt M des Kreises, auf dem alle Bilder liegen. Die aufeinander folgenden Bilder, die man bei nicht parallel ausgerichteten Spiegeln sieht, liegen demzufolge auf einem Kreis.

Die virtuellen Bilder B_1, A_2, B_3, … sind allerdings aus der Perspektive des gezeichneten Auges nicht zu sehen, da sie auf der dem Auge abgewandten Seite von Spiegel 2 entstehen.

Unmittelbar einsichtig ergibt sich die kreisförmige Figur bei der Anordnung in Abbildung 5. Zwischen zwei ebenen und in einem Winkel zueinander angeordneten, hoch reflektierenden Spiegeln ergeben sich Mehrfachbilder, die auf einem virtuellen Kreis liegen. Bei einem Winkel von 40° zwischen den Spiegeln ergeben sich 360°/40°, also neun Figuren, wovon eine das Originalobjekt selbst ist und die anderen Spiegelbilder sind.

Diese Betrachtungen zeigen, dass die Bezeichnung Unendlichkeitsspiegel nur dann zutrifft, wenn die beiden Spiegel exakt parallel zueinander stehen. Bei einem kleinen Verkippungswinkel ε ergeben sich endlich viele Spiegelbilder, nämlich $360°/(\varepsilon-1)$. Das können im Einzelfall ziemlich Viele sein (Abbildungen 1 und 3).

Ein Sonderfall von Mehrfachspiegelungen (Phantombilder) zwischen zwei parallelen Spiegeln ergibt sich bei den am meisten verbreiteten Spiegeln, die aus einer Glasschicht mit einer reflektierenden Schicht auf der Rückseite bestehen. An der Vorderfläche einer – nicht vergüteten – Glasschicht wird ein Teil ρ des Lichts spiegelnd reflektiert. Bei einem Glas mit einer Brechzahl von $n = 1{,}5$ sind das bei senkrecht einfallendem Licht immerhin etwa $\rho = (1{,}5\text{-}1)^2/(1{,}5+1)^2 = 0{,}04$, also 4 %.

Bei seitlichem Blick auf eine helle Lichtquelle und ihr gegenüber gestelltem Spiegel sieht man Mehrfachspiegelungen, die durch Reflexionen an der Glasvorderfläche, Spiegelrückfläche und wiederum Rückreflexion von innen an der Glasvorderfläche zustande kommen. Abbildung 6 zeigt

Abb. 4 *Aufsicht auf Spiegelungen eines Objektes A zwischen zwei ebenen, nicht parallelen Spiegeln.*

Abb. 5 *Mehrfachreflexionen zwischen zwei ebenen, nicht parallelen Edelstahlspiegeln (Winkel 40°).*

Abb. 6 *Die Glühbirne einer Taschenlampe im Abstand von etwa einem Zentimeter vom Spiegel positioniert und unter schrägem Blickwinkel betrachtet.*

solch eine Situation. Die reale Lichtquelle befindet sich rechts im Bild in einem Abstand von etwa 1 cm von der Spiegeloberfläche. Man erkennt noch den Glaskolben der Glühlampe. Die erste Reflexion findet an der Glasoberfläche statt, die nächste, deutlich stärkere Reflexion an der verspiegelten Rückseite. Der Glaskolben ist hier noch zu erkennen. Dann folgen die immer schwächer werdenden Rückreflexionen an der inneren Seite der Glasfläche und deren Spiegelung an der Spiegelrückseite.

Eine reizvolle Aufgabe besteht darin, mit einem Laserpointer aus der Geometrie eines solchen Bildes und der gesamten Anordnung die Dicke der Glasschicht und die Brechzahl des Glases zu berechnen (Abbildung 7). Der Lichtstrahl fällt schräg auf einen Spiegel mit rückwärtiger Verspiegelung. Er wird an der Vorderseite und der verspiegelten Rückseite reflektiert. Auf einem Schirm wird der Abstand y der auftreffenden Strahlen gemessen.

Aus entsprechenden Dreiecken beim einfallenden und austretenden Lichtstrahl lassen sich folgende Beziehungen entnehmen

$$\tan \beta = \frac{x}{d} \quad \text{und} \quad \tan \alpha = \frac{2x}{y}.$$

Außerdem gilt das Brechungsgesetz $\sin \alpha = n \sin \beta$. Durch Eliminierung von x, Umformen und Zusammenfassen der Gleichungen erhält man

$$y \cdot \sqrt{n^2 - \sin^2 \alpha} = 2d \cdot \cos \alpha.$$

In dieser Gleichung sind d und n unbekannt. Misst man y für zwei unterschiedliche Winkel α, so bekommt man zwei Gleichungen für zwei Unbekannte, aus denen sich d und n berechnen lassen.

In der Praxis liegen die Werte von y im Millimeterbereich und sind nicht sehr genau zu bestimmen. Durch mehrere Messungen für verschiedene Winkel α und adäquater Auswertung lässt sich die Genauigkeit von n und d verbessern [2].

Die Anzahl der sichtbaren Bilder hängt wesentlich von der Qualität der Spiegel ab. Bei einfachen Doppelfenstern mit Glasscheiben lassen sich bei dunkler Umgebung wegen der geringen Reflexion nur mit Mühe Mehrfachspiegelungen erkennen. Normale Glasspiegel reflektieren um die 90 %, sehr gute Oberflächenspiegel mit hoch poliertem Silber oder Aluminium bis über 99 % Prozent. Bei teildurchlässigen Spiegeln ist meist eine starke Abhängigkeit der Transmission von der Wellenlänge vorhanden. Darüber hinaus spielt die Helligkeit der Lichtquelle selbst auch eine Rolle.

Unendlichkeitsspiegel mit drei Spiegeln

Drei, im Winkel von 60° zueinander angeordnete, senkrecht stehende und gleich große Spiegel ergeben eine Variante eines Unendlichkeitsspiegels, die erheblich mehr Bilder als die Version mit zwei Spiegeln produziert (Abbildung 8). Begehbare Konstruktionen finden sich beispielsweise in Science Centern [3]. In den auf Jahrmärkten oder großen Volksfesten anzutreffenden Spiegellabyrinthen werden ebenfalls häufig im Winkel von 60° zueinander gestellte

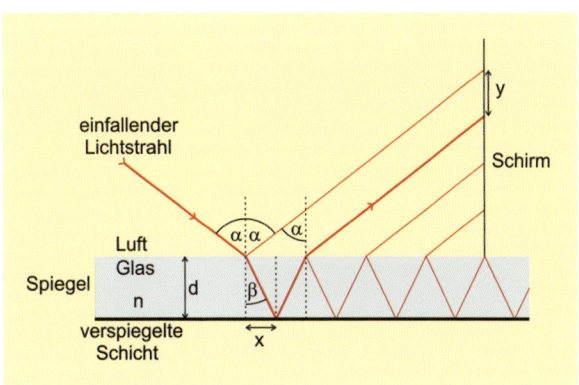

Abb. 7 *Ein Lichtstrahl fällt schräg auf einen Spiegel mit rückwärtiger Verspiegelung (aus [2]).*

Abb. 8 *Ein begehbarer Unendlichkeitsspiegel mit drei Spiegeln im Winkel von 60° im Mathematikum Gießen.*

Abb. 9 *Konstruktion der nächsten Spiegelbilder eines Objekts im 60°-Spiegeldreieck (Aufsicht).*

Spiegel verwendet. Bekannt ist das schon 1891 errichtete Petrin-Spiegellabyrinth in Prag [4]. Eine interaktive Version mit 60°-Spiegeln erlaubt das Erforschen unter fast allen denkbaren Blickwinkeln [5].

Eine Konstruktion nur der nächsten Spiegelbilder zeigt die Anordnung der virtuellen Bilder (Abbildung 9). Im Spiegeldreieck selbst ist genau ein Objekt (roter Kreis). Mit dem Winkel von 60° ergibt sich ein Sechseck an der Spitze. Dieses Sechseck wiederholt sich in einem regelmäßigen Mus-

ter über die gesamte Ebene. Dieses Muster erkennt man allerdings kaum, wenn man selbst im Spiegeldreieck steht. Die gestrichelten Linien verdeutlichen die Konstruktion der Spiegelungen.

Beim Hineinschauen in einfache Kaleidoskope mit drei gleich großen, rechteckig-länglichen, im Winkel von 60° zueinander angeordneten Spiegeln hingegen ist die Sechsecksymmetrie auch in der Erweiterung über die unmittelbar angrenzenden Bilder gut zu sehen.

Abb. 10 *Ein Spiegelwürfel, in dem ein elektrisches Teelicht faszinierende Vielfachreflexionen erzeugt.*

Eigenbau

Unendlichkeitsspiegel mit zwei Spiegeln, zwischen die man sich selbst stellen kann, lassen sich eventuell noch mit zu Hause verfügbaren Spiegeln realisieren. Eine begehbare Version mit drei Spiegeln ist da schon schwieriger herzustellen.

Kleinere, experimentelle Aufbauten mit normalen Glasspiegeln mit rückseitiger Verspiegelung lassen sich günstig mit Spiegelkacheln (Baumarkt) erstellen. Die rückseitige Verspiegelung kann man mit einiger Mühe abkratzen, so dass man eine durchsichtige Lochöffnung an gewünschter Stelle erhält. Glaser bohren auch Löcher in solche Spiegel. Je kleiner eine derartige Konstruktion ist, um so stärker stört die Fuge beim Aneinanderstoßen zweier Kanten.

Mit Hilfe von Acrylglasspiegeln lassen sich ebenfalls kleinere Unendlichkeitsspiegel mit zwei oder drei Spiegeln erstellen. Man kann sie bei Kunststofffirmen zuschneiden lassen oder selbst bearbeiten. Der Aufbau in Abbildung 2 ist auf diese Weise realisiert. Teuer und nicht überall erhältlich sind teildurchlässige Acrylglasspiegel. Es lohnt sich, nach Reststücken zu fragen.

Noch teurer sind polierte Metallspiegel (Edelstahl, Aluminium). Mit ihnen lassen sich störende Doppelbilder vermeiden. Außerdem können sie an den Kanten fast ohne sichtbare Fuge aneinander stoßen. Die Anordnung in Abbildung 5 wurde mit polierten Edelstahlspiegeln von 6 cm × 11cm Größe erstellt.

Ein Experimentierset, das fast alle beschriebenen Spiegelvarianten ermöglicht, bietet die Firma Kraul unter dem Namen Spiegelräume an [6]. Mit dessen Hilfe und weiteren Spiegelkacheln lässt sich ein Spiegelwürfel bauen (Abbildung 10).

Literatur

[1] H. J. Schlichting, Phys. Unserer Zeit **2010**, *41* (6), 306.
[2] A. Uysal, Phys. Teach. **2010**, *48*, 602.
[3] Mathematikum Gießen; Phaeno Wolfsburg; Phänomenta Lüdenscheid; Extavium Potsdam; Explorata Suhl; Imaginata Jena; Experiminta Frankfurt .
[4] www.youtube.com/watch?v=WbHLBPhfGSg.
[5] www.kubische-panoramen.de/index.php?id_id=354.
[6] www.spielzeug-kraul.de; zu beziehen über den Fachhandel.
[7] Kleine, qualitativ sehr gute Vorderflächenspiegel: www.astromedia.eu.

Youtube-Videos und Kaufhinweise unter folgenden Stichwörtern: Unendlichkeitsspiegel, Unbegrenztheitsspiegel, Spiegellabyrinth, Spiegelkabinett, Seleco Teelichtständer, Infinity mirror, home made infinity mirror, infinity candle, multiple mirror reflection, mirror maze, mirror labyrinth. Sehenswert ist auch **ein Film von Charlie Chaplin** in einem Spiegelkabinett: www.youtube.com/watch?v=MMBU5gk9HC4.

Stroboskopische Spielereien

Stroboskopische Erscheinungen sind aus Discos weithin bekannt. Sie haben jedoch auch eine eminente technische Bedeutung. Und sie laden zu spielerischem Mitmachen ein. Eine Verwandtschaft besteht zu optischen Spielzeugen wie dem Phenakistiskop und dem Zoetrop.

Bei üblichen Glühlampen nimmt man mit bloßem Auge nicht wahr, dass die Lichtintensität schwankt. Die Helligkeitsänderung ist nur schwach und zudem abhängig von der Leistung der Lampe. Sie beruht auf der Wechselspannung des elektrischen Netzes und der Wärmeträgheit des Glühfadens. Die elektrische Spannung in Europa folgt einem sinusförmigen Verlauf mit einer Frequenz von 50 Hz (USA 60 Hz). Die Helligkeit einer Glühlampe verändert sich allerdings mit einer Frequenz von 100 Hz, da für die Helligkeit der Lampe das Quadrat des Sinus verantwortlich ist. Das ist für das Auge zu schnell.

Früher wurde diese Helligkeitsänderung von Glühlampen zur Feinabstimmung der Umdrehungszahl des Drehtellers von Plattenspielern benutzt. Markierungen in regelmäßigen Abständen am Rand des Drehtellers blieben scheinbar stehen, wenn die Umdrehungszahl stimmte (Abbildung 1, unten). Diese Erscheinung ist als stroboskopischer Effekt bekannt.

Bei Leuchtstofflampen (mit älteren Vorschaltgeräten) ist das Schwanken der Helligkeit deutlicher ausgeprägt, da die Entladungen in der Leuchtstoffröhre praktisch trägheitslos der Wechselspannung folgen. Lediglich das Nachleuchten der angeregten Leuchtstoffe mildert das Schwanken der Helligkeit. Der stroboskopische Effekt hatte in Maschinenhallen manchmal fatale Folgen. So schienen schnell drehende Teile still zu stehen, langsamer oder gar rückwärts zu laufen. Hier bestand die Gefahr, in die drehenden Teile hinein zu fassen.

Strobotop, Zoetrop und Phenakistiskop

Stroboskope sind Lampen mit einstellbarer Frequenz. Häufig werden dafür Xenon-Entladungslampen oder LEDs verwendet. Bei einigen Geräten lässt sich die Dauer der Hell- oder Dunkelphase getrennt variieren. Bei Xenon-Blitzlampen kann man die Dauer der Dunkelphase verändern, die der Hellphase (der Blitze) nicht. Bei manchen Geräten mit LEDs lässt sich dagegen die Dauer beider Phasen getrennt verändern. Die zeitliche Summe der beiden Phasen bleibt – einmal eingestellt – konstant. Eine Anwendung ist die flimmerartige Hell-Dunkel-Beleuchtung in Diskotheken. Die Bewegungen von Tanzenden erscheinen abgehackt als eine Folge von scheinbar stehenden Bildern. Üblich sind Fre-

Abb. 1 *Drehteller eines Plattenspielers mit Markierungen. Darunter mit 33 U/min und Glühlampenbeleuchtung.*

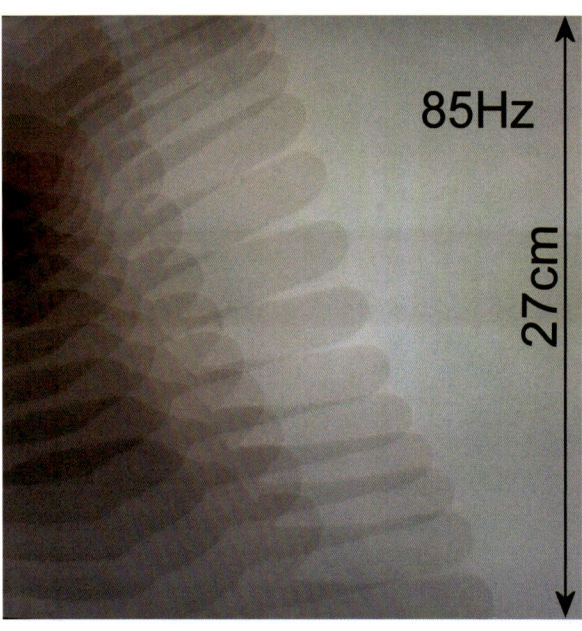

85Hz

27 cm

Abb. 2 *Schnell bewegter Finger vor einem Röhren-Computermonitor, der mit 85 Hz betrieben wird.*

quenzen von 1 bis 10 Hz. Derartige Frequenzen können bei entsprechend disponierten Personen Auslöser von epileptischen Anfällen sein.

In technischen Bereichen werden Stroboskope vielfältig eingesetzt, um Drehzahlen von rotierenden Teilen zu ermitteln. Der Zündzeitpunkt von Benzinmotoren ist ein Beispiel. In der Medizin können damit die Schwingungen der Stimmlippe bestimmt werden, in der Fotografie lassen sich Reihenaufnahmen erstellen.

Ältere Röhrenfernseher oder Computermonitore wurden mit Frequenzen zwischen 50 und 100 Hz betrieben. Bewegt man eine Hand oder Finger vor einem hellen Monitorbild schnell hin und her, so kann man den stroboskopischen Effekt unmittelbar wahrnehmen, da die Hand mit der vorhandenen Frequenz beleuchtet wird und wie eine fotografische Reihenaufnahme erscheint (Abbildung 2). Bei LCD-Bildschirmen tritt dieser Effekt nicht auf.

Das Spielzeug Strobotop [1] beinhaltet ein Stroboskop, dessen Frequenz sich etwa zwischen 10 und 60 Hz einstellen lässt. Mitgeliefert werden diverse, mit Mustern bedruckte und auch selbst bemalbare Scheiben, die auf eine mit der Hand andrehbare Kreiselscheibe aufgelegt werden können. Leider ist die tatsächliche Frequenz nirgendwo ablesbar. Die Dauer der Hellphase beträgt 0,6 ms.

Abbildung 3 zeigt beispielhaft eine dieser Scheiben. Man erkennt sechs aufeinander folgende Laufphasen eines Tieres. Beim Andrehen des Kreisels per Hand erreicht man 500 Umdrehungen pro Minute, also 8,3 Umdrehungen pro Sekunde. Geht man davon aus, dass das Stroboskop auf eine Frequenz von 50 Hz eingestellt ist und beleuchtet man mit ihm einen Ausschnitt der sich drehenden Scheibe, so wird für die Zeitspanne von 0,6 ms eine Darstellung des Tieres deutlich sichtbar. Nach einer Zeit von 0,02 s (1/50 Hz) erscheint das nächste Bild an der gleichen Stelle. Die so aufeinander folgenden Bilder ergeben eine scheinbare, wenn auch aufgrund von nur sechs Bewegungsphasen etwas holperige Bewegung. Der relativ kleine Scheibendurchmesser erlaubt leider keine größere Anzahl von Bewegungsphasen. Die niedrige Abspielgeschwindigkeit bei älteren Stummfilmen mit 15 bis 20 Bildern pro Sekunde erzeugte übrigens ähnlich abgehackt erscheinende Bildfolgen.

Mit der Zeit nimmt die Umdrehungszahl der Kreisscheibe ab. Das Tier bewegt sich dann etwas natürlicher. Um den Filmeffekt stabil zu halten, muss man die Frequenz des Stroboskops nachregeln. Stimmt die Frequenz nicht, bewegt sich das laufende Tier zusätzlich nach hinten oder vorne.

Bei 500 U/min benötigt die Scheibe für eine Umdrehung 120 ms. Da die Dauer der Hellphase 0,6 ms beträgt, wird das Bild über einen Sektor von etwa (0,6 ms/ 120 ms) · 360° = 1,8° verschmiert. Es erscheint also eigentlich nicht ganz scharf, was man allerdings kaum bemerkt.

Layout und Technik dieses Strobotops sind neu, die zugrunde liegende Idee ist hingegen schon recht alt. Der belgische Physiker Joseph Plateau und der Österreicher Simon Ritter von Stampfer entwickelten unabhängig von-

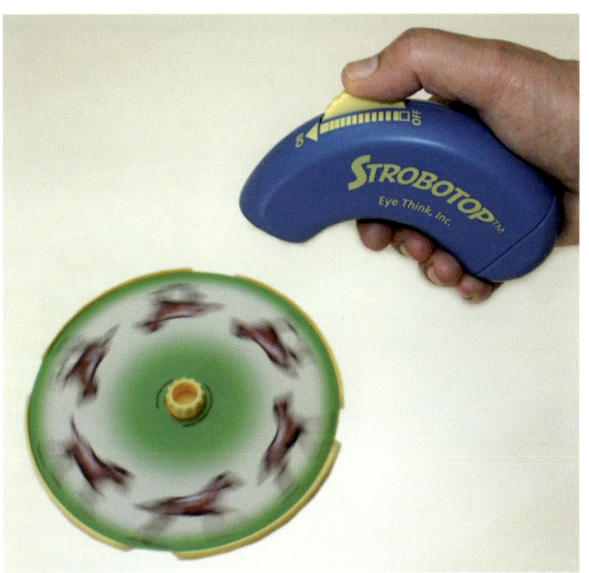

Abb. 3 *Strobotop mit Scheibenkreisel.*

Abb. 4 *Phenakistiskop. Beim Blick in einen Spiegel durch die Schlitze der sich drehenden Scheibe wird eine Bewegung sichtbar.*

Abb. 5 *Das Zoetrop ist eine Erweiterung des Phenakistiskops.*

einander schon 1832 das sogenannte Phenakistiskop [2]. Vermutlich wurden die Grundlagen dazu schon viel früher gelegt.

Bei diesem Apparat werden in eine drehbare, runde Scheibe Schlitze eingeschnitten und in die Zwischenräume auf der Rückseite vergleichbare Phasen eines bewegten Objektes aufgebracht. Das ist also ganz ähnlich wie bei der Strobotopscheibe in Abbildung 3. Blickt man durch die Schlitze auf einen Spiegel, in dem die Bilder auf der Rückseite der Scheibe sichtbar sind und versetzt die Scheibe in Drehung, so erzielt man einen ähnlichen Effekt wie mit einem Stroboskop (Abbildung 4). Durch einen Schlitz sieht man für einen Moment ein Bild. Dann verdeckt für eine längere Zeit die Scheibe den Blick, bis wieder der nächste Schlitz den Durchblick auf das nächste Bild gestattet. Mit zunehmender Anzahl von Schlitzen und immer größeren Scheiben lassen sich immer fließender erscheinende Bewegungen erzielen.

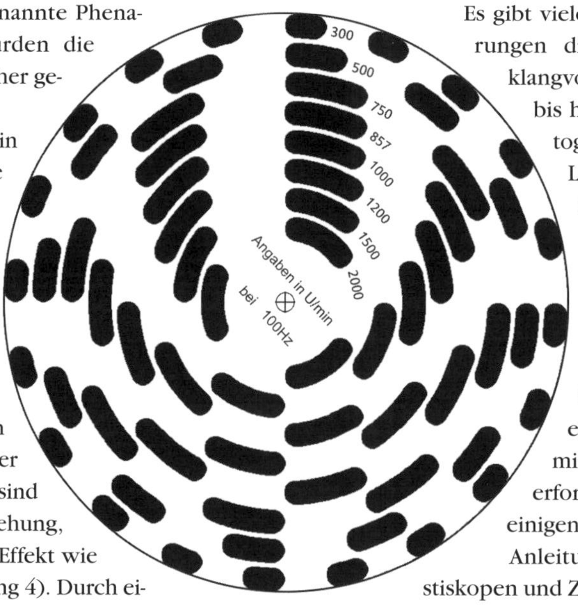

Insgesamt ist der Filmeffekt beim Strobotop und einfachen Phenakistiskopen mit höchstens zwanzig Bewegungsphasen relativ bescheiden. Mehr bringt man auf einer handlichen Kreisscheibe kaum unter. Man sollte aber nicht vergessen, dass zur Zeit der Erfindung des Phenakistiskops nichts anderes verfügbar und das Kino noch in weiter Zukunft war.

Das Zoetrop ist eine Erweiterung des Phenakistiskops. Es wurde 1834 von dem englischen Mathematiker George Horner beschrieben, allerdings unter dem seltsamen Namen Daedalum. Erst 1867 wurde es zeitgleich in England und den USA patentiert, in den USA dann unter dem Namen Zoetrope. Ein drehbarer Zylinder mit Schlitzen und mit den Phasenbildern auf der Innenseite erlaubt ähnliche Filmsequenzen wie das Phenakistiskop (Abbildung 5). Der Vorteil ist hier, dass mehrere Personen gleichzeitig hineinsehen können. Durch Vergrößerung des Radius lassen sich auch mehr Bilder aufbringen.

Es gibt viele Abwandlungen und Verfeinerungen dieses Prinzips, Apparate mit klangvollen Namen wie Praxinoskop bis hin zum Kinetoskop oder Kinetograph von Edison im Jahre 1892. Letztlich waren diese Konstruktionen Vorläufer des bewegten Bildes, sprich des Kinos.

Eigenbau

Im Internet gibt es Anleitungen für den Eigenbau von Stroboskopen. Dazu ist allerdings eine gewisse Praxis im Umgang mit elektronischen Schaltungen erforderlich. Fertige Geräte sind ab einigen hundert Euro erhältlich.

Anleitungen zum Bau von Phenakistiskopen und Zoetropen mit einfachsten Hilfsmitteln sowie viele fertige Vorlagen finden sich vielfach unter diesen Stichwörtern im Internet. Der Kreativität selbst erstellter Zeichnungen sind keine Grenzen gesetzt. Man sollte aber nicht unterschätzen, dass die Zeichnungen nur mit einigem Aufwand zu erstellen und zu positionieren sind.

Die Drehzahl von Scheiben und Kreiseln lässt sich mit der in Abbildung 6 gezeigten Stroboskopscheibe ermitteln. Man kopiert sie und klebt sie in passender Größe auf das Drehobjekt. Sie ist für eine Frequenz von 100 Hz berechnet. Im Licht von schwachen Glühlampen erscheint bei der vermerkten Drehzahl ein – kontrastschwaches – stehendes Bild, ähnlich wie in Abbildung 1 unten. Bei Verwendung von Leuchtstofflampen ist der Kontrast etwas stärker. Bei Verwendung eines richtigen Stroboskops ist der Kontrast optimal.

Internet

[1] eyethinkinc.com
[2] de.wikipedia.org/wiki/Phenakistiskop

Abb. 6 *Stroboskopscheibe zum Messen der Drehzahl.*

Katzenaugen und Sternsteine

Edelsteine sind ästhetisch ansprechend und bergen interessante physikalische Eigenschaften. So genannte Katzenaugen und allgemeiner noch die Sternsteine sind gefragt und teuer und werden deshalb auch künstlich nachgemacht – oder sogar gefälscht.

Abb. 1 *Ein Chrysoberyll mit dem charakteristischen Katzenaugeneffekt.*

Schöne Edelsteine faszinieren nicht nur Frauen. Auch Gemmologen sammeln sie und Mineralogen untersuchen und klassifizieren sie. Eine besondere Art sind die so genannten Katzenaugen: Rund geschliffen und mit einer punktförmigen Lichtquelle beleuchtet, zieht sich ein Lichtband über diese Steine. Die Assoziation zur schlitzförmigen Pupille einer Katze ist naheliegend (Abbildung 1). Allgemein sprechen die Gemnologen von Chatoyance, was auf das französische Wort für Katze (chat) hindeutet. Rund geschliffene Edelsteine ohne Facettierung werden auch als Cabochon bezeichnet.

Es gibt viele Edelsteine mit dem Katzenaugeneffekt. Unter der Kurzbezeichnung Katzenauge ist immer ein Chrysoberyll-Katzenauge gemeint. Alle anderen Katzenaugen müssen durch einen Zusatz genauer kenntlich gemacht werden. Vorkommen finden sich in Sri Lanka, Brasilien, China und Simbabwe. Chrysoberyll ist ein Aluminium-Beryllium-Oxid mit einer Härte von 8,5. Damit zählt er zu den härtesten und teuersten Edelsteinen.

Im Chrysoberyll eingelagert sind feine, parallel angeordnete, metallisch glänzende Nadeln aus Rutil (Titandioxid). Auch Hohlkanäle und Risse durchziehen das Material. Fällt das Licht durch das mehr oder weniger transparente Oxid senkrecht auf diese Einlagerungen und Kanäle, wird es reflektiert und lässt auf diese Weise ein Lichtband entstehen (Abbildung 2). Dass es sich um einen Reflexionseffekt handelt, kann man bei Drehung des rund geschliffenen und polierten Steines senkrecht zu der Richtung der Einlagerungen deutlich erkennen: Das Lichtband wandert mit der doppelten Winkelgeschwindigkeit wie die Drehgeschwindigkeit des Steins. Wenn die Einlagerungen im Durchmesser kleiner als die Wellenlänge des einfallenden Lichts sind, kann man nicht mehr von direkter Reflexion sprechen. Dann wird das Licht gestreut und bildet einen Streukegel, der ebenfalls zum Katzenaugeneffekt führt [1].

Sind die Einlagerungen nicht alle parallel angeordnet, sondern beispielsweise in einem Winkel von 120 Grad zueinander orientiert, erscheinen bei richtigem Schliff und Lichteinfall sternförmige, sechszählige Erscheinungen (Abbildung 3). Das kommt bei einer ganzen Reihe von Edel-

steinen vor. Daher rührt der Name Sternsteine. Unter dem Begriff Asterismus werden diese Erscheinungen zusammengefasst.

Da echte Katzenaugen teuer sind, hat man schon lange versucht, den optischen Schmuckeffekt künstlich nachzuahmen. Im einfachsten Fall wird aus einem massiven Stück

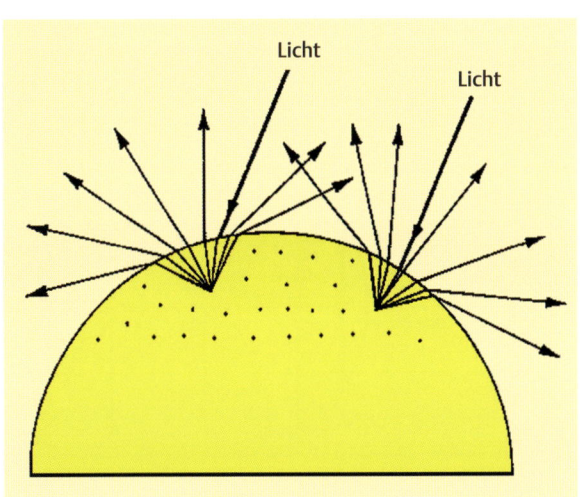

Abb. 2 *Senkrecht zu den Einlagerungen im Chrysoberyll einfallendes Licht führt zur Wahrnehmung eines Lichtbandes. Die Einlagerungen sind hier als Punkte angedeutet und sind senkrecht zur Papierebene orientiert (aus [1]).*

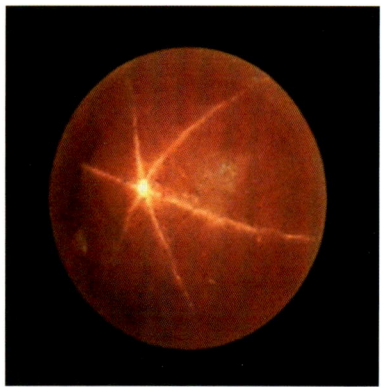

Abb. 3 *Ein Rubin mit sechsstrahligem Stern.*

Abb. 4 *Eine polierte Kugel mit etwa 4 cm Durchmesser aus Lichtleitfasern zeigt deutlich den Katzenaugeneffekt (links). In Richtung der Lichtleitfasern kann man durch die Kugel hindurchsehen (rechts).*

BRECHUNG UND REFLEXION IM LICHTLEITER

Einfache Lichtleiter mit homogenem Kern weisen eine Apertur auf, die durch die verschiedenen Brechzahlen von Mantelmaterial (n_m) und Kernmaterial (n_k) des Lichtleiters definiert wird. Nur Lichtstrahlen, die den Grenzwinkel der Totalreflexion aus dem optisch dichteren Kernmaterial in das optisch dünnere Mantelmaterial nicht unterschreiten, können den Lichtleiter durchlaufen und am anderen Ende wieder austreten. In den Mantel eintretende Lichtstrahlen verlieren sich irgendwo im Material und werden letztendlich absorbiert. Für den maximalen Winkel, unter dem ein Lichtstrahl noch eintreten kann gilt:

$$\sin \alpha_o = \sqrt{\frac{n_k^2 - n_m^2}{n_0^2}}.$$

Besteht das Kernmaterial aus Kronglas (n_k = 1,62) und der Mantel aus Flintglas (n_m = 1,52) ergibt sich ein Grenzeintrittswinkel α_0 = 34°.

Blickt man von oben auf die in Abbildung 4 gezeigte Kugel, wird dieser Grenzwinkel auf Grund der Krümmung der Kugel irgendwann erreicht. Deswegen kann man durch den Rand der Kugel nicht mehr hindurchblicken. Die Kugel hat scheinbar ein Loch in der Mitte, durch das man durchsehen kann. Die Abbildung unten rechts deutet das stark vereinfacht an. Auch wenn die Dicke der Lichtleiter stark übertrieben ist, entsprechen die Winkel bezüglich Eintritt, Brechung und Totalreflexion den obigen Brechzahlen.

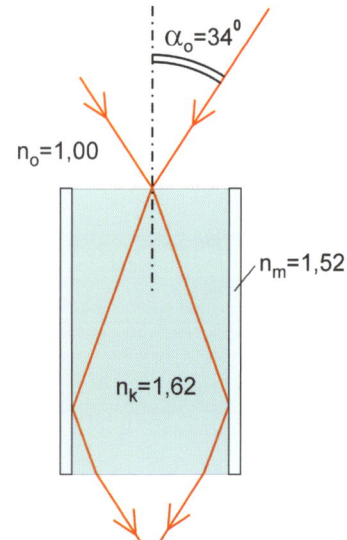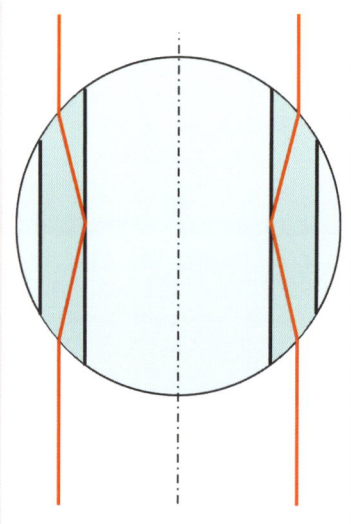

parallel angeordneter Lichtleitfasern eine Kugel geschliffen (Abbildung 4 links). Der Katzenaugeneffekt ist deutlich zu erkennen. Abbildung 4 rechts zeigt den Blick auf die Kugel senkrecht zum Lichtband in der Richtung der Lichtleitfasern. Man kann dank der Lichtleitfasern durch die Mitte der Kugel hindurchsehen, am Rand aber nicht (siehe „Brechung und Reflexion im Lichtleiter").

Die Qualität der Lichtleitfaserbündel ist ziemlich gering (Abbildung 5) verglichen mit derjenigen von geordneten Lichtleitfasern in hochwertigen optischen Geräten. Es reicht aber aus, um einen Durchblick zu erlauben, bei dem man darunter liegende Schrift noch lesen kann. Solche Kugeln sind für ein paar Euro als optische Spielereien erhältlich. Die hier abgebildeten Exemplare stammen aus China.

Viele weitere Verfahren sind vorgeschlagen worden [2]. In einem Patent von 1973 [3] wird die Herstellung derartiger künstlicher Edelsteine mit Hilfe von Lichtleitfasern detailliert beschrieben. Um einen sechsstrahligen Sternstein zu erhalten, werden sechs dreieckige Prismen aus Lichtleitfasern ausgeschnitten und an den Flächen miteinander verklebt oder verschmolzen, wobei die Fasern parallel zu einer Grundfläche angeordnet werden (Abbildung 6). Sodann wird eine ellipsoidische Form ausgeschnitten und poliert. Bei adäquater Beleuchtung von oben ergibt sich die sechsstrahlige Symmetrie. Auf diese Weise lässt sich fast jede beliebige andere Symmetrie erzielen.

Ein weiteres natürlich vorkommendes Mineral mit Lichtleitereffekt ist Ulexit, volkstümlich auch Fernsehstein genannt. Legt man ein senkrecht zu den Faserenden poliertes Exemplar auf eine mit Text bedruckte Unterlage, so scheinen die Buchstaben angehoben (Abbildung 7). Die nadelig, faserigen Kristalle des Minerals leiten das Licht von der unteren bis zur oberen, polierten Oberfläche, ähnlich wie bei einer Platte mit künstlichen Lichtleitfasern, wobei die Qualität der optischen Fortleitung wesentlich schlechter ist.

Ulexit ist ein Boronatrocalcit mit der Formel $NaCa[B_5O_6(OH)_6] \cdot 5H_2O$. Es weist ein triklines Kristallsystem auf, das heißt alle drei Achsen des Achsenkreuzes sind verschieden lang und alle Winkel sind ungleich

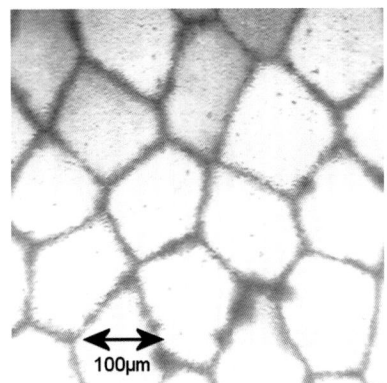

Abb. 5 *Eine Mikroskopaufnahme zeigt die Lichtleitfasern mit einer Dicke von etwa 200 μm .*

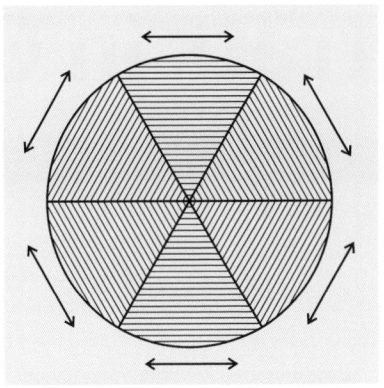

Abb. 6 *Zur Erzielung eines Sternsteines mit sechsstrahliger Symmetrie werden sechs Prismen mit Lichtleitfasern ausgeschnitten, zu einem Block zusammengefügt und kugelförmig geschliffen. Die Pfeile deuten die Richtung der Lichtleitfasern an (aus [3]).*

Abb. 7 *Der Fernsehstein Ulexit in Aufsicht.*

90 Grad. Mit einer Härte von 1,5 ist Ulexit sehr weich. Es eignet sich deswegen nicht für Schmuck. Es entsteht durch Abscheidung infolge von Verdunstung in den Binnenseen der ariden Zonen bei Anwesenheit von Borax und Salpeter. Man findet es in den trockenen Wüstenzonen von Chile, Argentinien, Peru, USA, aber auch in Italien und der Türkei.

Literatur

[1] M. Weibel, Die Sternstein-Story, in: Katalog der 26. Mineralientage München 1989, 4.
[2] K. Schmetzer, M. Glas, Lapis **2003**, *28*, 22.
[3] M.R. Phillips, J. H. Ludwig, Künstliche Edelsteine, Deutsche Offenlegungsschrift 2 328 947 (1973).

Mit folgenden Stichwörtern findet man im Internet weitere Hinweise und Bezugsquellen:
Chrysoberyll, Katzenaugen, Sternsteine, Lichtleitfasern, Reflexion, chrysoberyl, cat's eye stone

Räumliche Porträts in Glas

Leistungsstarke Laser gravieren das Bild von Objekten dreidimensional in Glas. So sind realistisch wirkende Porträts möglich, von denen nicht nur ein ästhetischer Reiz ausgeht, sondern auch das Erstaunen darüber, wie wohl das Porträt in den soliden Glasblock hineinkopiert worden ist. Außerdem bietet die Rückansicht des Porträts den verblüffenden Hohlmaskeneffekt.

Angenehm schwer liegt der 500 Gramm gewichtige und $5 \times 5 \times 8$ cm³ große Block aus hochtransparentem Kristallglas mit dem Porträt von Einstein in der Hand (Abbildung 1). Die Dreidimensionalität des im Inneren des Glasblocks befindlichen Porträts erschließt sich beim Hin- und Herdrehen. Der Kopf ist jedoch nur von vorne vollständig modelliert, während er von hinten eine Hohlmaske darstellt. Bei genauerer Inspektion erkennt man, dass sich das Porträt aus glitzernden Einzelpunkten zusammensetzt, wie es auch in der modernen Drucktechnik der Fall ist. Das dreidimensionale Porträt von Einstein ist genau aus 277 643 Punkten zusammengesetzt [1].

Derartige Porträts werden mit Lasern ins massive Glas hinein graviert. Diese Technik geht auf die Entdeckung von Schäden im Inneren von Linsen in den 1960er-Jahren zurück. Sie entstanden bei der Fokussierung von Festkörperlasern durch Strahlrückkopplung (Laser induced damages). Dieser im Grunde unerwünschte Effekt wurde dann aber in den 1980er- und 1990er Jahren in Russland und den USA systematisch untersucht und führte zur Anmeldung von Patenten bei der Anwendung für die Glasinnengravur (**Sub**Surface **L**aser **E**ngraving, SSLE, und **L**aser **I**nduced **D**amage Imaging, LIDI).

Anfangs war noch ein erheblicher Aufwand nötig, um derartige Gravuren zu realisieren. In den letzten Jahren sind die Geräte jedoch derart kompakt und preisgünstig geworden, dass man heute zu verhältnismäßig geringen Kosten und in wenigen Minuten ein Porträt von sich selbst oder von geeigneten Objekten anfertigen lassen kann. Dazu werden die Personen oder die Objekte mit einer di-

Abb. 1 *Einsteins Porträt, dreidimensional in Glas graviert.*

gitalen 3D-Kamera aufgenommen und die Daten über ein Programm zur Steuerung des Gravurlasers (beispielsweise Nd-YAG) verwendet. Es gibt sogar das Angebot, ein zweidimensionales Foto einzuschicken, aus dem ein spezieller Algorithmus ein dreidimensionales, lasergraviertes Porträt erzeugt. Dies kann allerdings nur Durchschnittskopfformen angepasst werden, denn mit einem zweidimensionalen Bild kann man kein echtes 3D-Bild erzeugen.

Der physikalische Hintergrund der Lasergravur ist die nichtlineare Lichtabsorption. Im Falle einer linearen Absorption führt eine Verdoppelung der eingestrahlten Energie auch zu einer Verdoppelung der absorbierten Energie. Nichtlineare Absorption liegt dann vor, wenn die Lichtintensität so hoch ist, dass zwei oder mehr Photonen nahezu gleichzeitig vom Atom absorbiert werden können und somit ein höher liegendes Energieniveau erreicht werden kann. Dann ergibt sich ein nichtlinearer Zusammenhang zwischen eingestrahlter und absorbierter Energie. Die relative Absorption steigt mit zunehmender Energiedichte stark an. Ein Objekt, das für kleine Lichtintensitäten ganz transparent ist, kann für hohe Intensitäten stark absorbierend werden.

Der in das Glas hinein fokussierte Laserstrahlpuls mit einer Leistung von etwa 1 W und einer maximalen Energie von etwa 1 mJ pro Puls konzentriert sich auf einen wenige Mikrometer großen Bereich. Die Oberfläche des Glases muss deshalb plan, hoch poliert und das Glas schlieren-, blasen- und spannungsfrei sein. Andernfalls entsteht kein optimaler Fokus und das Glas kann zerspringen. Häufig wird in Deutschland für Laserinnengravuren aus China importiertes Glas der Sorte BK9 (Borkronglas) mit einer Brechzahl von $n_d = 1,5163$ ($\lambda_d = 589$ nm) verwendet. In den USA wird auch Plexiglas eingesetzt.

Die große Leistungsdichte im Laserfokus von bis zu 10^{10} W/cm² führt innerhalb von kürzester Zeit zu einem enormen Temperaturanstieg bis zu 20 000 °C. Dieser bewirkt, dass das Glas schmilzt und intransparent wird. Diesen Vorgang nennt man Devitrifikation oder Entglasung. Winzige Risse gehen von diesem Punkt aus, an denen das Licht gestreut wird. In Abhängigkeit von der eingestrahlten Energie kann die Größe der eingravierten Streuzentren im Sinne der gewünschten Abbildung von etwa 50 μm bis 150 μm variiert werden. In Abbildung 2 links ist ein Makrofoto eines so entstandenen Punktes zu sehen. Die Punkte dürfen im Übrigen nicht zu dicht aneinander gereiht werden, da sonst Spannungen im Material auftreten, welche die Bruchgefahr erhöhen (Abbildung 2 rechts).

Das Porträt im Glasblock ist nicht nur von vorne, sondern auch von hinten interessant. Wenn man nämlich aus einiger Entfernung oder bei einäugiger Betrachtung in die konkave Hinterseite des Portraits blickt, scheint sich das hohle Gesicht umzustülpen und die vertraute erhabene Gestalt anzunehmen. Bereits dieser Effekt ist erstaunlich. Er erinnert an die visuellen Inversionen, wie sie beispielsweise zu beobachten sind,

wenn man das Foto eines Gebirges auf den Kopf stellt. Berge scheinen zu Tälern und Täler zu Bergen zu werden. Genau genommen handelt sich aber nur um eine Projektion des Hohlkopfes auf die Ebene. Wir sehen fortan das Portrait wie eine Fotografie flächenhaft. Von einer Fotografie eines Gesichts, das auf den Betrachter schaut weiß man, dass dies auch noch der Fall ist, wenn man seine Position verändert: Das Gesicht scheint uns mit dem Blick zu verfolgen. Das fällt uns nicht weiter auf, weil wir uns daran gewöhnt haben.

Wenn man sich relativ zur flächenhaft gewordenen Hohlmaske bewegt, hat man jedoch das deutliche Gefühl, dass das Gesicht in Bewegung gerät und uns aktiv zu verfolgen scheint. Das lässt sich mit einem geometrischen Effekt begründen, wonach der Blick des Hohlgesichtes dem Betrachter tatsächlich vorauseilt, was bei einem Foto nicht der Fall ist [2, 3].

Durch Brechung und Totalreflexion an den Oberflächen des Glasprismas ergeben sich je nach Blickwinkel die von dem Blick ins Aquarium bekannten Effekte. Sie kommen hier als zusätzliche Ansichten des Porträts zum Ausdruck. Obwohl diese Phänomene mit Hilfe der geometrischen Optik erklärt werden können, fordern sie aufgrund des komplexen Zusammenspiels der unterschiedlichen Darstellungen des Einsteinschen Portraits immer wieder die physikalische Intuition heraus. So wird beispielsweise in Abbildung 3 das Porträt von Einstein zum einen von der hohlen Rückseite aus gezeigt. In der zweidimensionalen Abbildung erscheint es gänzlich normal. Es ist jedoch spiegelverkehrt im Vergleich mit Abbildung 1, wie deutlich an der Unterschrift ersichtlich ist. Erkennbar ist zum anderen eine durch Brechung an der oberen Fläche entstehende, zusätzliche Ansicht von Einstein von unten her.

Die bisherige Technik erlaubt nur Schwarz-Weiß-Darstellungen. Farbinnengravuren wären natürlich noch realistischer. Dies scheint in absehbarer Zukunft tatsächlich möglich zu werden. Experimentiert wird unter anderem mit Farbzentren im Material und mit spektraler Zerlegung des weißen Lichts durch Beugung an den Mikropunkten [4].

Literatur und Internet

[1] www.contento-shop.com.
[2] K. Hinsch, Physik in unserer Zeit **2005**, *36* (3), 124.
[3] H.-J. Schlichting, Naturwissenschaften im Unterricht/Physik/Chemie **1987**, *35* (6), 35.
[4] I. Troitski, in: J. Gregory et al. (Hrsg.) Laser Induced Images in Optical Materials, Proc. SPIE **2004**, *5273* (6), 192.

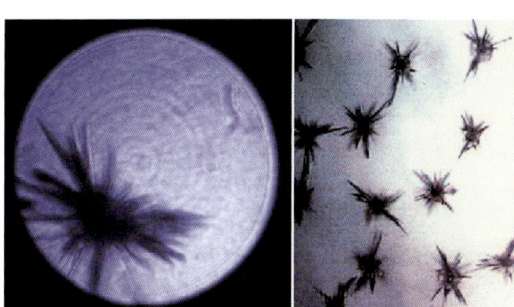

Abb. 2 *Links: Einzelner Mikroriss im Glas, rechts mehrere Einzelpunkte* (Foto: www.glassystem.de).

Abb. 3 *Ansicht auf die hohle Seite Rückseite des Einstein-Porträts.*

Handgemachte Hologramme

Wenn man die Reflexe einer Lichtquelle auf einer CD beidäugig betrachtet, kann man einen virtuellen, räumlich aus der CD herausragenden Lichtbalken sehen. Dieses an ein Hologramm einer zweidimensionalen Lichtspur erinnernde Phänomen lässt sich gezielt nutzen, um mit einfachen Mitteln räumliche Bilder von einfachen Punktzeichnungen herzustellen.

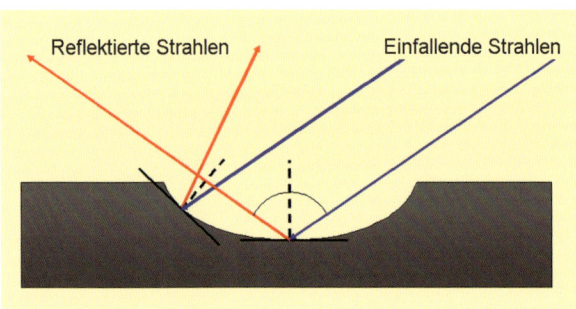

Abb. 2 *Querschnitt durch ein Rillenprofil.*

Betrachtet man die Reflexe einer Lichtquelle auf einer CD, so sieht man abhängig von der Beobachterposition mehr oder weniger gekrümmte Lichtbahnen (Abbildung 1). Auch bei anderen Objekten mit konzentrischen Rillen, wie dem polierten Boden eines Edelstahltopfes, lässt sich dieses Phänomen beobachten. Dabei handelt es sich um die „hausgemachte" Version des Schwertes der Sonne, das man beim Untergang der Sonne auf dem Wasser beobachten kann [1]. Hier wie dort wird das einfallende Licht nicht wie bei einer glatten ebenen Fläche an genau einer Stelle ins Auge des Betrachters reflektiert, sondern an jeder Neigung der Wellen und Riefen, die gerade den passenden Winkel haben. Die gekrümmten Flächen der Wellen und Rillen bieten dem Licht ein ganzes Spektrum an Winkeln an, so dass es viele geeignete Reflexionsmöglichkeiten gibt. Da jede Rille entlang der Lichtbahn das Licht unter einem anderen Winkel ins Auge reflektiert, muss das Rillenprofil von

der Art sein, wie in Abbildung 2 schematisch dargestellt. Das Profil darf nicht exakt v-förmig, sondern muss eher gerundet sein. Dann entstehen in einem größeren Winkelbereich passende Neigungen für die Reflexion.

Räumliche Lichtbahn

Orientiert man die CD gerade so, dass die Reflexe eine Lichtbahn formen, dann kann man eine merkwürdige Entdeckung machen: Die Lichtbahn scheint aus der Fläche herauszutreten und wie ein Lichtstab in den Raum zu ragen.

Einen Hinweis auf den Ursprung dieses merkwürdigen Phänomens erhält man, wenn man ein Auge schließt: Der Lichtstab zieht sich auf die Oberfläche der CD zurück. Offenbar sieht jedes Auge den unterschiedlichen Blickwinkeln entsprechend verschiedene Stellen der Rillen aufblitzen. Für das visuelle System stellt sich dann die Situation so dar, als würde ein und dasselbe Objekt aus unterschiedlichen Winkeln gesehen. Daraus ergibt sich wie bei der Wahrnehmung räumlicher Objekte im Alltag die Räumlichkeit der Lichtbahnen. Es handelt sich also um eine optische Täuschung.

Das Phänomen eines räumlichen Lichtbalkens legt den Gedanken nahe, gezielt virtuelle räumliche Erscheinungen herzustellen. Die einfachste Möglichkeit besteht darin, mit einem Reißzirkel eine kreisförmige Rille in eine geeignete Unterlage, wie ein Aluminiumblech, die Hülle einer CD oder eine Overheadfolie, zu ritzen. Wie das am besten geht, erklären wir am Ende des Kapitels. Im Licht einer Punktlichtquelle scheint dann der Mittelpunkt dieses Kreises – den von jedem Auge an einer anderen Stelle auf dem Kreis wahrgenommenen Reflexen entsprechend – im Raum zu schweben. Die Voraussetzung einer, wie oben beschrieben, gerundeten Rille liegt hierbei fast immer vor.

Ritzt man anschließend einen weiteren Kreis mit demselben Radius um einen Nachbarpunkt, so sieht man zwei benachbarte Reflexe im Raume schweben. Geritzte Kreise

Abb. 1 *Lichtbalken auf einer CD, der bei zweiäugiger Betrachtung schräg aus der Fläche der CD in den Raum herauszutreten scheint.*

um weitere Punkte entlang einer Linie führen zu einer räumlichen Linie aus entsprechenden Reflexen, die aufgrund des konstanten Abstandes zu den Ausgangspunkten streng mit diesen korreliert sind. Ein System geritzter Kreise, das auf dieselbe Weise ein aus gepunkteten Buchstaben bestehendes Wort umgibt, lässt dieses Wort auf geradezu geheimnisvoll anmutende Weise im Raum über der geritzten Fläche erscheinen.

In Abbildung 3 wird das Ergebnis am Beispiel des in eine Plexiglasscheibe gepunkteten Wortes PHYSIK dargestellt, das über der Scheibe zu schweben scheint. In der Fotografie ist das natürlich nur als flächenhafte Projektion erkennbar. Die Lage des schwebenden Wortes verschiebt sich je nach dem Blickwinkel, weil sich die Reflexe auf den Riefen entsprechend verschieben.

Besonders eindrucksvolle räumliche Muster ergeben sich, wenn man die Punkte einer flächenhaft dargestellten dreidimensionalen Figur mit Ritzkreisen umgibt. In Abbildung 4 sind die aus zwei verschiedenen Blickwinkeln wahrgenommenen Ansichten eines Würfels aus Reflexen dargestellt. Darunter sieht man die gepunktete Vorlage.

Man kann noch einen Schritt weiter gehen und die von der CD bekannte Tatsache ausnutzen, dass durch ein konzentrisches System von Ringen Linien hervorgerufen werden können. Kombiniert man Kreise mit festem Radius entlang der Linien eines Quadrats und umgibt die Eckpunkte mit einem konzentrischen Ringsystem, so ergibt sich daraus ein „räumlicher" Würfel (Abbildung 5).

In allen Fällen ist deutlich zu erkennen, dass nicht nur ein Punkt auf der geritzten Riefe die Reflexionsbedingung erfüllt, sondern ein mehr oder weniger kurzer Kreisabschnitt. Das ist einerseits auf die Abweichung der Lichtquelle von der Punktförmigkeit, andererseits auf gewisse Toleranzen des Profils der Ringe zurückzuführen. Sie reflektieren das Licht stets innerhalb eines gewissen Winkelbereichs.

Abb. 3 *In einer Plexiglasplatte ist unten das Wort PHYSIK gepunktet dargestellt. Darüber „schwebt" das Wort im Raum.*

Physik und Kunst

Die Möglichkeit, durch Lichtreflexe an geeignet geritzten Oberflächen virtuelle räumliche Gebilde herzustellen, ist bereits lange vor der optischen Holografie gewissermaßen als mechanische Holografie im künstlerischen Bereich realisiert worden. Der wohl erste, aber in Vergessenheit geratene Künstler, der sich mit dieser Technik virtueller räumlicher Bilder befasste, war Hans Weil (1902 – 1998). Er verarbeitete diesen Effekt an geritztem Glas sowie an geschliffenem oder gedrehtem Metall in künstlerischen Objekten. Später entdeckte die Methode der Künstler Gabriel Liebermann wieder. Sein „World Brain" [2] wurde als mechanisch holografisches Kunstwerk gefeiert.

Herstellung von Ritzbildern

Die Ritzbilder lassen sich auf einfache Weise mit einem Zirkel herstellen, wenn man den üblichen Schreibstift durch eine Metallspitze ersetzt. Das herzustellende Objekt, beispielsweise ein Würfel, wird gepunktet auf die Platte eingezeichnet oder bei transparenten Platten darunter gelegt. Anschließend zieht man Ritzkreise um jeden Punkt, wobei

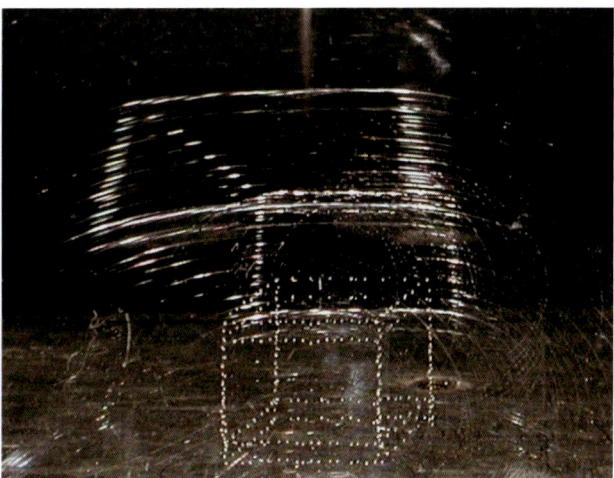

Abb. 4 *Ein gepunkteter zweidimensionaler Würfel ruft je nach Blickrichtung an unterschiedlichen Stellen schwebende Würfel aus Lichtreflexen hervor.*

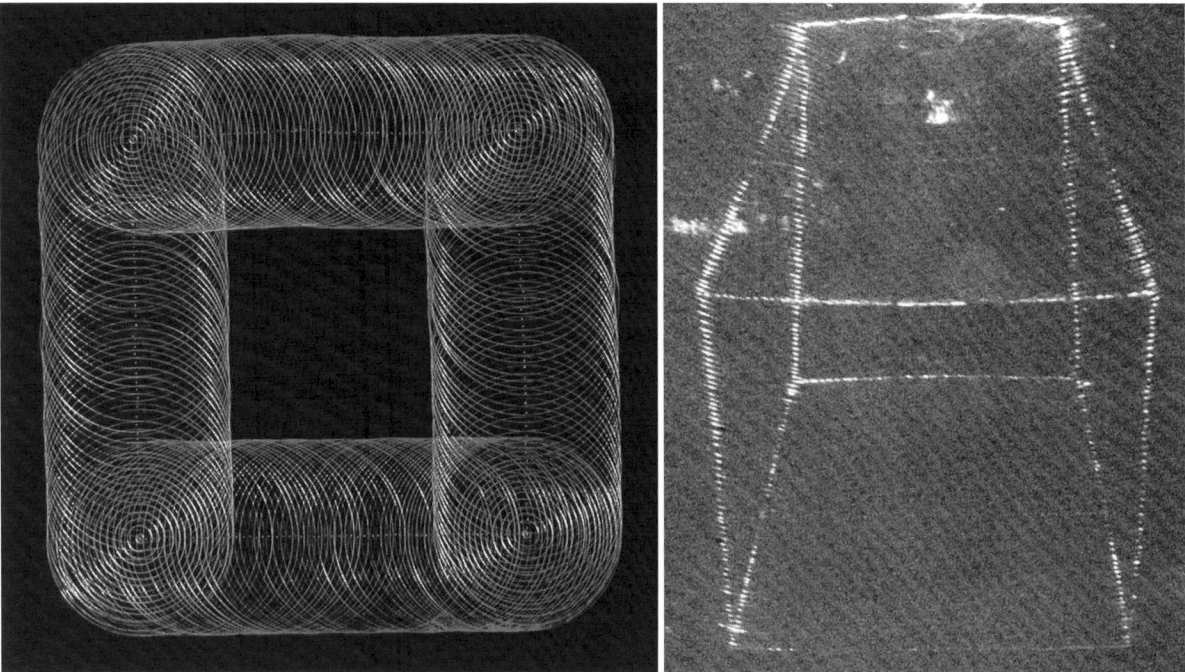

Abb. 5 *Die punktförmig beleuchtete Vorlage (links) entwirft einen räumlichen Würfel aus Lichtreflexen.*

deren konstanter Radius der Größe des herzustellenden Objekts angemessen sein muss.

Als reflektierende Objekte eignen sich Metallplatten (Edelstahl, Aluminium) sowie Glas- und Plexiglasscheiben (CD-Hüllen, besonders der schwarze Boden). Aber auch mit Overhead- und anderen transparenten Folien haben wir gute Erfolge erzielt. Bei den Plexiglasscheiben und Folien ist darauf zu achten, dass die Ritzung nicht zu tief gerät, so dass ein Materialspan abgehoben wird. Die Unterlage sollte mit dem Reißstift nur mehr oder weniger stark „einge-

drückt" werden. Mit einem nicht zu spitzen Zirkel oder dadurch, dass man die Zirkelspitze schräge über die Unterlage zieht, bereitet dies jedoch keine Schwierigkeit.

Literatur

[1] H. J. Schlichting, MNU 1998, *51* (7), 387; 1999, *52* (6), 330.
[2] World Brain von Gabriel Liebermann befindet sich in der Chemical Heritage Foundation 315 Chestnut Street, Philadelphia, USA. www.chemheritage.org/exhibits/ex-aaap-detail.asp?ID=189&Numb=38

Ein Geodreieck als optisches Gitter

Der spielerische Umgang mit Alltagsgegenständen fördert manchmal erstaunliche Erkenntnisse zu Tage: Ein äußerlich makellos erscheinendes, transparentes Geodreieck bewirkt Beugungserscheinungen wie ein Strichgitter. Ursache ist das Herstellverfahren.

Geodreiecke und Lineale sind Messinstrumente. Im vorliegenden Fall ergab es sich allerdings, dass ein transparentes Geodreieck aus Kunststoff selbst vermessen werden musste, um einem unbekannten Phänomen auf die Spur zu kommen. Ausgangspunkt war folgende Beobachtung.

Lenkt man den Strahl eines Laserpointers durch ein Plastikgeodreieck hindurch, so erscheint auf einer dahinter stehenden Wand ein ausgeprägtes Muster, das an ein Beugungsphänomen erinnert (Abbildung 1) [1]. Offenbar verhält sich das Lineal wie ein optisches Strichgitter.

Bei näherer Untersuchung stellt man fest, dass das Phänomen nur von bestimmten Bereichen des Geodreiecks hervorgerufen wird. Außerdem erscheinen die Abstände zwischen den mutmaßlichen Maxima unterschiedlicher Beugungsordnung unterschiedlich groß, je nachdem, durch welche Stelle des Geodreiecks der Laserstrahl hindurchgeht. Verschiedene Geodreiecke und auch Kunststofflineale zeigen dasselbe Phänomen mehr oder weniger stark ausgeprägt und mit individuell unterschiedlicher Charakteristik. Es gibt aber auch Exemplare, die das Phänomen nicht zeigen.

Untersuchung mit polarisiertem Licht

Rein äußerlich lässt sich im Geodreieck keine gitterartige Struktur erkennen. Betrachtet man das Geodreieck aber unter polarisiertem Licht, so erkennt man eine Farbstruktur, die auf Spannungsdoppelbrechung beruht (Abbildung 2). Sie zeigt zumindest, dass die innere Struktur des geformten Plastikmaterials alles andere als einheitlich ist.

Bei den meisten der von uns untersuchten Geodreiecke war eine ähnliche und weitgehend symmetrische Struktur erkennbar. Sie legt den Schluss nahe, dass sie auf dem Herstellungsverfahren beruht. Geodreiecke und Lineale aus Plastik werden im Spritzgussverfahren hergestellt. Dabei erzeugt man durch Erhitzen von Kunststoffgranulat eine zähe, gut formbare Masse, die unter hohem Druck in ein Spritzgießwerkzeug von der Hohlform des Werkstücks gepresst

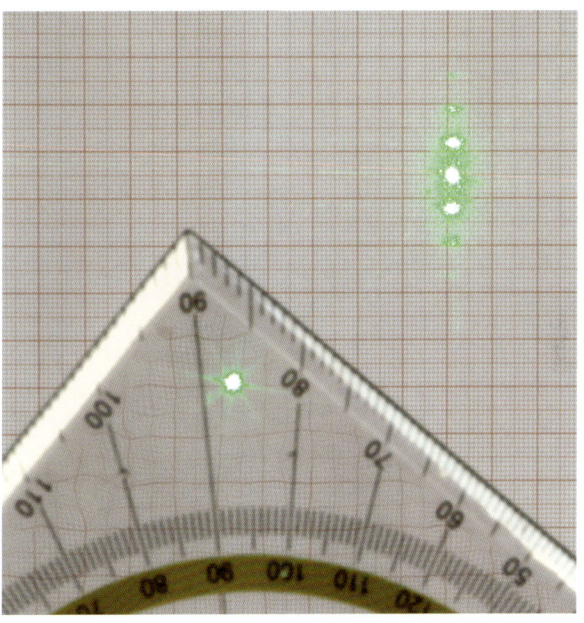

Abb. 1 *In bestimmten Bereichen verhält sich das Geodreieck wie ein optisches Gitter. Hier erzeugt es das Beugungsmuster eines Laserstrahls.*

wird. Nach dem Erkalten werden die festgepressten Formhälften gelöst, und das Werkstück ist fertig [2].

Beim Einspritzen fließt die erhitzte Kunststoffmasse zwischen den beiden Grenzflächen der Formhälften. Dabei breitet sich die Flüssigkeit zum einen radial um die Einspritzöffnung aus. Zum anderen führt der Kontakt zwischen der heißen Schmelze und den kalten Wänden des formgebenden Hohlraums zu einer Abkühlung und Abbremsung der beiden grenznahen Schichten des Stroms. Dazwischen fließt die Schmelze weiter, überholt die abgebremste Schicht, kommt selbst mit den kalten Wänden in Kontakt und wird ebenfalls abgebremst. Dieser Vorgang wiederholt sich, so lange die äußeren Bedingungen in etwa gleich bleiben. Auf diese Weise pflanzt sich die Schmelze ruckweise fort und hinterlässt nach dem Erstarren ein Muster aus entsprechenden Inhomogenitäten. Dabei stellt sich oft eine feste Frequenz des stotternden Flusses ein, so dass nach der Erstarrung der Schmelze ein äquidistantes Ringmuster entsteht. Weil dieses Muster an die Rillen einer Schallplatte erinnert, spricht man bei diesem Phänomen auch vom Schallplatteneffekt (Gramophone-Record-Effect) [2].

Der Anguss, durch den die heiße Schmelze in die Hohlform des Geodreiecks gespritzt wurde, liegt in der Mitte, auf Höhe des Griffs. In Abbildung 2 verraten ihn dort um-

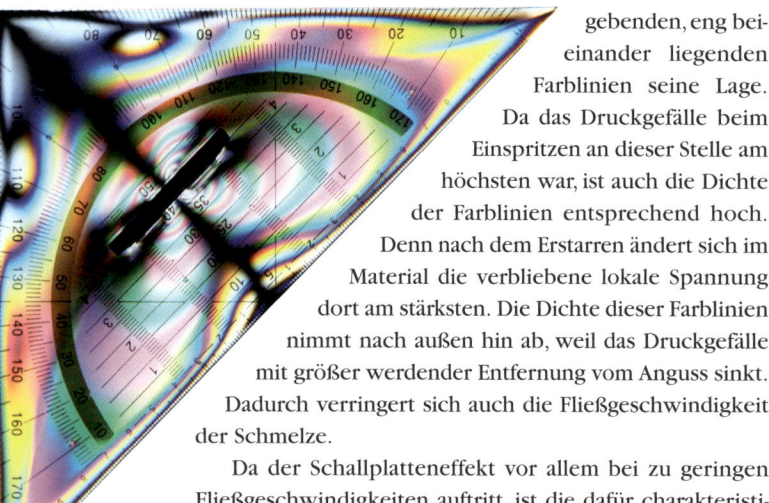

Abb. 2 *Polarisiertes Licht macht Strukturen sichtbar, die auf Spannungen im Material schließen lassen.*

gebenden, eng beieinander liegenden Farblinien seine Lage. Da das Druckgefälle beim Einspritzen an dieser Stelle am höchsten war, ist auch die Dichte der Farblinien entsprechend hoch. Denn nach dem Erstarren ändert sich im Material die verbliebene lokale Spannung dort am stärksten. Die Dichte dieser Farblinien nimmt nach außen hin ab, weil das Druckgefälle mit größer werdender Entfernung vom Anguss sinkt. Dadurch verringert sich auch die Fließgeschwindigkeit der Schmelze.

Da der Schallplatteneffekt vor allem bei zu geringen Fließgeschwindigkeiten auftritt, ist die dafür charakteristische Rillenstruktur vorwiegend in einem Bereich zu beobachten, in dem die Farblinien auf ein besonders geringes Druckgefälle hinweisen. Dies ist in der rechtwinkligen Ecke des Geodreiecks der Fall. Dort entstand die in Abbildung 3 gezeigte mikroskopische Aufnahme der feinen Rillen, die man aber auch bereits mit einer guten Lupe erkennen kann. Diese dicht beieinander liegenden Rillen wirken wir ein optisches Strichgitter und bewirken die beschriebenen Beugungserscheinungen.

Gitterkonstante der Rillenstruktur

Die Gitterkonstante der Rillenstruktur lässt sich leicht abschätzen. Dazu misst man die Abstände der Beugungsmaxima auf der Projektionswand. Die Gitterkonstante g hängt mit der Wellenlänge des Lichts λ durch die folgende Beziehung zusammen $g \sin \alpha = n \lambda$.

Dabei sind n eine ganze Zahl, die die Maxima (Beugungsordnungen) durchnummeriert, und α der Winkel zum n-ten Maximum. Dieser lässt sich leicht bestimmen, indem man den Abstand a vom Beugungsgitter zur Projektionswand und dort den Abstand d zwischen den Maxima misst. Wählt man a hinreichend groß, so kann man näherungsweise $\tan \alpha = d/a \approx \sin \alpha$ setzen, und es ergibt sich $g = n \lambda a/d$.

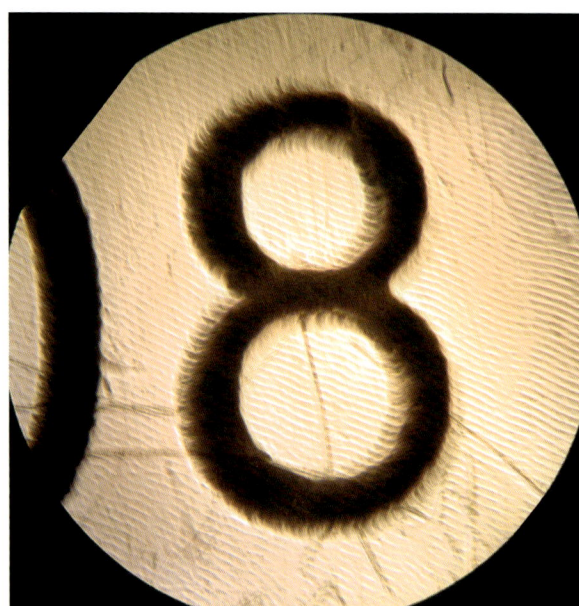

Abb. 3 *Mikroskopische Aufnahme der feinen Rillen, die als Struktur im Geodreieck wie ein optisches Strichgitter wirken.*

Mit einem roten Laserpointer ($\lambda = 640$ nm) misst man beispielsweise die Werte $a = 63$ cm, $d = 8{,}8$ mm, woraus sich für $n = 1$ eine Gitterkonstante g von 46 µm ergibt. In Abbildung 3 kann man nachzählen, dass auf die Ziffer 8 etwa 58 Linien entfallen. Diese Ziffer hat eine Größe von etwa 3 mm, woraus sich ein Gitterabstand von 52 µm ergibt. Angesichts der groben Methode stimmen die beiden Werte gut überein.

Literatur

[1] Auf dieses Phänomen wurden wir von Fritz C. Pohl aufmerksam gemacht, der uns um eine Lösung des Problems bat.
[2] M. Bonnet, Kunststoffe in der Ingenieuranwendung, Vieweg Teubner, Wiesbaden 2009.
[3] W. Przyblyski, S. Dzion, TASK Quarterly, **2003**, 7(2), 233.

Schillernde Spinnennetze

Spinnennetze bieten im Gegenlicht ein intensives Farbenspiel. Ursache hierfür sind Beugungserscheinungen an den mikroskopisch kleinen Strukturelementen der Fäden. Diese eindrucksvollen Phänomene lassen sich im Labor mit einfachen Mitteln untersuchen.

Spinnennetze bereiten nicht immer Freude, aber wohl niemand kann sich dem Reiz der Farben entziehen, die unter bestimmten Bedingungen darin entstehen. Gottfried Keller beschrieb dieses Phänomen mit den Worten: *...der quergezogene Faden einer frühen Spinne... blitzte in einem Streiflichte in allen Farben, blau, grün und rot, wie ein Diamantstrahl.*

Ein solcher „Diamantstrahl" kann auf unterschiedliche Weise entstehen. Wenn die Netze nach einer kalten Nacht mit Tautröpfchen besetzt sind, entdeckt man mit der Sonne im Rücken veritable Regenbögen in ihnen [1]. Aber auch ohne Tau zeigen Spinnennetze im Gegenlicht äußerst komplexe Farberscheinungen (Abbildung 1). Sie beruhen nicht auf der Farbzerlegung des Sonnenlichts im Innern von Wassertropfen, sondern auf Beugungserscheinungen an den mikroskopisch kleinen Strukturelementen der Spinnenfäden. In früheren Arbeiten wurde der Einfluss von mikroskopisch kleinen Klebetröpfchen auf den Fangfäden außer Acht gelassen ([2] und [3]), hier stellen wir ihn nun vor (siehe auch [4]).

Kleine Ursache – große Wirkung

Ihre farbige Sichtbarkeit verdanken die Spinnennetze paradoxerweise ihrer bis zur Unsichtbarkeit filigranen Beschaffenheit. Die Fäden, aus denen die Netze gewoben sind, ha-

ben einen Durchmesser von nur einigen Mikrometern, was zur Beugung des Sonnenlichts führt. Wer in einem flachen Winkel auf ein Spinnennetz gegen die Sonne blickt, kann es in brillanten Farben aufflammen sehen.

Auf Fotos sind die Farben jedoch meist nicht gut erkennbar, weil direktes Sonnenlicht sie überstrahlt und bei scharfer Abbildung der winzigen Fäden von ihnen kaum etwas übrig bleibt. Dafür scheinen aber die außerhalb des Fokus liegenden Fäden in Farben zu schwimmen (Abbildung 1 rechts). Welche Rolle spielt die Unschärfe bei der Farbwahrnehmung?

Spinnweben treten in großer Vielfalt auf. Sie reichen von völlig ungeordneten Gespinsten bis zu ästhetisch ansprechend gestalteten Radnetzen, wie sie beispielsweise die heimische Kreuzspinne konstruiert. Beim Bau derartiger Netze verwenden die Spinnen typischerweise zwei verschiedene Arten von Fäden (siehe [5]). Sie spannen zunächst wie Speichen eines Rades zylinderförmige Fäden in radialer Richtung. Auf dieses Grundgerüst heften sie anschließend im Zentrum beginnend eine Spirale aus einem Fangfaden. Den überziehen sie mit einer klebrigen Flüssigkeit, die sich anschließend zu einzelnen Tröpfchen zusammenzieht.

Schaut man in einem flachen Winkel gegen die Sonne auf ein solches Radnetz, so kann man eine geordnete Farbstruktur erkennen, die so etwas wie einen Gesamtüberblick über die verschiedenen Beiträge zur Farbentstehung liefern (Abbildung 1). Wie kommt es zu den Farben?

Radial- und Fangfäden tragen in unterschiedlicher Weise zur Farbenpracht bei. Betrachten wir zunächst den einfacheren Fall eines zylinderförmigen Radialfadens. Bestrahlt man ihn mit weißem Licht und projiziert das gebeugte Licht auf einen Schirm, so wird man die Farben kaum erkennen. Sie sind gegenüber dem Streulicht zu lichtschwach.

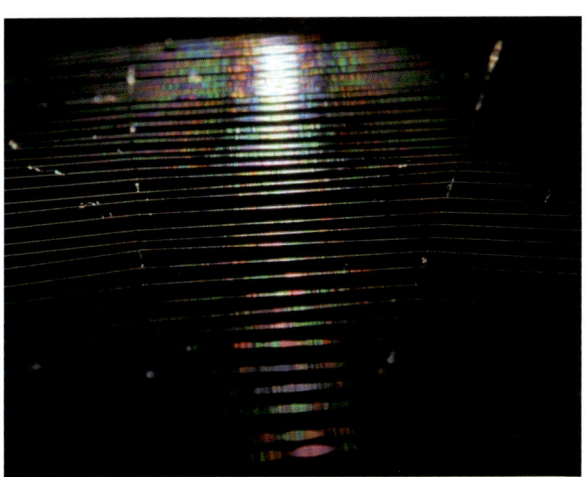 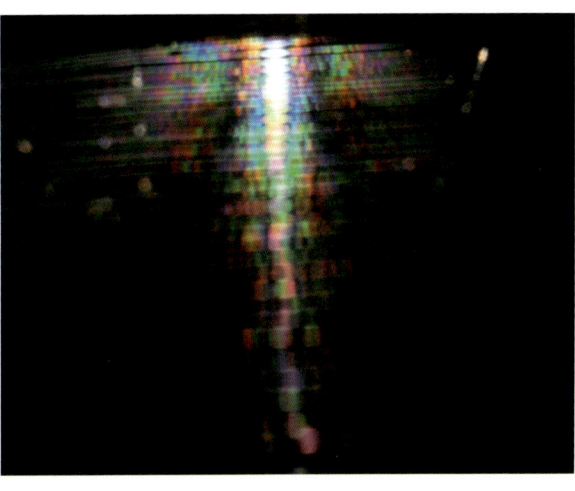

Abb. 1 *Ein schräger Blick über die „Leiter" eines Radnetzes. Die mittleren Fäden sind links scharf und rechts unscharf fotografiert.*

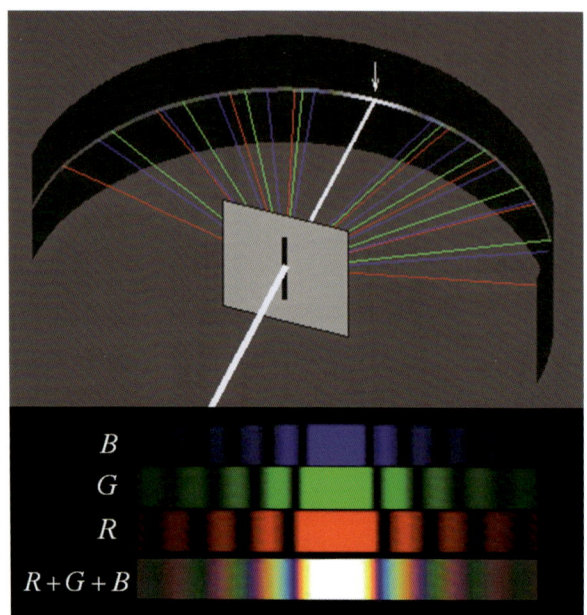

Abb. 2 *Ein Spalt wird mit weißem Licht beleuchtet: Die für die einzelnen Komponenten Rot (R), Grün (G) und Blau (B) entstehenden Beugungsmuster sind unterschiedlich gestreckt. Sie überlagern sich durch Farbmischung zu einem vielfarbigen Beugungsmuster.*

Ersetzt man jedoch den Faden durch einen Spalt von derselben Breite, so sind die Sichtverhältnisse weitaus günstiger. Denn in diesem Fall wird das Streulicht der Lichtquelle weitgehend ausgeblendet, und es bleibt nur das durch den Spalt gehende und dabei gebeugte Licht übrig. Obwohl der Spalt kein Faden ist, zeigt er weitgehend das gleiche Beugungsmuster (Abbildung 2). Zum einen nämlich unterscheidet sich das Beugungsbild eines zylinderförmigen Fadens kaum merklich von einem flachen Streifen derselben Breite. Und zum anderen erzeugt ein flacher Streifen das

gleiche Beugungsbild wie ein gleich dimensionierter Spalt (Babinetsches Prinzip).

Da weißes Licht mit RGB-Farben (Rot, Grün, Blau) dargestellt werden kann, gelangt man durch Überlagerung der jeweiligen Beugungsmuster dieser drei Farben zu einem etwa gleichen Beugungsmuster wie es durch weißes Sonnenlicht entstünde. Weil der Beugungswinkel mit der Wellenlänge des Lichts zunimmt, erscheinen die roten Muster stärker gespreizt als die grünen und diese stärker als die blauen. Daher kommt es nur zu einer partiellen Überlagerung, was zu farbigem Mischlicht führt. Dessen Farbabfolge ist zur nullten Beugungsordnung symmetrisch.

Ein Lob der Unschärfe

Dieses Farbband bekommt man in freier Natur jedoch so nicht zu Gesicht. Denn das Auge kann davon nur jenen Ausschnitt erfassen, der auf die Pupille fällt. Wie groß das vom gesamten Farbband visuell erfasste Gebiet ist, hängt daher vom Abstand des Betrachters ab. Aus großer Entfernung beschränkt sich der Blick auf ein nahezu einfarbiges Gebiet. Beim Fotografieren ist das nicht viel anders. Auch auf die Kameralinse fällt nur ein Teil des projizierten Farbbandes.

Wie gesagt kann eine gewisse Unschärfe die Farbenpracht beim Fotografieren erheblich verbessern (Abbildung 1b). Diesen Effekt kann man sich anhand von Abbildung 3 klarmachen. Dort wird ein senkrecht zur Bildebene verlaufender Spinnwebfaden mit weißem Licht einer Punktlichtquelle beleuchtet. Welche Farben unter den verschiedenen Beugungswinkeln auf einer kreisförmigen Projektionswand zu sehen wären, ist dort angedeutet.

Die auf den Faden gerichtete Kamera erfasst aber nur den auf die Öffnung ihres Objektivs beschränkten Teil. Bei einer Fokussierung auf den Faden liegt die zugehörige Bildebene in Position a). Der Faden wird dort nur als ein schmales Lichtbündel abgebildet. Stellt man die Kamera hingegen scharf auf die weit entfernte Lichtquelle ein, so verlagert sich dabei die Bildebene zu Position b). Das scharfe Bild des Fadens lässt die jeweiligen Farben kaum erkennen (Abbildung 4 links), während das unscharfe Bild einen über den gesamten aufgeblähten Querschnitt des Fadens verlaufenden Farbstreifen hervorbringt. Dessen Höhe stimmt mit dem Durchmesser der daneben scharf abgebildeten Lichtquelle überein (Abbildung 4 rechts).

Die Komplexität des Fangfadens

Der Beitrag der Radialfäden zum Farbenspiel in einem Spinnennetz dürfte allerdings nur von untergeordneter Bedeutung sein. Aufgrund seiner größeren Komplexität dominiert vielmehr das optische Verhalten des Fangfadens. Dieser ist von winzigen Klebetröpfchen besetzt, an denen die Beute hängen bleiben soll. Er hat etwa denselben Durchmesser wie der Radialfaden von circa 2,8 µm. Die Tröpfchen sind relativ gleichmäßig in einem Abstand von etwa 153 µm wie zitronenförmige Perlen mit einem Maximaldurchmesser von 28 µm auf einer Schnur aufgereiht (Abbildung 5).

Abb. 3 *Schematische Darstellung des an einem senkrecht zur Zeichenebene verlaufenden Faden gebeugten Lichts einer weißen Punktlichtquelle. Die auf den Faden gerichtete Kamera bildet bei a) den Faden und bei b) die Lichtquelle scharf ab.*

Einfallende Welle einer weit entfernten Punktlichtquelle (Weißlicht)

Spinnwebfaden

β

b) a)

Kamera mit Fokus auf:
a) Faden
b) Lichtquelle

Um uns zunächst einen visuellen Eindruck von der Struktur des Beugungsmusters zu verschaffen, spannten wir einen Fangfaden längs der Achse des zylindrisch gewölbten Projektionsschirms ein und beleuchteten ihn mit monochromatischem Licht eines grünen Lasers (Wellenlänge: 0,532 µm). Es entstand ein komplexes Muster, das im Wesentlichen aus Streifen und Ringen besteht (Abbildung 6).

Um daraus Rückschlüsse auf charakteristische Strukturmerkmale des Fangfadens zu ziehen, untersuchten wir die typischen Größenordnungen der im Muster auftretenden Streifenabstände. Dabei fielen vor allem drei einfachere Merkmale auf.

1. Ein Element aus vertikalen Streifen weist den größten Winkelabstand zwischen den Intensitätsmaxima von etwa 16° auf. Man erkennt es in Abbildung 6 (angedeutet mit der Ziffer 1) an einem in horizontaler Richtung erfolgenden Wechsel der Intensitäten. Das Beugungsmuster sieht dem Beugungsbild des Spalts in Abbildung 2 ähnlich, das wiederum dem Beugungsbild des Radialfadens ähnelt. Das deutet auf den Querschnitt des Fadens als beugendes Element hin. Insbesondere zeigt sich, dass beide Muster denselben Winkelabstand besitzen. Wegen des inversen Verhältnisses zwischen der Größe des beugenden Elements und der entsprechenden Beugungsfigur ist außerdem zu erwarten, dass das Beugungsmuster mit den weitesten Winkelabständen der kleinsten Abmessung des beugenden Objekts entspricht. Denn alle anderen beugenden Elemente, wie die Tropfen und erst recht das aus ihnen gebildete lineare Gitter, sind größer (Darstellung dieses Sachverhalts mit Formeln siehe [4]).

2. Um das nullte Maximum herum fallen konzentrische Beugungsringe auf, die in vertikaler Richtung deutlich gestaucht erscheinen (Ziffer 2 in Abbildung 6). Schon

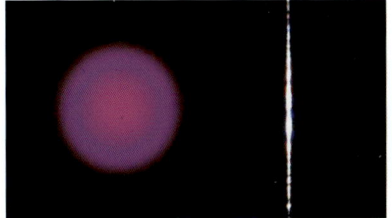 

Abb. 4 *Mit direktem Sonnenlicht beleuchteter Radialfaden, links auf den Faden, rechts auf die Sonne fokussiert. Beim unscharf abgebildeten Faden wird die durch Beugung erzeugte Farbe über den gesamten Querschnitt des unscharfen Fadens verschmiert und damit besser erkennbar. Jeweils links das mit einem Filter geschwächte Abbild der Sonne.*

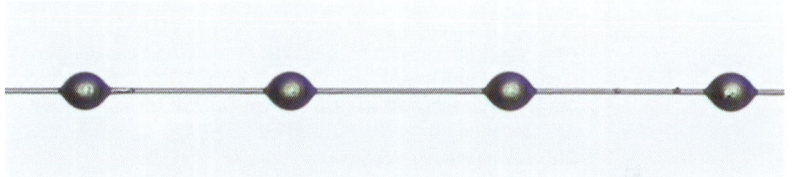

Abb. 5 *Mikroskopische Aufnahme eines Fangfadens mit Klebetröpfchen, die im regelmäßigen Abstand von etwa 153 µm angeordnet sind.*

diese Form legt nahe, dass die Klebetröpfchen als Urheber in Frage kommen. Denn der Winkelabstand von 1,4° zwischen den Beugungsordnungen zeigt denselben Wert wie die Beugung an einer Lochblende mit demselben Durchmesser wie der kleinste Querschnitt des Klebetröpfchens.

3. Schließlich beobachtet man ein System eng beieinander liegender, horizontaler Streifen, die sich über das gesamte Beugungsmuster erstrecken (Ziffer 3 in Abbildung 6). Der Winkelabstand von typischerweise 0,2° verweist auf das größte beugende Element des Fangfadens. Es re-

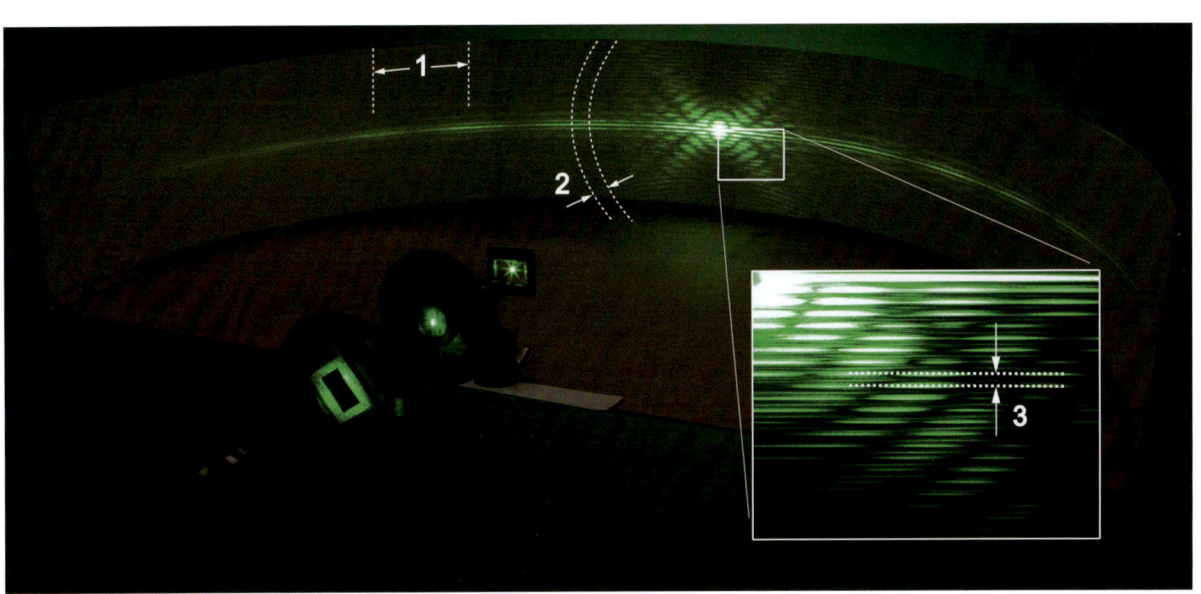

Abb. 6 *Projiziertes Beugungsmuster eines Fangfadens. Längs der Achse des zylindrisch gewölbten Projektionsschirms verläuft der Faden, der mit einem Laserstrahl beleuchtet wird.*

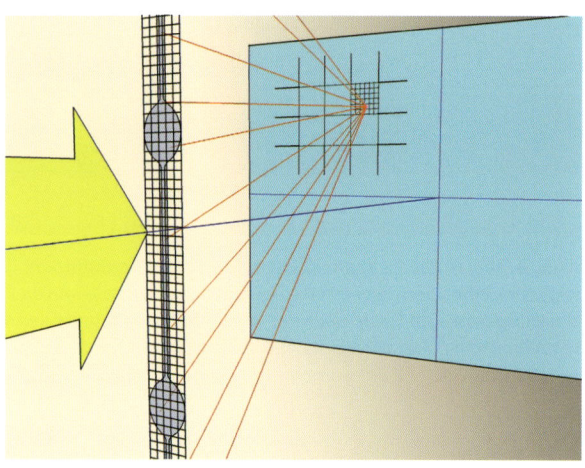

Abb. 7 *Geometrie des Modells zur Berechnung des Beugungsmusters eines Fangfadens. Die an jedem Rasterpunkt des Schirms herrschende Intensität wird aus der Überlagerung der von allen Streuzentren des Fadens (links) ausgesandten Sekundärwellen berechnet.*

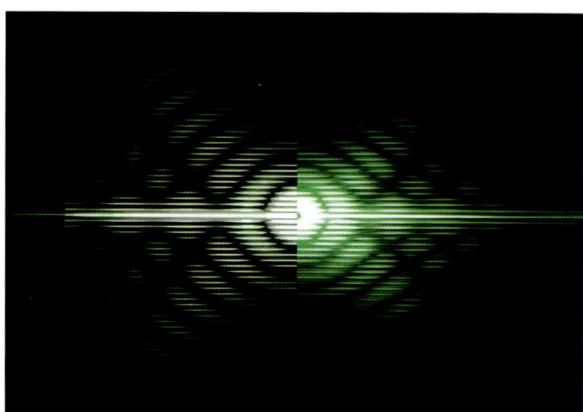

Abb. 8 *Vergleich von berechnetem (links) mit einem im Labor projizierten Beugungsmuster (rechts).*

sultiert aus der Periodizität der Klebetröpfchen auf dem Fangfaden, die eine Aneinanderreihung gleichartiger, beugender Segmente im Abstand von etwa 153 μm darstellen. Diese periodische Anordnung wirkt insgesamt wie ein lineares Beugungsgitter. Dafür spricht auch der starke Kontrast zwischen den einzelnen Maxima und Minima des Streifenmusters, die man von der Beugung an einem optischen Gitter erwartet. Eine rechnerische Abschätzung mit Hilfe der herkömmlichen Gittergleichung bestätigt diese Annahme [4]. Solche Streifen machen sich auch in den typischen farbigen Abschnitten unscharf fotografierter Spinnfäden bemerkbar.

Theorie und Experiment

Um die experimentellen Befunde mathematisch zu überprüfen, müsste das Problem im Rahmen der Mie-Theorie gelöst werden. Dabei bleibt allerdings die Anschauung weitgehend auf der Strecke. Daher haben wir im Rahmen eines einfachen, anschaulichen Modells des Fangfadens das Beugungsmuster mit Hilfe eines Computerprogramms berechnet.

Hierbei beschränkten wir den Faden auf seine zweidimensionale Projektion, die in ein feines quadratisches Raster zerlegt wurde (Abbildung 7). Jedem Rasterquadrat ordneten wir ein punktförmiges Streuzentrum zu. Wir gingen weiterhin davon aus, dass sich eine ebene Welle senkrecht zur Ebene der Streuzentren ausbreitet und dass nach dem Huygens-Fresnelschen Prinzip jedes von der Welle getroffene Streuzentrum zum Ausgangspunkt einer sekundären Kugelwelle wird. Diese Wellen ließen wir auf einen weit entfernten Schirm auftreffen und berechneten jeweils für jeden Rasterpunkt des Schirms die durch Überlagerung aufsummierte Lichtintensität. Dabei benutzten wir die bekannten Größen der Laserlichtwellenlänge und des Fadens mit den Tropfen.

Ein Vergleich des berechneten mit dem experimentell ermittelten Beugungsbild (Abbildung 8) zeigt angesichts der Einfachheit unseres Modells eine erstaunlich gute Übereinstimmung. Lediglich zwischen den Abmessungen der ringförmigen Beugungsmuster sind leichte Abweichungen erkennbar.

Farbversion des Beugungsmusters

Die Vielfalt der in natürlicher Umgebung auftretenden Farbmuster auf Spinnwebfäden erscheint nur deshalb so chaotisch, weil man die übergreifende Struktur von größerer Ausdehnung nicht erkennt. Um diese in ihrer natürlichen Farbigkeit überschaubar zu machen, müsste man einen möglichst großen Ausschnitt des Beugungsmusters eines Fangfadens mit weißem Licht auf einen Schirm projizieren. Weil aber nur ein geringer Teil des zur Beleuchtung verwendeten Lichts an der filigranen Struktur des Fadens gebeugt wird, ist das Beugungsbild vergleichsweise lichtschwach.

Um es mit bloßem Auge erkennen zu können, benötigt man daher zur Beleuchtung die hohe Intensität von Laserlicht (Abbildung 6). Da uns für die Projektion eines mehrfarbigen Beugungsmusters kein weißer Laser zur Verfügung stand, bedienten wir uns eines etwas aufwendigeren Verfahrens, für das aber gewöhnliches Sonnenlicht ausreicht. Dabei wurde das gebeugte Licht nicht auf einen Schirm projiziert – von wo aus nur ein winziger Teil des dort diffus gestreuten Lichts zum Beobachter gelangen würde –, sondern direkt von einer Kamera empfangen.

Von Vorteil ist dabei die nahezu verlustfreie Verwertung des am Faden gebeugten Lichts. Nachteilig ist jedoch, dass man auf diese Weise mit dem Auge oder der Kamera jeweils nur einen kleinen Ausschnitt des Beugungsmusters empfangen kann.

Zu einer Gesamtansicht des Beugungsmusters gelangen wir aber trotzdem, indem wir die Kamera in Schritten um den Faden herumschwenkten und die Einzelaufnahmen zu einem Panoramabild zusammenfügten (Abbildung 9). Die Strukturähnlichkeit mit der im grünen Laserlicht gemachten

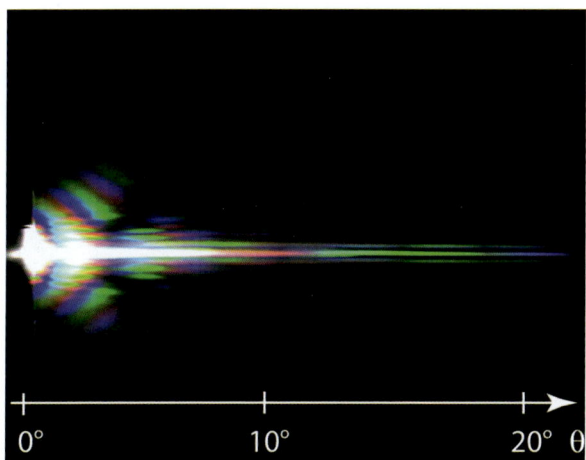

Abb. 9 *Zusammengefügte Serienaufnahme von Beugungs-bildern eines Fangfadens für Projektionswinkel zwischen 0° und 22°.*

Aufnahme (Abbildung 8) ist nicht zu verkennen. Der Unterschied besteht lediglich darin, dass wir es hier mit einer Überlagerung der Beugungsbilder aller im weißen Licht enthaltenen Farben zu tun haben. Diese Bilder sind einander zwar ähnlich, aber nicht deckungsgleich. Daher erscheint das in einer bestimmten Richtung gesehene Licht in der entsprechenden Mischfarbe.

Die Aufnahmeprozedur dieses Beugungspanoramas eines Fangfadens bestätigt einmal mehr die in freier Natur zu machende Erfahrung, dass die Farben eines irisierenden Spinnfadens vom Blickwinkel abhängen: Eine leichte Kopfbewegung genügt, um ganz andere Farben zu sehen. Es erklärt außerdem das Auftreten bestimmter Farbsequenzen auf einem einzelnen Faden sowie die Aufweitung und die Veränderung der Farbsequenzen, wenn der Blickwinkel von einem größeren zu einem kleineren Beugungswinkel wechselt.

Wie eingangs bereits erwähnt, kann man mit etwas Glück auch in der Natur ähnliche Beugungspanoramen (Abbildung 1) zu Gesicht bekommen, wenn beispielsweise das Sonnenlicht in einem möglichst flachen Winkel senkrecht zum Verlauf der wie Sprossen einer Leiter parallel zueinander verlaufenden Fangfäden einfällt. Aus unmittelbarer Nähe vor einem dunklen Hintergrund betrachtet, sieht man die weiter entfernten Fäden unter einem kleineren Winkel als die näher gelegenen. Auf diese Weise steuert jeder der überblickten Fäden ein Segment zum Panoramabild (Abbildung 9) bei, das wir aus mehreren Einzelaufnahmen gewonnen hatten. Denkt man sich Abbildung 9 um 90° im Uhrzeigersinn gedreht, so wird die Ähnlichkeit mit Abbildung 1 (links) erkennbar.

Literatur

[1] H. J. Schlichting, Wenn der Pool ins Schwimmen gerät, Primus-Verlag 2012, S. 48.
[2] H. J. Schlichting, Physik in unserer Zeit **2004**, *35*(1), 28
[3] R. G. Greenler, J. W. Hable, Am. Sci. **1989**, *77*, 369.
[4] W. Suhr, H. J. Schlichting, Eur. J. Phys. **2011**, *32*, 615.
[5] Physik in unserer Zeit **2013**, *44*(2), 72

Farbige Moiré-Muster als Naturphänomen

Ringwellensysteme auf der Wasseroberfläche eines Swimmingpools können unter bestimmten Bedingungen farbige Ringe hervorrufen, die sich als ein Moiré-Muster erweisen. Es entsteht aus einer Überlagerung der Ringwellen mit deren Projektion auf dem Boden des Pools. Moiré-Effekte sind im technisch-wissenschaftlichen Alltag häufiger beobachtbar – in der Natur dagegen selten.

Der Blick durch zwei hintereinander liegende Gitter eines Brückengeländers ist ein typisches Beispiel für den Moiré-Effekt (Abbildung 1). Er entsteht durch eine Überlagerung gleichartiger periodischer Muster und taucht vor allem in der wissenschaftlich-technischen Alltagswelt auf [1]. Doch wie das vorliegende Beispiel zeigt, gibt es auch „natürliche" Varianten.

Konzentrische Farbkreise im gekräuselten Wasser

Ins Wasser geworfene Steine oder einzelne Tropfen erzeugen bekanntlich nahezu perfekte kreisförmige Wellen-

Abb. 1 *Zwei hintereinander stehende Gitter eines Brückengeländers erzeugen wegen des Moiré-Effekts ein vergrößertes Muster.*

systeme, wobei es ein Unterschied ist, ob ein Stein von einigen Zentimetern Größe oder ein Wassertropfen der Auslöser für das Ringwellensystem ist. Beim Stein eilen die Wellen größerer Wellenlänge denen kleinerer Wellenlänge voraus; beim Wassertropfen sind umgekehrt die kürzeren Wellen schneller als die langen. Im ersten Fall dominiert die Schwerkraft, was zu Schwerewellen führt, im zweiten Fall erzeugt die Oberflächenspannung Kapillarwellen [2].

Abbildung 2 zeigt zwei Wellensysteme in einem Swimmingpool, die fallende Tropfen ausgelöst haben. Unsere Aufmerksamkeit gilt diesen konzentrischen Ringwellen jedoch nur insoweit, wie sie zur Klärung eines anderen Phänomens beitragen, auf das man wohl erst auf den zweiten Blick aufmerksam wird: An den Rändern der Kapillarwellen treten mehrere spektralfarbene Ringsysteme in Erscheinung (Abbildung 2 links unten). Trotz intensiver Recherchen haben wir keinen Hinweis auf dieses merkwürdige Naturphänomen gefunden, das wir im Folgenden physikalisch erklären wollen.

Genau genommen sehen wir in Abbildung 2 gar keine konzentrischen Kapillarwellen, sondern deren Projektion auf dem Boden des Beckens. Bei klarem Wasser geben sie oft den einzigen sichtbaren Hinweis auf die über die transparente Wasseroberfläche hineilenden Wellen. Die Projektion besteht aus erstaunlich deutlichen Brennlinien, hervorgerufen von den Wellen, die gewissermaßen als System aus ringförmig angeordneten Sammel- und Zerstreuungslinsen wirken: Sie fokussieren und defokussieren das einfallende Sonnenlicht.

Die Breite der wechselweise hellen und dunklen konzentrischen Ringe und der Helligkeitskontrast zwischen ihnen nehmen nach außen hin rapide ab, so dass sie schließlich im Untergrund einer einheitlichen Beleuchtung des Bodens verschwinden. In den Bereichen, in denen sich zwei Ringwellensysteme überlagern, entstehen von großen Helligkeitskontrasten geprägte Lichtmuster auf dem Boden. Da deren Beobachtung an manchen Stellen nur durch die von den realen Wellen gekräuselte Wasseroberfläche hindurch erfolgt, erscheinen diese Lichtstrukturen an diesen Stellen mehr oder weniger stark verzerrt. Man hat es dort mit einer doppelten Wirkung der Wellenringe zu tun: Zum einen erzeugen die Wellen die Projektionen auf dem Boden, und zum anderen betrachtet man diese Projektionen an manchen Stellen durch die Wellen hindurch. Die alleinige Wirkung der gekräuselten Wasseroberfläche lässt sich am besten an den Verzerrungen des Fliesenmusters erkennen und zwar insbesondere an Stellen, an denen keine Projektionen auftreten. Dies ist zum Beispiel links oben in Abbildung 2 der Fall.

Die Überlagerungen von Ringwellensystemen mit ihren Projektionen auf dem Boden des Swimmingpools rufen im Überlagerungsbereich

Abb. 2 *Farbige Ringsysteme in den Wasserwellen eines Swimmingpools. Links unten: Der kontrastverstärkte Ausschnitt lässt das farbige Ringsystem deutlicher hervortreten.*

Moiré-Muster hervor, welche dieselbe Form besitzen wie die erzeugenden Wellensysteme.

Dies lässt sich leicht mit Hilfe von Ringsystemen demonstrieren, die die Struktur einer Fresnelschen Zonenplatte haben. Legt man zwei solche Ringmuster übereinander, so ergibt sich andeutungsweise auf der Verbindungslinie zwischen den Mittelpunkten der Ringsysteme ein weiteres, kleineres Ringsystem, das den erzeugenden Systemen ähnelt (Abbildung 3). Dieses Moiré-Phänomen legt die Vermutung nahe, dass die beobachteten farbigen Ringsysteme das Ergebnis entsprechender Überlagerungen eines jeweils als Projektion auf dem Boden sichtbaren und eines nur indirekt wahrnehmbaren realen Wellenmusters auf der Wasseroberfläche sind.

In Abbildung 2 und dem vergrößerten Ausschnitt erkennt man an den verzerrten Fliesen, dass sich das erzeugende Ringsystem links unten vom projizierten Ringsystem auf der Oberfläche des Wassers befindet. Wegen der schräg zur Wasseroberfläche orientierten Aufnahme tritt eine perspektivische Verschiebung zwischen

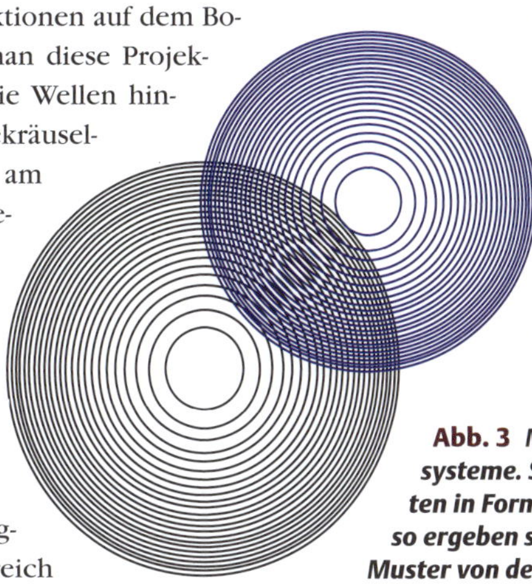

Abb. 3 *Modell der Überlagerung zweier Wellensysteme. Schiebt man zwei Fresnelsche Zonenplatten in Form von transparenten Folien übereinander, so ergeben sich im Überlagerungsbereich Moiré-Muster von derselben Art wie im Swimmingpool.*

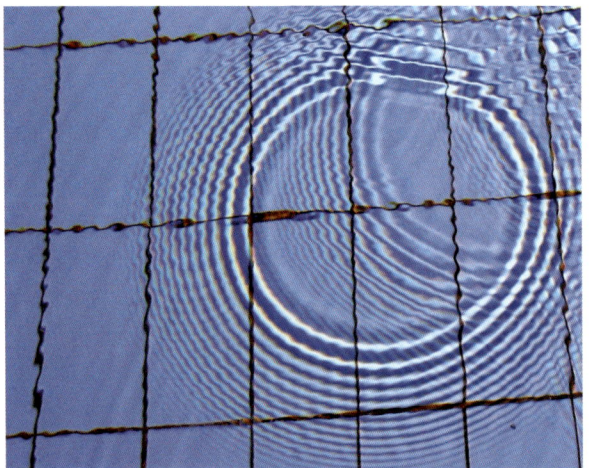

Abb. 4 *Das Sonnenlicht kommt etwa aus der 8-Uhr-Richtung. Daher sind die Farben an den linken und rechten Rändern der Brennlinien am stärksten. Der Beobachter blickt in etwa aus der 6-Uhr-Richtung, so dass sich die Farben vor allem an den horizontal verlaufenden Fliesenfugen zeigen.*

Abb. 5 *Starke Dispersion an den Rändern eines zylindrischen Glasstabs, der auf ein Op-Art-Bild gelegt wurde.*

Wellen und Verzerrungen auf dem Boden auf. Deshalb kann die wahre Lage der Wellen nur geschätzt werden. Bleibt zu klären, wie es zu den Spektralfarben der Moiré-Ringe kommt.

Spektrale Farbzerlegung durch doppelte Dispersion

Die Brechung des weißen Sonnenlichts an der Wasseroberfläche geht mit einer Dispersion einher. Diese ist an den mehr oder weniger ausgeprägten farbigen Berandungen der Brennlinien auf dem Boden des Schwimmbeckens erkennbar. Die farbliche Aufspaltung ist dabei am größten in Sonnenstrahlrichtung. Wie man an den farbigen Säumen der Brennlinien erkennen kann, fällt das Sonnenlicht von links unten ein.

Aber selbst wenn die Brennlinien weiß wären, würde der Beobachter sie bei genauer Betrachtung mehr oder weniger stark farbig berandet wahrnehmen. Denn das von ihnen ausgehende weiße Licht wird beim Übergang vom Wasser in die Luft gebrochen, bevor es ins Auge des Betrachters gelangt. In diesem Fall ist die Farbaufspaltung am größten in Blickrichtung des Betrachters.

Da der Blick im vorliegenden Fall unter sehr kleinem Winkel (fast direkt von oben) erfolgt, ist von dieser Dispersion kaum etwas zu sehen (Abbildung 4). Nur in den Fällen, in denen der Blick durch die Deformationen der Ringwellen hindurch erfolgt, treten merkliche Farben auf. Man erkennt dies deutlich an den horizontal verlaufenden Fliesenfugen.

Dieser Dispersionseffekt tritt besonders dort deutlich in Erscheinung, wo es zur Überlagerung zweier Ringsysteme mit dem oben beschriebenen Moiré-Effekt kommt. Da sich Sonnenstrahlrichtung und Beobachtungsrichtung um fast 90° unterscheiden, überlagern sich beide Dispersionseffekte an dieser Stelle derart, dass nahezu einheitliche farbige Berandungen auftreten und das in Frage stehende virtuelle farbige Ringsystem hervorbringen.

Dass die starke Brechung an den Rändern der zylinderlinsenförmigen Wellen eine entsprechend starke Dispersion zur Folge hat, lässt sich in einem Freihandexperiment mit einem Glasstab nachstellen, den man leicht schräg über ein System von Linien legt (Abbildung 5). Aus der Ferne betrachtet erscheinen die einzelnen Kreuzungspunkte im Moiré-Ringsystem des Swimmingpools wie geschlossene Farbringe (Abbildung 2).

Literatur

[1] M. Czekalla, In: V. Nordmeier, H. Grötzebauch (Hrsg.), Didaktik der Physik, Bochum 2009.
[2] H.-J. Schlichting, Physik in unserer Zeit **2008**, 39 (1), 46.

Verräterische Lichtmuster in der Teetasse

Ein senkrecht durch eine dünne Wasserschicht dringender Laserstrahl zeichnet auf dem Boden eines Gefäßes ein strukturiertes Ringsystem. Ursache ist die diffuse Reflexion am Tassenboden.

Als ich (HJS) einmal rein spielerisch mit einem grünen Laserpointer in eine weiße Tasse mit grünem Tee zielte, zeichnete sich auf dem Boden eine auf den ersten Blick merkwürdige Struktur ab (Abbildung 1). Der helle Fleck im Zentrum war erwartungsgemäß umgeben von einem dunklen Bereich. Doch merkwürdigerweise wurde es ab einem bestimmten Abstand schlagartig wieder hell. Woher kommt das Licht, das diesen Bereich erhellt, und warum tritt der Effekt in einem ganz bestimmten Abstand auf?

Wenn der Laserstrahl auf den Tassenboden trifft, wird er spiegelnd und diffus reflektiert. Bei der spiegelnden Reflexion kehrt das senkrecht einfallende, nur leicht divergierende Licht zum großen Teil zum Laserpointer zurück, erkennbar an der Aufhellung im Zentrum. Der zentrale Fleck ist so intensiv, dass sowohl die Rezeptoren der Augen wie die Chips der Kamera „überlaufen" (Blooming). Dies äußert sich zum einen in der Weißfärbung, zum anderen wirkt der erhellte Bereich dadurch etwas größer als dem Durchmesser des Laserstrahls entspricht. Die Helligkeit klingt dann jedoch erwartungsgemäß sehr schnell mit der Entfernung zum Mittelpunkt ab.

Man würde jedoch nicht erwarten, dass die Helligkeit ab einem ganz bestimmten Abstand nahezu schlagartig wieder einsetzt. Ursache hierfür ist die diffuse Reflexion von einem Teil des Lichts. Denn lässt man den Laserstrahl beispielsweise auf ein kleines Stück Spiegelfolie fallen, das man im Zentrum auf dem Boden der Tasse fixiert hat, so bleibt der Effekt aus. Doch wie kommt die diffuse Reflexion des Laserlichts dazu, einen Ring mit einem scharfen Innenrand zu bilden?

Ein Teil des auf den Tassenboden auftreffenden Laserlichts wird diffus in alle Richtungen reflektiert (Abbildung 2). Dabei trifft es von unten auf die Grenzschicht Wasser-Luft und wird diese normalerweise durchdringen. Weil es sich jedoch um einen Übergang vom optisch dichteren ins optisch dünnere Medium handelt, geschieht dies nur bis zu einem bestimmten Winkel, dem Grenzwinkel der Totalreflexion. Ab diesem Winkel wird alles Licht total zum Bo-

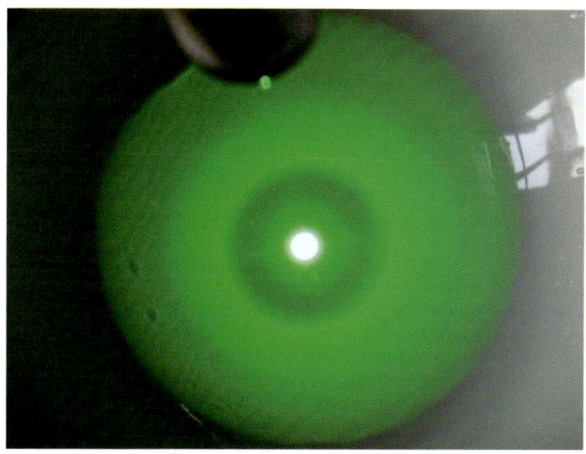

Abb. 1 *Ein dunkler „Halo" und ein heller Ring umgeben den hellen Reflex des Laserstrahls auf dem Boden der weißen Teetasse, in der sich eine Schicht von einigen Millimetern Flüssigkeit befindet.*

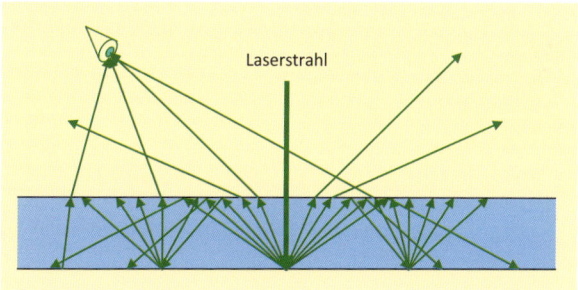

Abb. 2 *Der in der Mitte einfallende Laserstrahl (dicker Pfeil) wird sowohl spiegelnd zum großen Teil in sich selbst zurückgestrahlt, wie auch diffus reflektiert. Ab einem bestimmten Abstand tritt jedoch Totalreflexion auf, so dass das Licht auf den Boden zurückfällt und ihn ringförmig um einen dunklen Bereich erhellt (nicht maßstabsgerechte Zeichnung).*

den der Tasse zurückgeworfen. Dieses Licht erhellt den Boden, indem es von dort diffus oder spiegelnd ins Auge des Betrachters reflektiert wird. Zwischen dem hellen zentralen Fleck und diesem durch Totalreflexion erhellten Bereich kann also kein Licht vom Boden der Tasse das Auge erreichen, jedenfalls keines, dass seinen Ursprung im eingestrahlten Laserlicht hat. Da der Grenzwinkel der Totalreflexion einen ganz bestimmten Wert hat, ist der Innenrand des hellen Rings so klar begrenzt. In Abbildung 2 wurden der Übersicht halber nicht alle eingezeichneten Strahlen bis zum Ende verfolgt.

Das Experiment funktioniert übrigens nur für niedrige Wasserschichten von weniger als etwa einem Zentimeter. Bei größeren Tiefen befindet sich der Radius, ab dem das Licht total zurückgeworfen wird, außerhalb des Radius der Tasse. Gefäße mit einer matten Oberfläche zeigen dieses Phänomen natürlich nicht.

Es gibt wohl kaum ein zweites Beispiel, in dem die Totalreflexion so eindrucksvoll visualisiert werden kann. Voraussetzung ist allerdings, dass man die Situation erst einmal durchschaut. Übrigens tritt der Effekt nicht nur in grünem Tee auf, normales Leitungswasser tut es auch.

Das Phänomen tritt auch noch in einem weiteren Zusammenhang innerhalb dieses Buches auf (siehe: Ein irritierend rotierender Globus, Seite 121). Dort wird das Phänomen auch quantitativ beschrieben (Totalreflexion mit einem Laser (Seite 123)).

Mechanik

Die Tonleiter aufwärts beim Kaffeetrinken

Wenn man den Cappuccino in einer Tasse zunächst rührt und anschließend mit dem Löffel rhythmisch gegen die Tasse schlägt, nimmt die Tonhöhe mit jedem Schlag zu. Ursache ist die Verminderung der aufsteigenden Luftblasen, die den Kaffee allmählich entlüften und damit die akustischen Eigenschaften der Tasse verändern.

Bei einer gemütlichen Kaffeepause trinkt das Auge mit. Nicht umsonst wird der Milchschaum auf dem Cappuccino manchmal zu einem kleinen Kunstwerk umgestaltet (Abbildung 1). Aber auch das Ohr kann auf seine Kosten kommen. Zwar interessiert sich kaum jemand für den leisen Kling-Klang, wenn beim Umrühren der Löffel gegen die Tasse stößt. Aber wenn sich das gewohnte „Tongewebe" in systematischer Weise ändert, kann der Eine oder die Andere schon hellhörig werden. Und wenn die Hellhörigkeit in Neugier umschlägt, ist man schon fast vom Kaffeetrinken zu einer physikalischen Untersuchung unterwegs.

Das beginnt damit, dass man seinen Cappuccino erneut umrührt und anschließend mit voller Aufmerksamkeit mehrere Male nacheinander mit dem Löffel leicht gegen die Tasse schlägt. Nun ist es kaum zu überhören: Die Tonhöhe steigt mit jedem Schlag deutlich an. Es ist als würde man auf einem Xylophon die Tonleiter hinaufsteigen.

Der Tonhöhenanstieg tritt nicht nur beim Cappuccino auf. Auch nach dem Einrühren von Pulverkaffee oder Kakao in heißes Wasser, kann man in den Genuss eines ähnlichen Klangerlebnisses kommen. So spricht denn auch Frank Crawford, der die erste verständliche physikalische Abhandlung zu diesem Phänomen verfasst hat, vom „Hot chocolate effect" [1]. Im deutschsprachigen Raum ist indessen eher vom Cappuccino-Effekt die Rede. Crawford war es auch, der herausfand, dass die merkwürdige Tonhöhenzunahme in zahlreichen weiteren Beispielen zu beobachten ist. Dazu zählen heißes Wasser, unmittelbar nachdem es aus dem Wasserhahn ins Glas gelassen wurde, und Brausetabletten, die sich im Wasser auflösen. Aber auch Bier und andere kohlenstoffhaltige Getränke, in die man Sand oder Salz hineinstreut, lassen die Töne steigen. Man muss wohl schon sehr an der Physik des Effekts interessiert sein, um so etwas zu tun.

Auf die Luftbläschen kommt es an

Allen genannten Beispielen ist eines gemeinsam. Mit den aufsteigenden Gasblasen aus der jeweiligen Flüssigkeit nimmt die Gaskonzentration in der Flüssigkeit ab (Abbildung 2). Mit abnehmendem Gasgehalt steigt der Ton an, den man beim Anschlagen des Gefäßes erzeugt. Und da die Abnahme des Gasgehalts die einzige Veränderung des gerührten Getränks ist, muss die Tonhöhenzunahme ursächlich damit zusammenhängen. Wenn alle Luftbläschen entwichen sind, wird wieder die Tonhöhe erreicht, die schon im luft-

Abb. 1 *Solange der Schaum auf dem Kaffee ruht, ist er harmlos. Aber wehe, er wird untergerührt!*

Abb. 2 *Die Luftblasen nach dem Einrühren des Kakaopulvers in das heiße Wasser steigen allmählich an die Oberfläche und bleiben dort noch eine Weile erhalten bevor sie zerplatzen.*

freien Zustand, also vor dem Rühren zu vernehmen war. Bei Getränken, die wie der Cappuccino relativ stabilen Schaum enthalten, lässt sich der Effekt sogar viele Male wiederholen. Wenn man das Getränk erneut umrührt und die Schaumbläschen wieder in die Flüssigkeit hineinmischt, beginnt das Spiel von vorn, so als würde man das Getränk durch das Rühren wie eine Spieluhr erneut „aufziehen."

Zur Beantwortung der Frage, wie es zur Tonhöhenzunahme kommt, befassen wir uns zunächst mit der Entstehung des Klangs beim Schlag an die Tasse. Bereits beim Einschenken der Flüssigkeit in ein Gefäß kann man feststellen, dass die dominierende Tonhöhe des Klangs mit zunehmender Flüssigkeitshöhe ansteigt. Mit steigendem Flüssigkeitsspiegel nimmt aber die Höhe der darüber befindlichen Luftsäule ab. Diese Luftsäule wird durch das Geräusch des Eingießens in Schwingung versetzt. Schwingende Luftsäulen haben eine umso höhere Frequenz, je kleiner sie sind. Das kennt man beispielsweise von den Blasinstrumenten.

Der Einfluss der schwingenden Luftsäule kann aber im Vergleich zur schwingenden Flüssigkeitssäule vernachlässigt werden. Dies ist insbesondere dann der Fall, wenn das Gefäß ziemlich voll ist.

Die Akustik von Trinkgefäßen wird indes nicht nur durch schwingende Luft- oder Flüssigkeitssäulen bestimmt. Es kommt auch darauf an, wie und wo man das Glas anschlägt. Schlägt man beispielsweise von der Seite gegen ein Glas, so wird man feststellen, dass ein leeres – also mit Luft gefülltes – Glas eine höhere Frequenz aufweist, als ein mit Wasser gefülltes. In diesem Fall sind die mechanisch-akustischen Verhältnisse sehr kompliziert, weil nicht nur die schwingende Luft- oder Wassersäule im Glas zur Tonentstehung beitragen, sondern auch die komplexen Biegeschwingungen des Glases selbst. Diese können sogar so dominierend sein, dass die Schwingungen der Luftsäule überhaupt nicht bemerkt werden. Das ist zum Beispiel der Fall, wenn man ein Weinglas anschlägt oder mit dem feuchten Finger über den Rand fährt. Der entstehende ziemlich reine Ton ist völlig unabhängig von der Luftsäule. Das zeigt sich unter anderem darin, dass die Frequenz des Tons mit der Füllhöhe des Getränks nicht zu-, sondern abnimmt [2].

Um dieses Phänomen weitgehend auszuschließen, empfiehlt es sich, das Gefäß hochzuheben und von unten gegen den Boden zu schlagen. Weil auf diese Weise kaum Schwingungsmoden des Glases selbst angeregt werden, erreicht man, dass vor allem die Flüssigkeitssäule im Glas in Schwingung versetzt wird und eine stehende Welle das Klanggeschehen bestimmt (Abbildung 3). Um einfacher argumentieren zu können, gehen wir im Folgenden davon aus, dass das Glas stets von unten angeschlagen wird, auch wenn der Cappuccino-Effekt in vielen Fällen durch seitliches Anschlagen ebenfalls funktioniert.

Geschwindigkeitsänderung durch Luftbläschen

Bei einer schwingenden Säule haben wir ziemlich einfache Verhältnisse. In einem solchen Fall ist die Schallgeschwin-

digkeit c gleich dem Produkt aus Frequenz f (der Tonhöhe) und der Wellenlänge λ:

$$c = f \cdot \lambda.$$

Für die Grundschwingung der Flüssigkeitssäule ergibt sich eine stehende Welle mit einem Schwingungsknoten am geschlossenen unteren und einem Schwingungsbauch am offenen oberen Ende des Glases. Die Wellenlänge λ beträgt daher gerade das Vierfache der Säulenlänge (Abbildung 3). Daraus folgt, dass das Glas umso höher klingt, je kürzer die schwingende Säule ist. Das kann man mit schrittweiser Füllung eines hohen Glases mit Wasser leicht überprüfen. Da die meisten Getränke hauptsächlich aus Wasser bestehen und die Abweichungen von den Eigenschaften reinen Wassers kaum zu Buche schlagen befassen wir uns im Folgenden mit Wasser als Getränk. Bei einer Temperatur von 20°C ist die Schallgeschwindigkeit Wasser c_W mit fast 1500 m/s wesentlich größer als in Luft mit $c_L = 340$ m/s. Daher klingt ein mit Wasser gefülltes Glas mehr als viermal so hoch wie das leere.

Wenn jetzt durch eine der erwähnten Methoden Luftbläschen eingebracht werden, haben wir es nicht mehr mit reinem Wasser zu tun. Vielmehr schwingt eine Säule, die aus Wasser und Luft besteht. Weil aber die Schallgeschwindigkeit in Luft kleiner ist als in Wasser kann man also durchaus erwarten, dass die Tonhöhe in dieser Melange niedriger ist als in reinem Wasser, um mit dem Aufsteigen der Luftbläschen wieder auf die ursprüngliche Höhe anzusteigen.

Erstaunlich ist allerdings die Größe der Frequenzänderung. Selbst ein musikalischer Laie kann feststellen, dass sie bis zu mehrere Oktaven betragen kann. Dieses Ergebnis steht aber im krassen Widerspruch zu der geringen Luftmenge, die in den aufsteigenden Bläschen enthalten ist. Naiverweise würde man nämlich vermuten, dass die Tonhöhe so etwas wie einen Mittelwert aus den Schallgeschwindigkeiten in Luft und Wasser darstellt. Dass dem offenbar nicht so ist, liegt daran, dass die Schallgeschwindigkeit c in einem Gas oder einer Flüssigkeit sowohl von deren Dichte ρ als auch von der Kompressibilität κ abhängt. Für die folgende Argumentation reicht es aus, sich darunter anschaulich so etwas wie die Zusammendrückbarkeit des Fluids vorzustellen. Es gilt:

$$c = \sqrt{\frac{1}{\kappa\rho}}.$$

Sowohl eine große Dichte als auch eine große Kompressibilität haben demnach eine niedrige Schallgeschwindigkeit zur Folge. Wenn es allein auf die Dichte ankäme, müsste die Schallgeschwindigkeit daher in Wasser wesentlich geringer

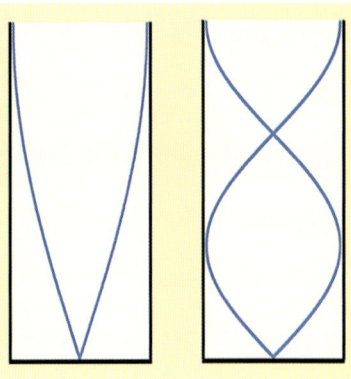

Abb. 3 *Stehende Welle im Glas mit einem Schwingungsknoten am geschlossenen Boden und einem Schwingungsbauch am offenen Ende. Links: Grundschwingung mit einer Viertelwellenlänge; rechts: erste Oberschwingung mit Dreiviertelwellenlänge.*

sein als in Luft. Aber weil Wasser im Vergleich zur Luft nahezu inkompressibel ist, wird dadurch die Wirkung der hohen Dichte weit mehr als ausgeglichen. Wegen der geringen Dichte der Luft, die als Bläschen in relativ geringer Masse eingerührt werden, ändert sich daher die Dichte der Wasser-Luft-Melange kaum. Aber die Kompressibilität des Wassers nimmt durch die Luftbläschen enorm zu, so dass die Schallgeschwindigkeit und damit die Frequenz entsprechend stark sinken. Wenn die Bläschen entweichen, steigt die Frequenz allmählich wieder auf den ursprünglichen Wert des bläschenfreien Getränks an: kleine Ursache, erstaunlich große Wirkung.

Es gibt übrigens auch einen umgekehrten Cappuccino-Effekt. Der funktioniert allerdings nicht mit Cappuccino, sondern mit heißem Leitungswasser [1]. Dazu dreht man den Warmwasserhahn nicht ganz auf und wartet, bis das kalte Wasser herausgeflossen ist und das heiße kommt. Dann kann man in vielen Fällen beobachten, dass sich das Wasser im Glas eintrübt: ein Zeichen dafür, dass Luftbläschen entstehen. Wenn man in diesem Moment die Wassersäule in der oben beschriebenen Weise zum Klingen bringt, stellt man statt einer Zunahme der Frequenz eine Abnahme fest.

Die Ursache für diesen Anti-Cappuccino-Effekt ist darin zu sehen, dass durch die Zunahme der Zahl der Luftbläschen die Kompressibilität des Wassers wächst und folglich die Schallgeschwindigkeit abnimmt. Damit sinkt aber auch die Tonhöhe. Sobald keine der Bläschen mehr entstehen und

diese aufsteigen und das Wasser verlassen, steigt die Tonhöhe wieder an. Jetzt kommt wieder der normale Cappuccino-Effekt zum Tragen. Warum tritt das Phänomen nicht im kalten Wasser auf?

In heißem Wasser löst sich die Luft weniger gut als in kaltem. Wenn das Wasser erwärmt wird, besteht also eine Tendenz, die überschüssige Luft abzugeben. Da das Wasser in der Leitung unter Druck steht, kann das jedoch erst passieren, wenn das Wasser die Leitung verlässt und unter den geringeren Atmosphärendruck gerät. Vermutlich wird dieser „Entlüftungsprozess" beim Passieren der Hahnöffnung ausgelöst und kommt im Glas so richtig zur Entfaltung. Warum sich das Wasser allerdings meist nur in der kurzen Zeitspanne zu Beginn des Heißwasserstroms eintrübt und später nicht mehr, ist unseres Wissens bislang nicht vollständig geklärt [1].

Wenn Sie wieder einmal ein bläschenhaltiges Getränk zu sich nehmen, und sei es Wasser, in dem sich eine Alka-Seltzer-Tablette auflöst, so vergessen Sie nicht, mit einem Löffel oder dem Fingerknöchel gegen das Gefäß so klopfen. Vielleicht überträgt sich dann ja die Höhenzunahme des Klangs auch auf Ihre Stimmung.

Literatur

[1] F. S. Crawford, Am. J. Phys. **1982**, *50*(5), 398.
[2] C. Ucke, H. J. Schlichting, Spiel, Physik und Spaß. Physik zum Mitdenken und Nachmachen, Wiley-VCH, Weinheim 2011, S. 73ff.

Lauftiere: vom Spielzeug zum Roboter

Lauftiere wackeln eine schiefe Ebene hinunter. Schon Kleinkinder sind fasziniert von diesem über hundert Jahre alten Spielzeug. Ingenieure beschäftigen sich aktuell damit, da sich mit dem dahinter stehenden Prinzip überraschend energiesparende Konstruktionen von Laufrobotern realisieren lassen.

Wie bei vielen Spielzeugen ist der Ursprung von Lauftieren nicht genau überliefert. Bekannt sind jedenfalls Exemplare vom Ende des 19. Jahrhunderts. In der Spielzeugindustrie des Erzgebirges werden sie noch heute in mannigfaltigen Ausführungen in Holz produziert. Ein typischer Vertreter ist die Wackelente (Abbildung 1). Durch leichtes Antippen am Schwanz startet die Wackelente und bewegt sich leicht nach vorn und hinten schaukelnd eine schiefe Ebene hinunter. Eine Videoaufnahme mit der Laufente (Waddling Duck) lässt sich einschließlich Zeitlupenaufnahmen bei YouTube ansehen [1].

Analyse der Laufbewegung der Laufente

Die Konstruktion der Wackelente ist genial einfach. Der vordere Fuß ist mit dem Entengehäuse fest verbunden. Der hintere Fuß ist um den Punkt S drehbar, kann frei schwingen, und der maximal mögliche Ausschlag ist durch einen Stopper begrenzt. Zugleich stellt S den Schwerpunkt dar. Der Schwerpunkt muss nicht unbedingt mit dem Drehpunkt zusammenfallen, befindet sich aber meist doch in der

Nähe. Der Schwerpunkt S verändert sich nur sehr wenig, weil die Bewegung des hinteren Fußes und dessen Masse im Vergleich mit der übrigen Masse relativ klein sind. Die Unterseite der Füße ist konvex (teilzylinderförmig) geformt, sodass die Ente darauf abrollen und schaukeln kann. Die Schwingungsdauer der Ente nach vorne und hinten ist etwas größer als die Schwingungsdauer des Fußes. Dadurch wird erreicht, dass der hintere Fuß beim Nachvorneschaukeln der Ente schnell genug nachschwingen kann.

Die Ente befindet sich auf einer Rampe mit einer Neigung von etwa acht Grad. Bei etwa zwei Grad mehr oder weniger läuft sie nicht mehr, weil dadurch die Abstimmung der Schwingungsdauern zu stark gestört wird.

Sehr empfindlich reagiert die Ente auch auf eine Veränderung des Schwerpunkts, indem man beispielsweise eine kleine Masse (fünf Gramm reichen schon aus) am Schnabel oder Schwanz anbringt. Dadurch wird wie bei der Änderung der Neigung ebenfalls die Abstimmung der Schwingungsdauern aufeinander gestört. Teilweise kann man daher diese Störung durch eine Anpassung der Neigung kompensieren, so dass die beschwerte Ente bei anderer Neigung wieder zum Laufen gebracht werden kann. Bei gekauften Exemplaren inklusive Rampe sind Schwerpunkt und Rampenneigung optimal aufeinander abgestimmt. Konstruiert man selbst ein Lauftier, ist das Austarieren der Lage des Schwerpunkts bei gegebener Neigung der Rampe extrem wichtig (siehe „Eigenbau", S. 298).

Der Bewegungsablauf der Wackelente ist aus Abbildung 1 ersichtlich. Die Ente rollt in a) gerade die Füße nach hinten ab. Dadurch verlagert sich der Schwerpunkt um etwa 5 mm nach hinten und liegt über der Spitze des hinteren Fußes. Der vordere Fuß – fest verbunden mit der ganzen En-

Abb. 1 *Vier Phasen des Bewegungsablaufes der Wackelente. Die Fotos wurden aus einem Video entnommen. Ein vollständiger Zyklus wird in 0,57 s durchlaufen.*

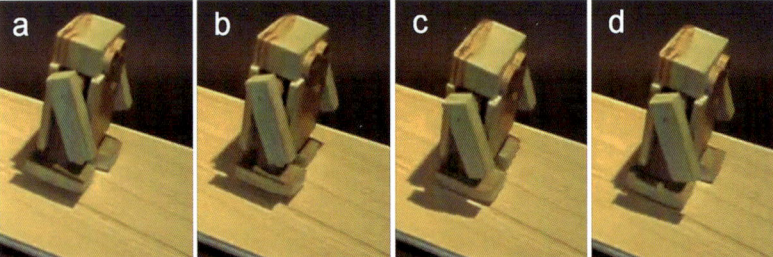

Abb. 2 *Vier Phasen des Bewegungsablaufes des Walking Robots von Roberto Lou Ma (Fotos einem Video auf [4] entnommen).*

te – kann sich nun in b) von der Unterlage lösen. Die durch die schiefe Ebene bedingte rückwirkende Kraft führt dazu, dass sich der Schwerpunkt anschließend wieder um etwa 30 mm nach vorn bewegt und sich dem Fortschreiten entsprechend etwas senkt. Gleichzeitig schwingt der vom Boden gelöste vordere Fuß in c) nach vorne aus. Durch das Senken des Schwerpunkts setzt der vordere Fuß auf, bevor er Gelegenheit hat, wieder zurückzuschwingen. Gleichzeitig löst sich der hintere Fuß von der Unterlage und schwingt nach vorn, was gleichbedeutend damit ist, dass die Ente insgesamt einen Schritt weiter gekommen ist. Beim Anstoßen des hinteren an den vorderen Fuß in d) gibt es zusätzlich einen kleinen Schubs nach vorne. Der Schwerpunkt hat sich auf einer schwach wellenförmig geneigten Kurve um etwa 3 mm nach unten bewegt, wobei die Ente insgesamt um circa 2 cm vorangekommen ist. Die dafür umgesetzte potentielle Energie ist wegen der geringen Abwärtsbewegung des Schwerpunkts sehr klein.

In gewisser Hinsicht ähnelt diese Bewegung derjenigen des an einer Stange hinunter laufenden „Pickspechts" [2]. Auch er weist eine Phase auf, in der sich der Schwerpunkt entgegengesetzt zur Richtung der Gesamtbewegung verschiebt. Es gibt dort wie hier eine fast frei bewegliche Phase und schließlich auch ein Gleitrutschen der Muffe an der Stange. Solche Reib-Stoß-Effekte (Stick and Slip) liegen so verschiedenen Vorgängen wie der Erzeugung von Tönen bei Streichinstrumenten und der Plattentektonik bei Erdbeben zugrunde. Aber auch in der Technik ist die Stick-Slip-

Bewegung von enormer Bedeutung, wobei es hier hauptsächlich darum geht, sie zu vermeiden, weil sonst ein Knarren oder Quietschen auftritt.

Die Wackelente ist energetisch gesehen ein Modell für eine dissipative Struktur, die von Energie „durchflossen" wird. Die gesamte zugeführte potentielle Energie wird durch Reibungsvorgänge dissipiert, so dass die Bewegungsenergie im Mittel konstant bleibt. Die Dissipation wird also konstruktiv zur Fortbewegung genutzt, wobei die einzelnen Phasen der Dynamik in selbst organisierter Weise aufeinander abgestimmt sind. Das System vermag dabei eine konstante Schrittfrequenz einzuregeln, wobei Störungen (beispielsweise leichtes Antippen der Ente, Beschleunigung oder Abbremsen durch Inhomogenitäten auf der schiefen Ebene) durch Rückkopplungsvorgänge immer wieder abgebaut werden. Dieses komplexe Selbstorganisationsverhalten kommt in einer nichtlinearen Dynamik des Systems zum Ausdruck und ist daher mathematisch sehr anspruchsvoll. Eine ausführliche theoretische Beschreibung sowohl der Laufente wie des Pickspechts findet man in [3].

Zwei nebeneinander befindliche Füße

Eine richtige Ente hat natürlich zwei nebeneinander befindliche Füße, ebenso wie viele andere Tiere und der Mensch. Lauftiere als Spielzeug mit nebeneinander liegenden Füßen sind hingegen eher selten. Ihr Aufbau ist etwas komplizierter als bei Vierbeinern, da die Wackelbewegung nicht nur nach vorne und hinten, sondern auch nach links und rechts stattfindet. Beide Füße sind frei und unabhängig voneinander schwingend beweglich.

Befindet sich das Lauftier auf einer schiefen Ebene zunächst auf dem linken Fuß (Abbildung 2a), so kann der rechte Fuß frei nach vorne schwingen (Abbildung 2b). Sodann schaukelt das Objekt nach rechts auf den rechten Fuß (Abbildung 2c), woraufhin der linke Fuß nach vorne schwingen kann (Abbildung 2d). Die Füße müssen dementsprechend in zwei zueinander senkrechten Richtungen konvex geformt sein (beispielsweise wie Kugelabschnitte). Die Schwingungsdauern der Hin- und Herbewegung des ganzen Körpers und der Füße müssen sorgfältig aufeinander abge-

Abb. 3 *a) Zweibeiniger Bär Winnie-the-Pooh [6]; b) zweibeiniges Passive Walking Toy [7].*

Abb. 4 *Dreibeiner aus Legobauteilen [9].* >>

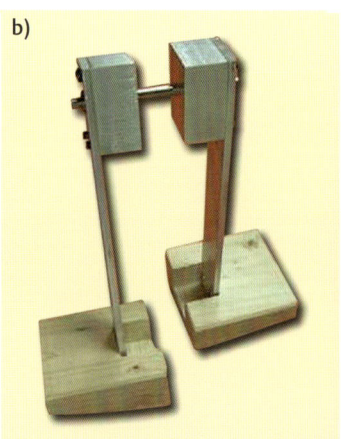

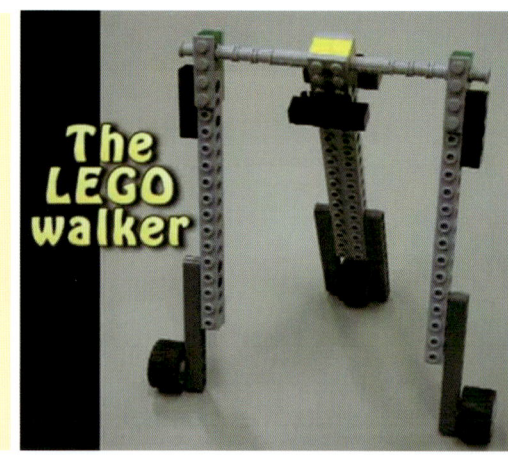

stimmt und etwa gleich groß sein, damit sich das Lauftier koordiniert bewegen kann (Selbstorganisation). Die Schwingungsamplituden nach links und rechts und vorne und hinten dürfen nicht zu groß sein, da das Objekt sonst leicht umfallen kann. Deswegen ist die Schrittweite klein.

Das Prinzip dieses Spielzeugs wurde schon 1888 in den USA unter dem Namen Walking Toy patentiert [5]. Viele weitere Patente wurden seitdem für ähnlich geartete Spielzeuge erteilt. Käuflich zu erwerben ist der in Abbildung 3a dargestellte, zweibeinige Bär Winnie-the-Pooh [6]. Aufgrund der symmetrischen Konstruktion der Füße läuft er vorwärts wie rückwärts.

Seit einiger Zeit gewinnen derartige Spielzeuge an wissenschaftlicher Bedeutung, da gewisse Parallelen zum Gang des Menschen ersichtlich sind [7]. In Abbildung 3b ist das Prinzip dieser Konstruktion besonders deutlich zu sehen. Noch menschlicher wird die Konstruktion durch die Einführung von beweglichen Kniegelenken. Mit zusätzlichen Motoren können derartige Maschinen roboterähnlich auf einer Ebene laufen. Im Vergleich zu anderen Laufrobotern brauchen sie erheblich weniger Energie und keine Stabilisierung durch aufwendige Regelelektronik [8].

Lauftiere mit drei Füßen

Drei Füße oder Beine klingt zunächst merkwürdig. Es gibt keine Tiere mit drei Beinen, von verletzten Vierbeinern einmal abgesehen. Was gemeint ist, zeigt Abbildung 4. Einerseits verfügt ein einbeiniger Mensch mit zwei Krücken über drei Beine, zum anderen gibt es Modelle, die Ähnliches simulieren (Abbildung 4). Wenige Spielzeuge sind mit solchen Konstruktionen realisiert [10]. Meist sind die Beine starr über eine Achse miteinander verbunden. Auch ein einbeiniger Mensch setzt faktisch beide Krücken gleichzeitig voran und schwingt dann mit dem Körper zwischen den aufgesetzten Krücken hindurch. Beim Laufen auf einer schiefen Ebene sind diese Konstruktionen in Laufrichtung relativ instabil, da sie leicht nach vorne fallen können. Auf horizontaler Ebene gilt – ähnlich wie bei den Zweibeinern mit nebeneinander liegenden Füßen –, dass der Schwerpunkt bei kleinen Schrittweiten nur sehr wenig gehoben und gesenkt wird und sie deshalb ebenfalls als Vorbild für energiesparende Laufroboter dienen.

Lauftiere mit vier Füßen

Lauftiere mit vier Füßen sind weit verbreitet. Es gibt sie als kleines Mitnahme-Plastikspielzeug, an denen vorne ein Faden mit Gewicht angebracht ist. Als etwas edlere Ausführung sind sie in Holz gestaltet (Abbildung 5). Man setzt „Gwaggli" auf einen ebenen Tisch und hängt die Gewichtskugel über den Tischrand. Hier erfolgt die Energiezufuhr durch das Absenken des Gewichts über einen Seilzug und nicht durch eine schiefe Ebene. Hin und her schaukelnd setzt das Objekt beide Füße gleichzeitig jeweils abwechselnd auf einer Seite voran, bewegt sich bis zum Tischrand und bleibt hier in der Regel auch stehen, so als wüsste es um die Gefahr des Abgrunds. Zum Tischrand hin

Abb. 5 *Das vierbeinige Lauftier Gwaggli.*

wird der Winkel zwischen Seil und Ebene immer größer, sodass die Translationskomponente immer kleiner wird. Gleichzeitig bewirkt der zunehmende Zug nach unten, dass das Lauftier schließlich nicht mehr in der Lage ist einen Fuß zu heben, so dass es auf der Stelle fixiert wird. Ohne Gewicht und Seil wackelt Gwaggli auch eine schiefe Ebene hinunter.

Diverse Variationen von vierbeinigen Lauftieren aus Holz stellt eine Firma aus dem Erzgebirge her [11]. Im Spielzeugmuseum in Nürnberg ist ein vierbeiniges Lauftier des italienischen Künstlers Agostino Venturini zu bewundern. Auch das Prinzip dieses Spielzeugs wurde als Quadruped schon in dem zitierten Patent von 1888 beschrieben.

EIGENBAU

Einige Typen von Lauftieren lassen sich mit nicht allzu viel Aufwand selbst bauen. Der Vorteil des Selbstbaus besteht darin, dass man einige Parameter wie Trägheitsmoment, Lage des Schwerpunkts oder Schrittlänge verändern kann.

Das Buch von Magdalen Bear [12] enthält Ausschneidebögen aus leichtem Karton, die allerdings einige Geduld und Erfahrung beim Zusammenbau erfordern. Immerhin sind da Schere und Klebstoff ausreichend. Die typische Laufente ist eines der Designs.

Im Internet finden sich mehrere Anleitungen. Der Nachbau einer Laufente aus Holz ist in [13] beschrie-

ben. Ein Bauplan für ein wackelndes Rhinozeros mit zwei Beinen aus Holz ist in [14] ersichtlich. Dazu sind dann schon einige Holzbearbeitungsgeräte notwendig.

Etwas aufwendiger ist ein wackelnder Roboter aus Holz mit zwei nebeneinander liegenden Füßen [4]. Hier ist eine Drehbank hilfreich.

Keine direkten Baupläne, jedoch hinreichend anschauliche Videos können die Eigenkreativität zum Nachbau anregen [15]. Mit Legoteilen lässt sich ein dreibeiniger Passive Walker zusammenstecken [9]. Wittman [16] beschreibt den Bau von vierbeinigen Lauftieren aus Holz.

Die Lauffläche der Füße dieser Vierbeiner ist wie bei den Zweibeinern mit nebeneinander liegenden Füßen konvex in zwei zueinander senkrechten Richtungen (Kugelkalotte) gestaltet. Durch die feste Verbindung der beiden Körper und zweier hintereinander liegender Fußpaare ist die Stabilität in Laufrichtung sehr gut; senkrecht dazu allerdings nicht besser als bei den Zweibeinern. Es kann leicht zu einer instabilen Schaukelbewegung kommen, die zum Umkippen führt.

Die Schwingungsdauern der Hin-und-Herbewegung des Gesamtkörpers und der Fußbewegungen müssen sorgfältig aufeinander abgestimmt und etwa gleich groß sein, damit sich das Lauftier koordiniert bewegen kann. Bei vierbeinigen Tieren, die beide Beine phasengleich auf einer Seite bewegen, spricht man von Passgang.

Literatur und Weblinks

Unter folgenden Stichwörtern findet man bei YouTube viele Videos und Webseiten zum Thema: Lauftiere, Laufente, waddling duck, ramp walking toy, passive walker, dynamic walker. Das Video ‚Lauftiere_30fps.mp4' ist herunterladbar (siehe Seite 2).

[1] Waddling Duck Toy Physics, bit.ly/Q38IrB.
[2] C. Ucke, H. J. Schlichting, Physik und Spaß, Wiley-VCH, Weinheim 2011, S. 51.
[3] R. I. Leine et al., Journal of Vibration and Control **2003**, 9 (1–2), 25; bit.ly/KkbTK1.
[4] ramp-walking wooden robot, bit.ly/QyCFBQ.
[5] G. T. Wallis, American Patent No. 376.588, 1888.
[6] www.selfwalkingtoys.com/bear.html.
[7] M.-f. Fong, Mechanical Design of a Simple Bipedal Robot, Bachelor of Science in Mechanical Engineering, MIT 2005, USA.
[8] S. Collins. et al., Science **2005**, 307, 1082.
[9] LEGO Passive Dynamic Walker, bit.ly/UZybVS.
[10] Wood Hopping Bunny Toy, bit.ly/Q39KUu.
[11] holzgestaltung-lipkowsky.de/rubriken/spielzeug/sz_tiere_1.html.
[12] M. Bear, Walking Automata, Tarquin Publications, St Albans 2007.
[13] re.trotoys.com/article/waddling-duck-mechanical-toy.
[14] bit.ly/UwfUww.
[15] bit.ly/Q3aMQz, japanisch.
[16] J. Wittmann, Trickkiste 1, Bayerischer Schulbuch-Verlag, München 1983.

Saltospringer

Der Salto rückwärts aus dem Stand ist für den Menschen eine anspruchsvolle Übung. Affen, Hunde und Katzen machen das spielerisch. Und Kinder nutzen Spielzeuge, die einen Salto rückwärts vollbringen. Da steckt einige Physik drin.

In Spielzeugläden sind einige Zentimeter große Saltospringer erhältlich. Sie können aus dem Stand einen oder mehrere Rückwärtssaltos vollbringen. Zwei etwas unterschiedliche Ausführungen sind uns bekannt. Bei dem Springfrosch (Abbildung 1 oben) wird eine Feder durch Zusammendrücken gespannt und von einem Saugnapf gehalten. Nach einiger Zeit löst sich der Saugnapf, und die in der Feder gespeicherte Energie reicht aus, um den Frosch einen kompletten Salto rückwärts ausführen zu lassen. Bei der zweiten Ausführung (Abbildung 1 unten) befindet sich im Innern ein Federaufzugsmotor. Der spannt eine zweite Feder, die dann ruckartig entspannt wird und das Tier hochschnellen lässt. Dieses Spielzeug ermöglicht bis zu sieben Saltos hintereinander [1].

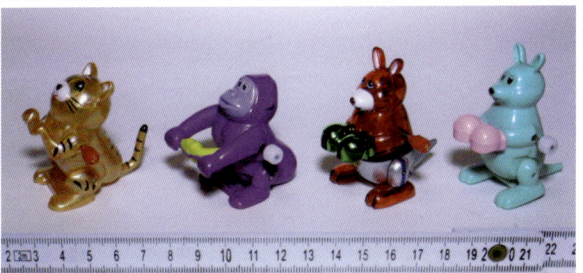

Abb. 1 *Oben ein Springfrosch, der nur einen Salto macht; die Figuren unten machen mehrere Saltos hintereinander.*

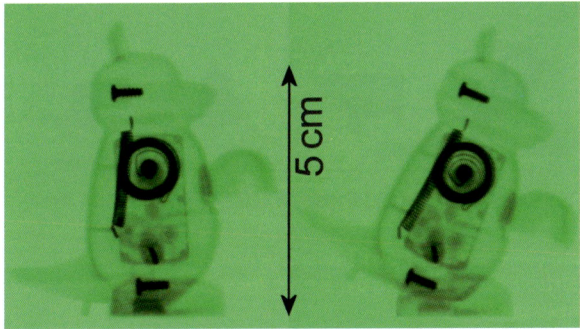

Abb. 2 *Das Spielzeugkänguru im Röntgenbild.*

Beispielhaft wollen wir diese zweite Art analysieren und einen Vergleich mit dem Rückwärtssalto des Menschen anstellen. Die folgenden Betrachtungen sind primär Abschätzungen und Überschlagsrechnungen. Für eine genauere Analyse wäre ein sehr viel größerer Aufwand nötig.

Salto rückwärts des Spielzeugs

Abbildung 2 zeigt ein Röntgenbild des Kängurus. Im Startzustand (links) ist die fast senkrecht angeordnete, 1,9 cm lange Zugfeder mit einer Kraft von $F_1 = 1,9$ N vorgespannt. Im rechten Teil ist der maximal gespannte Zustand kurz vor dem Absprung zu sehen. Die Zugfeder wird mit Hilfe einer von Hand aufzuziehenden Spiralfeder über einen trickreichen Mechanismus auf 2,3 cm gedehnt ($F_2 = 2,5$ N). Diese Messwerte lassen sich nur gewinnen, wenn man das Spielzeug auseinander nimmt. Es wieder zusammenzubauen stellt allerdings eine gewisse Herausforderung dar. Sie sind außerdem mit einer Messunsicherheit von etwa 5 % behaftet. Aus den Werten ergibt sich eine Federkonstante von $D = 0,6$ N/0,0004 m = 150 N/m und daraus eine mit der Feder bei der angegebenen Auslenkung nutzbare Energie von

$$E = \frac{1}{2} D(s_2^2 - s_1^2) = \frac{1}{2} 150 \cdot (0,023^2 - 0,019^2)$$
$$\text{Nm} \approx 0,0126\,\text{Nm} = 12,6 \cdot 10^{-3}\,\text{Nm}$$

Durch Aufhängen in zwei etwa zueinander senkrechten Positionen lässt sich der Schwerpunkt des Spielzeugs von der Seite gesehen sehr gut eingrenzen. Dabei spielt es praktisch keine Rolle, ob sich das Spielzeug in Ruhestellung oder maximal gespannter Stellung befindet, da die Masse des nur wenig beweglichen Fußteiles (1,5 g) im Verhältnis zur Masse des übrigen Rumpfes (12,5 g) klein ist.

Mit einer Videokamera (420 Bilder/s) [2] wurden einige Saltos des Kängurus aufgenommen. Das Video ist herunterladbar (siehe hinten); eine Serie von neun Bildern daraus zeigt Abbildung 3.

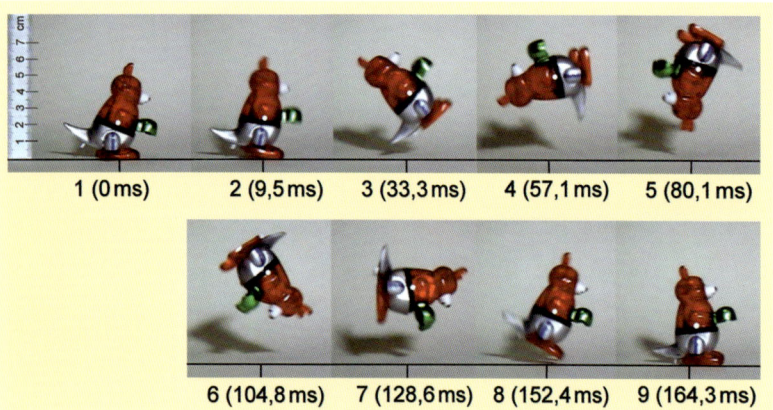

Abb. 3 *Reihenaufnahme eines Saltospringers (Känguru) aus einem Video. Der schwarze, senkrechte Strich ist ein Fixpunkt, der weiße Punkt in der Mitte der Figur charakterisiert den Schwerpunkt.*

Der gesamte Vorgang des Rückwärtssaltos dauert etwa 160 ms. Das ist mit bloßem Auge nicht im Einzelnen aufzulösen. Zwischen dem Start und dem Abheben zum freien Flug vergehen etwas mehr als 10 ms. Der Schwerpunkt bewegt sich dabei um $s = 0{,}3$ cm senkrecht nach oben. Genauere Werte sind aus dem vorhandenen Video nicht zu entnehmen. Geht man von einer gleichmäßigen Beschleunigung aus, ergibt sich ein ganz beträchtlicher Wert

$$a = \frac{2 \cdot s}{t^2} = \frac{2 \cdot 0{,}003 \ \text{m}}{0{,}01^2 s^2} \approx 60 \ \text{ms}^{-2}$$

Der Schwerpunkt bewegt sich interessanterweise um etwa 0,4 cm nach vorne. Etwas besser lässt sich aus Abbildung 3 entnehmen, dass sich der Schwerpunkt von 2,2 cm über dem Boden bis auf 5,5 cm nach oben bewegt. Mit der Masse des Kängurus von $m = 14$ g ergibt sich daraus eine potentielle Energie von

$$E_{\text{pot}} = m \cdot g \cdot h = 0{,}014 \ \text{kg} \cdot 10 \ \text{ms}^{-2} \cdot 0{,}033 \ \text{m} = 4{,}6 \cdot 10^{-3} \ \text{J}.$$

Für die Berechnung der Rotationsenergie werden das Trägheitsmoment J und die Winkelgeschwindigkeit ω benötigt. Die Winkelgeschwindigkeit lässt sich durch Ausmessen entsprechender Winkel zu $\omega = 46 \ s^{-1}$ bestimmen. Ganz grob kann man das überschlagen, indem man das Känguru als Stab mit einer Länge $l = 6$ cm (Gesamtkörpergröße) ansieht. Dann ergibt sich rechnerisch als Größenabschätzung

$$I_{\text{Stab}} = \frac{m \cdot l^2}{12} = \frac{0{,}014 \ \text{kg} \cdot 0{,}06^2 \ \text{m}^2}{12} = 4{,}2 \cdot 10^{-6} \ \text{kgm}^2$$

Dieser Wert ist mit Sicherheit zu groß, da die massearmen Endteile (Ohren) bei dieser Rechnung zu stark eingehen.

Zur experimentellen Bestimmung des Trägheitsmoments I wurde ein kleiner Drehteller mit einer Spiralfeder benutzt (siehe entsprechende Vorrichtung im Artikel „Stehaufmännchen, Kolumbus-Eier und ein Gömböc", Seite 70). Aus der Messung und dem Vergleich der Schwingungszei-

ten mit bekannten Objekten (Quader) und dem Känguru selbst ergibt sich

$$I_{\text{exp}} = 3{,}3 \cdot 10^{-6} \ \text{kgm}^2$$

Das Trägheitsmoment des Kängurus bleibt während der Rotation konstant. Aus den ermittelten Werten ergibt sich schließlich die in der Rotation steckende Energie zu

$$E_{\text{rot}} = \frac{1}{2} I \cdot \omega^2 = \frac{1}{2} 3{,}3 \cdot 10^{-6} \text{kgm}^2 \cdot 46^2 \text{s}^{-2} = 3{,}5 \cdot 10^{-3} \text{J}$$

In der Rotation steckt also weniger Energie als in der Lageenergie. Die Gesamtenergie beträgt

$$E_{\text{ges}} = E_{\text{pot}} + E_{\text{rot}} = 4{,}6 \cdot 10^{-3} \ \text{J} + 3{,}5 \cdot 10^{-3} \ \text{J} = 8{,}1 \cdot 10^{-3} \ \text{J}.$$

Das ist deutlich weniger, als die zu Beginn ermittelte Gesamtenergie aus der in der Feder gespeicherten Energie und stellt keine besonders befriedigende Übereinstimmung dar. Ein bisschen sind vermutlich Reibungsverluste für diesen Unterschied verantwortlich. Hauptsächlich muss man jedoch die erheblichen Unsicherheiten und deren Fortpflanzung bei der Bestimmung der kleinen Abmessungen in Betracht ziehen.

Einen Saltospringer dieser Art (Springmaus, engl. Flipping Mouse) haben amerikanische Astronauten 1985 und 1993 im Rahmen von Spaceshuttle-Missionen als Spielzeug mit in den Weltraum genommen. Dazu existieren auch Videos, die einige Experimente damit zeigen [3]. Die Intention von „toys in space" war unter anderem, Anregungen für den Schulunterricht zu liefern. Ausführlich beschrieben sind diese Experimente in [4]. „Spielzeug im Weltraum" wird als Unterrichtsanregung auf der International Space Station (ISS) weiter verfolgt [5].

Eine sehr viel weitergehende theoretische Analyse dieses Springspielzeugs findet sich in [6].

Salto rückwärts beim Menschen

Der Salto rückwärts aus dem Stand gehört zum Standardrepertoire guter Turner. Wir beschränken uns auf den gehockten Salto rückwärts. Für die Analyse eines dieses Vorgangs wurde ein Turner mit reflektierenden Marken an ausgezeichneten Stellen seines Körpers versehen und mit einer Videokamera aufgenommen. Mit Hilfe einer Software [7] wurde eine Strichmännchendarstellung des Sprunges generiert (Abbildung 4).

Der Salto rückwärts eines Menschen unterscheidet sich in charakteristischer Weise von dem der Spielzeugfigur. Beim Start nimmt der Mensch die Arme nach hinten hoch und geht gleichzeitig in die Hocke. Damit wird der Schwerpunkt nach unten beschleunigt und die auf den Boden wirkende Kraft deutlich verringert (Bildnr. 40). Anschließend dreht der Turner die Arme nach oben und streckt die Knie. In dieser Stellung (Bildnr. 55) übt er die maximale Kraft auf den Boden aus und erreicht die maximale Beschleunigung.

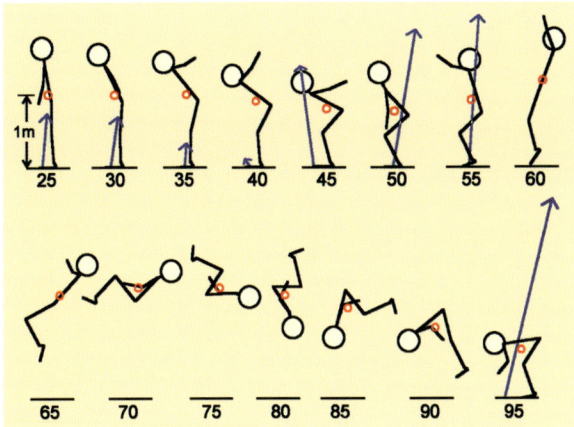

Abb. 4 *Aus dem Video eines Rückwärtssaltos eines Turners wurde eine Strichmännchendarstellung extrahiert. Die Zahlen unter den Darstellungen kennzeichnen die Nummern der Bilder des ausgewerteten Videos. Die Grafiken haben einen Zeitabstand von 0,1 s. Der kleine, rote Kreis ist der auf Grund von Modellannahmen berechnete Körperschwerpunkt. Die blauen Pfeile stellen die jeweils auf den Boden wirkende, gemessene Kraft dar. Die Masse des Turners betrug 73 kg. Damit lässt sich der Pfeil skalieren, da beim ersten Bild nur die Gewichtskraft des Turners wirkt.*

Die Freiflugphase beginnt in fast gestreckter Haltung (Bildnr. 60); hier hat der Körper sein maximales Trägheitsmoment bezogen auf die Drehung um die Achse senkrecht zur Körperlängsachse (Transversalachse). Die Winkelgeschwindigkeit beträgt etwa 4 rad/s. Beim Anlegen der Arme an den Oberkörper und Anziehen der Beine bis zur Hocke (Bildnr. 75) steigt die Winkelgeschwindigkeit auf einen Maximalwert von etwa 10 rad/s. Da der Drehimpuls erhalten bleibt, verringert sich das Trägheitsmoment entsprechend um den Faktor 2,5 (=10/4).

Bei der Landung wirkt eine große Kraft auf den Körper, die durch geeignetes in die Knie gehen abgefedert wird.

Das Trägheitsmoment eines gestreckten Körpers mit ausgestreckten Armen (m = 73 kg; Körpergröße l = 1,78 m, mit ausgestreckten Armen und Füßen 2,1 m) lässt sich wieder mit der Näherung als Stab berechnen

$$I_{\text{Stab}} = \frac{m \cdot l^2}{12} = \frac{73 \text{ kg} \cdot 2,1^2 \text{m}^2}{12} = 26,8 \text{ kgm}^2$$

Wie bei der Schätzung des Trägheitsmomentes des Kängurus ist auch dieser Wert viel zu groß, da sich die Hauptmasse beim menschlichen Körper im mittleren Körperteil befindet. Realistische Schätzungen und Messungen ergeben für den Menschen mit den gerade angegebenen Maßen ein Trägheitsmoment von I = 15 kgm² [8]. Die in der Rotation des menschlichen Körpers enthaltene Energie beträgt dann

$$E_{\text{rot}} = \frac{1}{2} I \cdot \omega^2 = \frac{1}{2} 15 \text{ kgm}^2 \cdot 4^2 \text{s}^{-2} = 120 \text{ J}.$$

Der Körperschwerpunkt wird im Verlauf des Saltos um etwas über 50 cm angehoben. Damit folgt eine potentielle Energie von

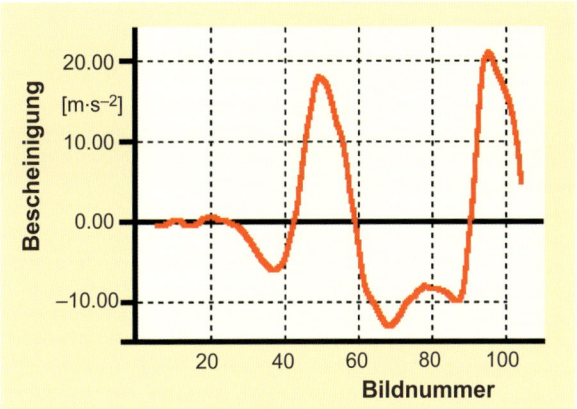

Abb. 5 *Die Beschleunigung des Körperschwerpunkts in Abhängigkeit von der Bildnummer.*

$$E_{\text{pot}} = m \cdot g \cdot h = 73 \text{ kg} \cdot 10 \text{ ms}^{-2} \cdot 0,5 \text{ m} = 365 \text{ J}.$$

Beim Salto rückwärts des Menschen steckt also der Hauptanteil der Energie noch viel stärker als beim Känguru in der Lageenergie. Die wirkliche Größe des Trägheitsmomentes ist dafür kaum relevant.

Der Salto rückwärts fand auf einer Kraftmessplattform mit einer Größe von etwa einem halben Quadratmeter statt. Gute Turner können den Salto rückwärts durch entsprechende Körperneigung so machen, dass sie auf dieser Plattform wieder fast an derselben Stelle landen. Zusammen mit dem Video wurden die auf diese Plattform ausgeübten Kräfte und Beschleunigungen gemessen. In Abbildung 5 ist die Beschleunigung in Abhängigkeit von der Bildnummer, entsprechend der Zeit, dargestellt.

Deutlich sichtbar ist die verringerte Beschleunigung sobald der Turner die Arme nach oben dreht und dabei in die Knie geht (Bildnr. 38). Die größte Beschleunigung wird unmittelbar vor dem Absprung erzielt (etwa Bildnr. 50). Umgerechnet auf das Gewicht der Person ist das mit etwa 1200 N (entsprechend etwa 120 kg) fast das Doppelte des eigenen Gewichts. Im freien Flug sollte die Grafik in dieser Darstellung eigentlich konstante -10 ms⁻² zeigen (Bildnr. 62-90). Hier zeigt sich die Grenze der Messgenauigkeit dieser Vorrichtung.

Literatur

[1] www.zwindups.com

[2] Casio Exilim EX-FH100, Aufnahmen mit 420 fps besitzen eine Auflösung von 224 x 168 Pixel

[3] www.youtube.com/watch?v=E9RDlIjgftI

[4] C. Sumners, Toys in Space, McGraw-Hill, New York 1997.

[5] www.nasa.gov/audience/foreducators/microgravity/home/toys-in-space.html

[6] J. Güémez, M. Fiolhais, Eur. J. Phys. **2014**, *35*, 1.

[7] Programm SIMI-Motion; Fa. SIMI GmbH, www.simi.com

[8] R. L. Page, The Physics of Human Movement, Elsevier, Exeter 1978.

Die Videos ,Salto_Känguru_420fps' und ,Salto_Mensch' sind herunterladbar (siehe Seite 2).

Faszinierendes Dynabee

Ein kleiner Kreisel, der in einem kugelförmigen Plastikgehäuse rotiert, kann in der Hand durch eine geschickte Taumelbewegung des Gehäuses auf sehr hohe Drehzahlen beschleunigt werden. Das macht das eigentlich zum Training der Arm- und Handgelenkmuskeln entwickelte Gerät auch für Physiker interessant.

DynaBee
POWER CONDITIONER
GYRO EXERCISER
Get the Competitive Edge!
USA

Abb. 1 *Das als sportliches Trainingsgerät vermarktete Dynabee.*

Im Jahre 1973 wurde dem Amerikaner Archie L. Mishler ein Patent [1] auf ein Gerät erteilt, das er ziemlich unauffällig *Gyroscopic Device* benannte. Einige Jahre später wurde diese Vorrichtung unter dem Namen *Dynabee* als Sportgerät vermarktet (Abbildung 1). Der Name deutet darauf hin, dass sich im Innern ein Schwungrad wie ein Dynamo dreht und dabei ein Geräusch wie eine summende Biene erzeugt. Mittlerweile ist das ursprüngliche Patent ausgelaufen. Weitere Patente folgten [2], die zusätzliche Eigenschaften hinzufügten. Unter klangvollen Namen wie *Power Ball, Roller Ball, Spin Ball* oder *Gyrotwister* wird das Gerät jetzt auch mit Leuchtdioden und Drehzahlmesser angeboten.

Das Dynabee wird durch eine Taumelbewegung aus dem Handgelenk heraus auf einem geschlossenen Kegel herumgeführt (Abbildung 2), wodurch man ein im Innern

des Gehäuses rotierendes Schwungrad auf Touren bringt. Die im Erstpatent enthaltene Schemazeichnung (Abbildung 3) verdeutlicht das Funktionsprinzip sehr schön: Ein Schwungrad (grau) mit einer Masse von etwa 200 Gramm sitzt auf einer Achse (rot). Das Trägheitsmoment ist durch den Randwulst optimiert, und die Schwungradachse ist in einer U-förmigen Führungsschiene (grün) eingelassen, in

Abb. 2 *Das Dynabee wird mit einer Taumelbewegung der Hand in Schwung gesetzt.*

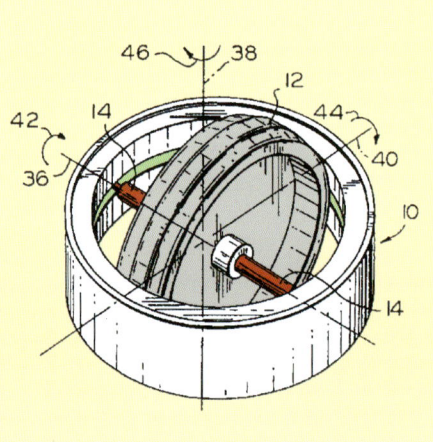

Abb. 3 *Schematische Zeichnung des Dynabee aus dem amerikanischen Patent von 1973.*

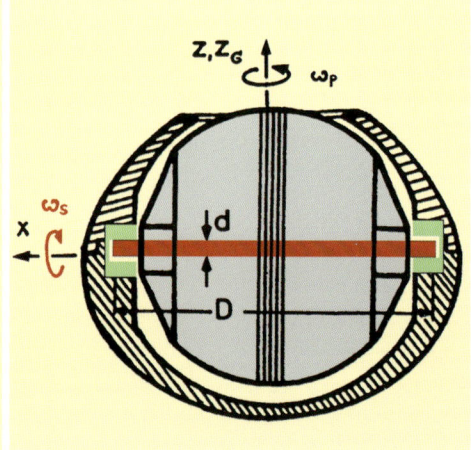

Abb. 4 *Schnitt durch eine reale Ausführung des Dynabee. Bei Verkippen des Gehäuses wird die Achse (rot) des Schwungrades oben oder unten an das U-förmige Ringprofil (grün) gedrückt (nach [4]).*

der sie relativ leicht umlaufen kann, da die Öffnungsweite etwas größer ist als der Durchmesser der Achse. Dieser Spielraum ist entscheidend für die Funktionsweise des Geräts. Wie kommt es zum Antrieb des Schwungrads?

Zunächst setzt man das Schwungrad in möglichst schnelle Anfangsrotation. Das kann mit einer auf das Schwungrad aufgerollten Schnur geschehen, die dann abgezogen wird. Oder auch, indem das Schwungrad genügend schnell über eine geeignete Unterlage gerollt wird. Dann neigt man das Gehäuse durch entsprechendes Verdrehen des Handgelenks so weit, bis die rotierende Achse, die aufgrund der Drehimpulserhaltung ihre Lage beizubehalten trachtet, an dem einen Ende gegen die obere und an dem anderen Ende gegen die untere Berandung der Rinne gedrückt wird (Abbildung 4). Ein rotierender Kreisel versucht dem dadurch auf die Achse ausgeübten Drehmoment senkrecht auszuweichen, was zu einem Abrollen der rotierenden Achsenenden am oberen und unteren Rand der Rinne führt. Je nachdem, ob die Abrollgeschwindigkeit größer oder kleiner ist als die durch das senkrechte Ausweichen des Gehäuses bedingte Umlaufgeschwindigkeit in der Führungsrinne, kommt es zu einer Abbremsung der drehenden Achse und des Schwungrades oder zu einem zusätzlichen Antrieb. Denn aufgrund der Rollreibung zwischen Rinnenrand und darauf abrollenden Achsenenden wird ein antreibendes oder bremsendes Drehmoment auf die Achse ausgeübt.

Wenn die Ausweichgeschwindigkeit gerade um so viel größer ist, dass es zwischen Rinne und Achse nicht zum Schlupf kommt, werden die Achse und damit das Schwungrad in optimaler Weise beschleunigt. Aber auch wenn die Ausweichgeschwindigkeit des Gehäuses zu groß ist und es zum Schlupf kommt, wird das Schwungrad beschleunigt. In diesem Fall jedoch aufgrund der Gleitreibung in wesentlich geringerem Maße als bei schlupffreier Rollreibung. Kurzum: Man hat es im doppelten Sinne des Wortes in der Hand, durch eine sorgfältige Anpassung der Schnelligkeit, mit der man das Gehäuse neigt, an die Drehgeschwindigkeit des Schwungrades einen optimalen Antrieb zu erreichen.

Ob die Antriebskopplung gelingt, lässt sich unmittelbar an der Kraft spüren, die durch die rotierende Hand aufgebracht werden muss. Dieses Gefühl spielt bei der Einregelung der passenden Drehfrequenz eine wichtige Rolle und muss von Anfängern erst einmal erlernt und eingeübt werden. Dieser durch kreisförmiges Neigen der Hand durchlaufene Antriebszyklus wird mit einer der höheren Geschwindigkeit des Schwungrads angepassten höheren Drehgeschwindigkeit durchlaufen. Dies geschieht so oft, bis die

mit der Geschwindigkeit wachsende Trägheitskraft so groß geworden ist, dass sie sich durch die Muskelkraft der Handgelenke nicht mehr kompensieren lässt.

Da die Kreiselachse durch die Drehbewegung der Hand auf eine Kegelbahn gezwungen wird, kann man den Antrieb auch als eine Zwangspräzession ansehen, die dem kreiselnden Schwungrad kontinuierlich Energie zuführt. Diese Energie kompensiert einerseits die Reibung, welche die Rotation verlangsamt. Gleichzeitig führt sie darüber hinaus zu einer Beschleunigung des Systems auf immer höhere Drehzahlen.

Mit einem ergonomisch ausgeführten Gerät lassen sich auf diese Weise – genügende Muskelkraft im Handgelenk vorausgesetzt – bis weit über 10.000 Umdrehungen pro Minute erreichen. Dies lässt sich mit einem bei manchen Ausführungen eingebauten Drehzahlmesser oder mit einem aus dem Internet herunterladbaren Programm [3] nachweisen.

Dabei wirken trotz der relativ kleinen Masse des Schwungrades erhebliche Kräfte bis zu 180 N, die das Handgelenk und die Armmuskeln bis hin zu den Schultern erheblich beanspruchen. Ärzte warnen daher vor exzessiver Benutzung des Gerätes. Bei geeigneter Handhabung kann es auch therapeutisch eingesetzt werden. Dafür gibt es das eigens entwickelte *Therabee*.

Wir kennen zwei Veröffentlichungen zum Dynabee [4, 5], in denen die Physik mit Hilfe von Kreisel-Differenzialgleichungen vertieft untersucht wird. Die sind jedoch nur für Interessenten empfehlenswert, die über einige Kenntnisse aus der theoretischen Mechanik verfügen.

Literatur
[1] L.A. Mishler, Gyroscopic Device, United States Patent 3,726,146, Apr. 10, 1973

[2] L.A. Mishler, United States Patent 5,353,655, Oct. 11, 1994; P.S. Chuang, Wrist Exerciser, United States Patent 5,800,311, Sept. 1, 1998.

[3] www.gyrotwister.de/download.php4

[4] G. Schweitzer, Antrieb eines Spielkreisels durch Taumelbewegungen seines Gehäuses, Festschrift zum 70. Geburtstag von K. Magnus, München 1982, S. 83.

[5] D.W. Gulick, O.M. O'Reilly, J. Appl. Mech. **2000**, *67*, 321.

Internet
Das Gerät ist in manchen Sportgeschäften und Spielwarenläden erhältlich, aber auch im Internet unter
www.dynabee.de
www.macht-suechtig.de
www.powerball-germany.de

Die rätselhafte Kettenfontäne

Eine aus einem Becher heraus gleitende Kugelkette rutscht nicht einfach über den Rand, sondern steigt wie eine Fontäne steil nach oben auf, bevor sie zu Boden fällt. Ein überraschendes Verhalten, das den Gesetzen der Schwerkraft zu widersprechen scheint.

Wenn man das Ende einer in einem Becher liegenden Kette über den Rand hebt und sich selbst überlässt, erwartet man durchaus, dass sie sich selbsttätig aus dem Becher herauswindet. Denn sobald der überhängende Teil der Kette schwerer ist als der kurze, im Becher aufragende Kettenteil, zieht der äußere Teil den inneren kontinuierlich heraus. Aber was man bei einem solchen Versuch dann tatsächlich erlebt, bringt Laien ebenso wie physikalisch Vorgebildete zum Staunen (Abbildung 1). Zur großen Überraschung rutscht die Kette nicht einfach über den Rand des Bechers, sondern erhebt sich in die Höhe, so dass der Rand nicht einmal berührt wird. Sie steigt wie eine Wasserfontäne auf, verbiegt sich bogenförmig, um dann zu Boden zu stürzen.

Man denkt sofort an den indischen Seiltrick. Wir haben es hier aber nicht mit einem Trick zu tun, sondern mit einem physikalischen Effekt, den man sich so kaum hätte ausdenken können. Daher ist das Phänomen auch nicht das Ergebnis von ausgeklügelten Überlegungen, sondern durch reinen Zufall entdeckt worden. Ein Video des Vorgangs im Internet wurde in kurzer Zeit von Millionen von Menschen angesehen, was bei physikalischen Vorgängen eine Seltenheit sein dürfte [1]. Dass man dieses Phänomen nicht schon früher entdeckt hat, mag daran liegen, dass es nicht mit jeder Art von Kette funktioniert. Man benötigt eine Kugelkette, mit der beispielsweise Waschbeckenstopfen befestigt werden. Im Internet findet man unter dem Stichwort Kugelkette eine Reihe von Anbietern.

Wenn man die Kette aus dem Becher „herausschießen" sieht, wird man vielleicht an einen Flüssigkeitssiphon erinnert, bei dem eine kurze Flüssigkeitssäule innerhalb eines Gefäßes entgegen der Schwerkraft nach oben fließt, weil sie durch die längere Flüssigkeitssäule außerhalb des Gefäßes hochgezogen wird. Obwohl man sich zunächst auch in diesem Fall über die aufsteigende Flüssigkeit wundern mag, macht man sich jedoch sehr schnell klar, dass die kurze Flüssigkeitssäule gar nicht anders kann als aufzusteigen, weil die schwerere Säule außerhalb des Gefäßes nicht anders kann, als aufgrund ihres höheren Gewichts abzusinken. Das eine geht nicht ohne das andere [2]. Im Falle der Kette sind die Verhältnisse jedoch anders. Es gibt kein Rohr, in dem die Kette in die Höhe geführt würde, sie steigt von selbst auf und scheint dabei einen zusätzlichen Aufwand von potentieller Energie in Kauf zu nehmen, was sowohl gegen jede physikalische Intuition spricht als auch in Kollision mit dem zweiten Hauptsatz der Thermodynamik zu geraten scheint. Was geht hier also vor? Schauen wir uns den Vorgang genauer an.

Zunächst stellt man fest, dass die Kette nicht in einer gleichbleibenden „Strömungsfigur" verharrt, sondern ständig in Bewegung, mal etwas höher, mal etwas niedriger steigt, sich mal zur einen, mal zur anderen Seite neigt. Es scheint ein chaotisches Element in dem rein mechanischen Ablauf vorhanden zu sein. Man erkennt ziemlich schnell, dass dies im Wesentlichen eine Folge des ungeordneten Haufens ist, den die Kette im Becher bildet. Daher wird sie ständig von einer anderen Stelle hochgezogen. Es kann sogar vorkommen, dass sie teilweise von einem Teil aufsteigt, den sie selbst noch bedeckt und unter dem sie erst noch hervorgezogen werden muss. Das geht dann natürlich zu Lasten der Aufstiegshöhe. Auch die Landung des herunterfallenden Teils der Kette auf dem Boden erfolgt nicht immer an derselben Stelle, sondern abermals auf einem wahllos entstehenden Haufen, von dem sie teilweise abrutscht und das Kettenende mal mehr zur einen und zur anderen Seite zieht. All dies verhindert, dass die Kette dazu kommt, einen

Abb. 1 *Wie eine Fontäne schießt die Kette aus dem Becher heraus.*

gleichmäßigen Bogen (Abbildung 2) mit immer derselben Höhe zu bilden.

Von diesen Unregelmäßigkeiten wollen wir in der folgenden einfachen Modellvorstellung absehen und von einem stationären Zustand der fließenden Kette ausgehen (Abbildung 2). In dem auf John Biggins und Mark Warner von der Universität Cambridge in England [3] zurückgehenden Modell wird vorausgesetzt, dass die Kette von der Oberfläche des Haufens im Becher zur Höhe h_2 aufsteigt und die Gesamthöhe $h_1 + h_2$ herunterfällt. Im oberen Teil besitzt sie eine gleichmäßige Krümmung mit dem Radius r. Der Betrag der Geschwindigkeit v der Kette ist im stationären Zustand natürlich überall gleich. Innerhalb des gekrümmten Abschnitts der Kettenbahn muss eine Zentripetalkraft aufgebracht werden, mit der die Kette zum Zentrum eines Kreises mit dem Radius r gezogen und damit aus der geradlinigen Bewegung abgelenkt wird, um anschließend erneut in eine geradlinige Bewegung überzugehen. Die Wirkung der Zentripetalkraft kennt man beispielsweise von einem an einem Faden herumgeschleuderten Ball, der auch nur dadurch auf der Kreisbahn gehalten werden kann, dass er stets zum Zentrum dieses Kreises gezogen wird.

Abstoßen vom Untergrund

Angetrieben wird der Fall von der an dem längeren Kettenteil h_1 angreifenden Gravitation. Die Kette muss aber außerdem in irgendeiner Weise von ihrer Unterlage abgesto-

Abb. 3 *Größte Krümmung der Kette, bei der die Kugeln sich berühren und eine weitere Krümmung verhindern (Kugeldurchmesser: 3,2 mm).*

ßen werden, um sich nach oben zu bewegen. Das geschieht auf folgende Weise. Schaut man sich den Beginn der Bewegung der Kette etwas genauer an, so erkennt man, dass die waagerecht liegenden Elemente nacheinander aufgehoben und nach oben gezogen werden. Dabei fällt auf, dass die Kette aufgrund ihrer Konstruktion keinen rechten Winkel zwischen dem aufsteigenden und dem noch liegenden Element bilden kann. Denn die winzigen Verbindungsdrähte, welche die einzelnen Kugeln in gewissen Grenzen beweglich miteinander verbinden, sind dafür zu kurz: Bei der Krümmung der Kette berühren sich die Kugeln schließlich und verhindern eine weitere Krümmung (Abbildung 3).

Faktisch besteht die Kette also aus starren, stabähnlichen Elementen (Abbildung 4). Diese Versteifung hat weit reichende Folgen. Wenn ein Element an einem Ende aus der Waagerechten in die Senkrechte gehoben wird, steigt es nicht nur auf, sondern dreht sich auch. Diese Bewegung hätte im hypothetischen Fall eines völlig frei beweglichen Elements keine weiteren Konsequenzen (Abbildung 5 links). Wenn aber das Element auf einer festen Unterlage liegt, verhindert diese, dass sich das andere Ende nach unten bewegt (Abbildung 5 rechts). Es kollidiert gewissermaßen mit der Unterlage, und diese übt umgekehrt eine Reaktionskraft auf das hochgezogene Ende des Elements aus. Insgesamt gesehen wird die Kette also nicht nur hochgezogen, sondern auch gleichzeitig von der Unterlage abgestoßen. Dieser für jedes einzelne Kettenelement wirkende Vorgang ist der entscheidende Grund dafür, dass sich die Kette insgesamt zu einer bestimmten Höhe erhebt.

Ein Gefühl für diese zusätzlich wirkende Kraft kann man sich in einem einfachen Freihandexperiment verschaffen. Man befestigt an dem einen Ende eines länglichen Stabs eine Schnur und legt ihn auf den Tisch. Zusätzlich schiebt

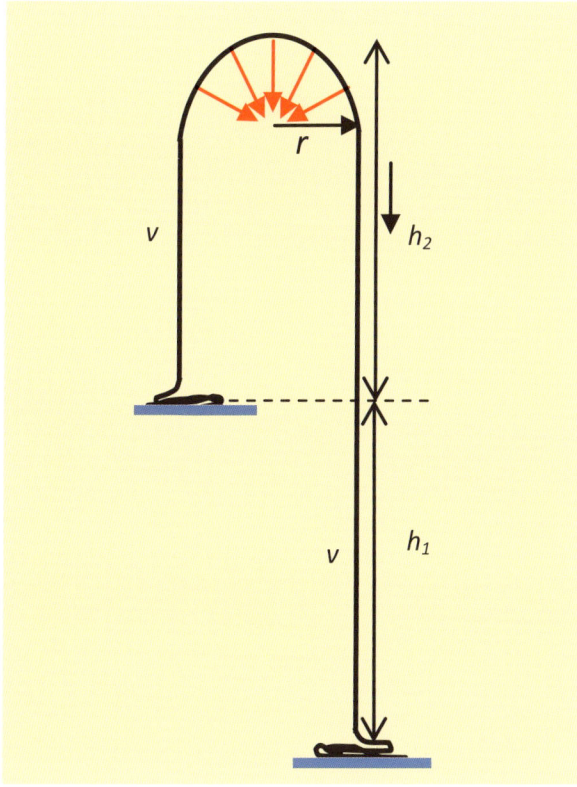

Abb. 2 *Physikalisch relevante Größen bei einer stationären Kettenfontäne.*

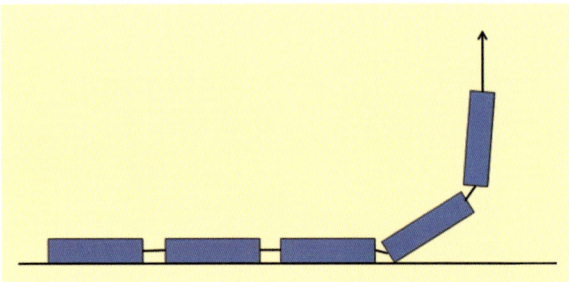

Abb. 4 *Modell der Kette aus starren Elementen.*

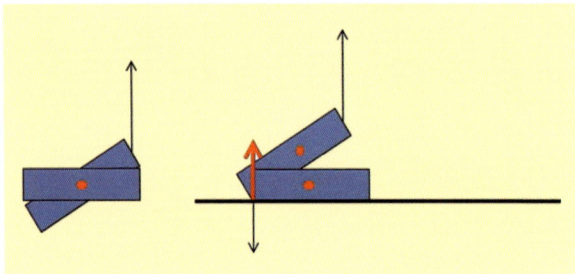

Abb. 5 *Ohne Unterlage würde sich ein Kettenelement beim Anheben drehen (links). Mit Unterlage übt sie am anderen Ende eine Kraft aus, die eine gleich große Gegenkraft provoziert, und zum Anheben des Elements beiträgt (rechts).*

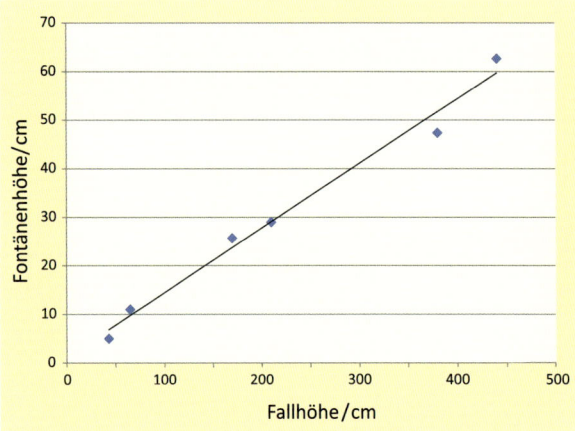

Abb. 6 *Die gemessene Höhe h_2 der Kettenfontäne in Abhängigkeit von der Fallhöhe h_1.*

man einen Bleistift unter den Stab, so dass das ferne Ende etwas hochsteht. Zieht man die Schnur jetzt kräftig in die Höhe, so vernimmt man einen relativ lauten Aufschlag. Er teilt uns akustisch mit, dass die Unterlage heftig gegen das andere Ende des Stabs gestoßen und damit nicht unerheblich zum Anheben des gesamten Stabs beigetragen hat.

Die Kraft, mit der die Unterlage auf die Elemente einwirkt und damit im stationären Ablauf die fließende Kette insgesamt zu der Höhe h_2 über den Becherrand aufsteigen lässt, ist offenbar umso größer, je stärker die Kette hochgezogen wird. Die Stärke ist aber umso größer, je länger der fallende Teil der Kette $h_1 + h_2$ ist. Dieser lässt sich im Prinzip beliebig verlängern, wenn der Becher mit der Kette entsprechend hoch über den Boden gehoben wird.

Entscheidend für die Entstehung einer Kettenfontäne ist wie beschrieben die Kürze der Verbindungsstücke zwischen den Kugeln. Wäre der Abstand zwischen den einzelnen Kugeln nur ein wenig größer, so dass die Kette elementweise um 90° gekrümmt werden könnte, käme es nicht zu dem erhebenden Stoß durch die Unterlage, und eine Fontäne bliebe aus. Dies lässt sich mit Kugelketten mit längeren Verbindungsstücken leicht bestätigen. Andererseits kann man mit kurzen Makkaroniröhrchen, die man auf einen Faden zieht, einen ähnlichen Fontäneneffekt wie bei der Kugelkette erzielen [3].

Die Höhe der Fontäne

Im Experiment wollten wir die Abhängigkeit zwischen der Höhe h_2 der Kettenfontäne und der Fallhöhe h_1 der Kette ermitteln. Hierfür stand uns eine 30 m lange Kette aus verchromtem Stahl zur Verfügung. Die Kugeln der Kette haben einen Durchmesser von etwa 3,2 mm, der durch die Verbindungsdrähte gegebene Abstand beträgt 1,25 mm. Die gesamte Kette besteht daher aus rund 6700 Elementen. Um die Kette in dem Gefäß unterzubringen, ließen wir sie aus einer gewissen Höhe so hinabsinken, dass sie sich in ungeordneter Weise im Becher aufschichtete. Das Gefäß, ein konischer 11 cm hoher, oben 8,5 cm und unten 5,3 cm breiter Plastikbecher, war anschließend bis 2 cm unter der Öffnung gefüllt. Es wurde dann auf verschiedene Höhen h_1 über dem Boden platziert.

Zum Auslösen des Vorgangs zogen wir einen genügend langen Teil der Kette über den Rand und ließen sie dann los. Die bei den jeweiligen Höhen auftretende Fontänenhöhe h_2 schätzten wir mit einem hinter dem Becher angebrachten Meterstab ab, wobei wir die Messung für jeden Höhenwert mehrere Male wiederholten. Das Ergebnis: Im Rahmen der Messgenauigkeit fanden wir eine Proportionalität zwischen Fontänen- und Fallhöhe (Abbildung 6). Eine detailliertere theoretische Untersuchung des Vorgangs lässt dieses Ergebnis auch erwarten. Sie finden diese Berechnung am Ende dieses Kapitels.

Dass die Fontänenhöhe mit der Fallhöhe der Kette größer wird, erscheint auch ohne Rechnung plausibel. Denn die Ursache für die Fontäne kann im Impuls gesehen werden, der von der Unterlage auf die „strömende" Kette übertragen wird. Da der Impuls proportional zur Geschwindigkeit ist und diese mit der Fallhöhe zunimmt, wächst die Fontänenhöhe mit der Fallhöhe.

Im Sog der fallenden Kugelkette

Entscheidend für das Zustandekommen der Kettenfontäne ist, dass die Kugelkette wegen der kurzen Abstände der Kugeln nicht beliebig eng gebogen werden kann und sich beim Zug nach oben abschnittsweise bogenförmig versteift (Abbildung 5 rechts). Sollte nicht genau das Gegenteil passieren, wenn die Kette am anderen Ende auf dem Boden lan-

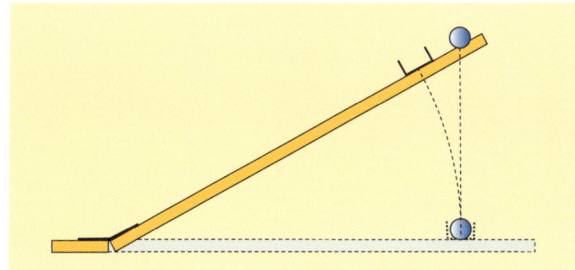

Abb. 7 *Aufbau des Freihandexperiments „schneller als der freie Fall."*

det und wieder zu einem Kettenhaufen zusammensackt? Das Gegenteil vom quasikontinuierlichen Hub, durch den die Kette in die Höhe getrieben wird, wäre ein quasikontinuierlicher Zug an der strömenden Kette.

Um das im Einzelnen nachvollziehen zu können, machen wir uns zunächst klar, was bei der Landung der Kette passiert. Die stabartig versteiften Kettenelemente werden auf dem Boden so abgelegt, dass zunächst das eine Ende auftrifft bevor das ganze Element im Idealfall waagerecht zu liegen kommt. Dieser Vorgang erinnert an das bekannte Freihandexperiment „Schneller als der freie Fall" [5]. Dabei lässt man ein schräg stehendes Brett kippen, das mit einem Ende auf dem Boden aufliegt. Eine Kugel, die am höheren Ende des Bretts in einer kleinen Mulde liegt, landet nach dem Kippen in einem kleinen Gefäß, das ein Stück unterhalb der Kugelmulde fixiert ist (Abbildung 7). Daraus lässt sich schließen, dass die Kugel langsamer gefallen sein muss als der höher gelegene Teil des Bretts, an dem sich die Kugel zunächst befindet.

Die Erklärung dieses verblüffenden Verhaltens läuft darauf hinaus, dass – von allen Reibungskräften abgesehen und im Bereich kleiner Kippwinkel betrachtet – der Schwerpunkt des Bretts frei fällt. Daher muss das höhere Ende wegen der starren Verbindung zwangsläufig schneller sein als der frei fallende Schwerpunkt. Innerhalb des Bretts entsteht deshalb eine Biegespannung, die im Extremfall zum Zerbrechen führen kann, wie man beispielsweise von fallenden Schornsteinen weiß. Demnach übt das noch nicht gelandete Ende des Kettenbogens eine Zugkraft auf den noch nachströmenden Teil der fallenden Kette aus. Und das bedeutet,

dass der noch nicht gelandete Teil der Kette von dieser Zugkraft beschleunigt werden müsste.

Um diese Schlussfolgerung zu prüfen, lässt man zwei gleich lange, baugleiche Kugelketten aus derselben Höhe zur gleichen Zeit fallen. Eine landet auf einem Tisch, während die andere weiter dem Boden zustrebt. Die zusätzliche Beschleunigung der auf dem Tisch landenden Kette sollte sich dann darin bemerkbar machen, dass die letzten Elemente der zum Boden fallenden Kette ein Stück weit hinter denen der auf dem Tisch landenden zurückbleiben.

Um das zu prüfen haben wir zwei gleich lange (circa 1 m) Ketten parallel nebeneinander so aufgehängt, dass die eine Kette frei zum Boden fallen kann, während die andere auf einem Tisch landet. Der gleichzeitige Start wurde dadurch ermöglicht, dass die oberen Kettenglieder über einen Abstandshalter mit einem Faden verbunden waren, den wir zum Start durchbrannten. Den Fall der beiden Ketten haben wir mit einer Hochgeschwindigkeits-Kamera bei einer Bildfrequenz von 1000 Hz gefilmt (frei zum Download (siehe Seite 2)). Wie man in Abbildung 8 aus den letzten Bildern erkennen kann, bleibt die zum Boden fallende Kette deutlich hinter der anderen zurück. Warum erscheint das Ergebnis selbst nach den theoretischen Überlegungen und dem experimentellen Nachweis so absurd? Vermutlich geht man bei dem Verhalten der Ketten stillschweigend davon aus, dass die auf den Tisch auftreffende Kette gebremst werden müsste, während die andere noch frei fällt. Dabei unterstellt man vermutlich, dass die auf dem Tisch auftreffenden Kettenglieder wie bei einer Stange einen Druck auf die folgenden Glieder ausüben. Das ist aber bei normalen Ketten nicht der Fall, da sie nur Zugkräfte übertragen.

Ein äußerlich anderes, aber vom physikalischen Gehalt her ähnliches Experiment wurde vor einigen Jahren mit Hilfe zweier strickleiterartiger Ketten durchgeführt, bei dem die realen Brettchen auf einen Tisch auftrafen [6]. Das Ergebnis war dasselbe. Auch hier „siegte" die durch den Tisch „behinderte" Kette. Dass sich für dieses ungleiche Rennen nicht nur speziell konstruierte Ketten eignen, haben wir hier am Beispiel einer handelsüblichen Kugelkette gezeigt.

Einige Empfehlungen zum Start der Fontäne

Kugelketten sind mittlerweile leicht zu beschaffen. Sie sind in verschiedenen Größen und Materialien verfügbar. Ge-

Abb. 8 *Vergleich des Falls zweier gleich langer Kugelketten, von denen die rechte auf einem Tisch auftrifft, während die linke frei fällt. Die Bildserie belegt, dass am Schluss das Ende der frei fallenden Kette gegenüber der anderen ein Stück zurückgeblieben ist.*

nauso gut wie die klassischen Metallkugelketten funktionieren Ketten, deren Kugeln aus Kunststoff bestehen, die auf einem flexiblen Band aufgezogen und in regelmäßigem Abstand fixiert sind. Man sollte darauf achten, dass die jeweilige Kette in ein passendes Gefäß abgelegt wird. Je nach dem Kontext der Vorführung des Phänomens kann das Gefäß transparent oder undurchsichtig sein. Undurchsichtige Gefäße sollten möglichst nicht sehr schmal und damit sehr hoch sein, weil der Aufstieg im Gefäß dann nicht sichtbar ist.

Um einen reibungslosen Aufstieg der Kette zu ermöglichen, empfiehlt es sich die Kette sorgfältig in das Gefäß zu legen, sodass keine „früheren" Kettenteile über „spätere" rutschen. Das könnte zur Unterbrechung wenn nicht gar zum Stillstand der Kettenbewegung und damit zum Zusammenbruch der Fontäne führen.

Von der Kettenfontäne zum indischen Seiltrick

Hat man sich den alles entscheidenden Versteifungsmechanismus der gebogenen Kette für das Zustandekommen einer Fontäne erst einmal klargemacht, so liegt es nahe zu vermuten, dass auch andere strangartige Gebilde wie Seile, Bänder und Gurte dazu gebracht werden können, entsprechende Fontänen hervorzubringen. Entsprechende Experimente waren schließlich von Erfolg gekrönt (Abbildung 9). Entscheidend für das Gelingen ist dabei die folgende Einsicht: Eine Fontäne ist nur dann möglich, wenn man dafür sorgt, dass die durch die Versteifung auf die Unterlage ausgeübte Kraft auch wirklich nach unten gerichtet ist. Das ist bei normalen Seilen mit quasizylindrischem Querschnitt nur dann der Fall, wenn das Seil wie eine Ziehharmonika gefaltet wird, wobei die dabei entstehenden Bögen senkrecht übereinander zu liegen kommen müssen. Wegen der für das Phänomen nötigen großen Seillänge sind damit jedoch nur schwer beherrschbare praktische Probleme verbunden. So würde das gefaltete Seil schon nach wenigen Windungen zur Seite umkippen und müsste daher entsprechend stabilisiert werden.

Dieses Problem entfällt weitgehend, wenn man statt eines gewöhnlichen zylinderförmigen Seils flache Seile in Form von Bändern bzw. Gurten mit einer gewissen Breite benutzt. Wir haben mit verschiedenen Bändern experimentiert und kamen zu folgendem Ergebnis: Eine Fontäne ist dann zu erwarten, wenn es gelingt, das Band so zu falten, dass die dabei entstehenden bogenförmigen Faltungen horizontal zu liegen kommen. Um sie davor zu bewahren, zur Seite zu kippen, empfiehlt es sich, sie durch benachbarte Faltungen zu stabilisieren (Abbildung 10). Breitere Bänder haben den Vorteil, leichter „gestapelt" wer-

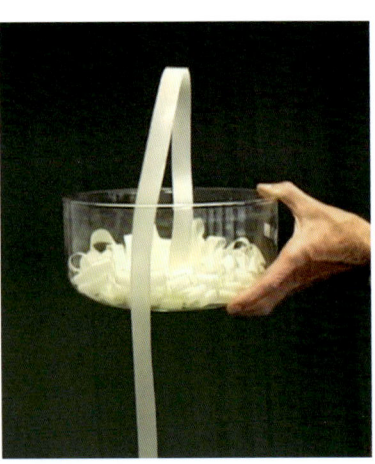

Abb. 9 *Bandfontäne, die aus einer flachen Schale startet.*

Abb. 10 *Rosettenartig gelegtes Band, das beim hochziehen stets eine Kraft nach unten ausführt.*

den zu können als schmale. Sie nehmen aber auch mehr Platz ein, sodass ein Kompromiss zwischen Breite und Stapelfläche in einer Schale gefunden werden muss. Da das Band in Aktion sehr schnell aus der Schale herausgezogen wird, muss es genauso wie die Kette relativ lang sein, damit man die Fontäne wenigstens einige Sekunden lang genießen kann. Das macht es nötig, den Platz in der Schale optimal zu nutzen. Wir haben gute Erfahrungen mit einer rosettenartigen Anordnung der bogenförmigen Faltungen gemacht (Abbildung 10). Dabei kommen mehrere Ebenen von Rosetten spiralförmig übereinander zu liegen. Die unteren Ebenen werden auf diese Weise durch die darüber liegenden besonders stabilisiert.

Die Bogenform in den Faltungen ist unmittelbarer Ausdruck der Tatsache, dass sich das Band dagegen wehrt. In diesem elastischen Widerstand gegen eine allzu große Krümmung liegt die Fähigkeit des Bands begründet, sich beim senkrechten Anheben zu versteifen und mit dem aufliegenden Ende eine Kraft auf die Unterlage auszuüben, deren Rückwirkung den fontänenartigen Aufstieg ermöglicht.

Die Seilfontäne ist mindestens genauso verblüffend wie die Kettenfontäne. Sie hat außerdem den Vorteil, dass geeignete Seile beispielsweise in Form von Geschenkbändern leichter zur Hand sind als Kugelketten. Um genügend lange Bänder für eine länger anhaltende Fontäne zu erhalten, kann man kurze Bänder leicht zu einem längeren Band zusammenkleben.

Ein quantitatives Modell der Kettenfontäne

Die folgenden quantitativen Abschätzungen orientieren sich an den Ausführungen von Biggins und Warner [3]. Eine alternative Ableitung der quantitativen Zusammenhänge, die zu denselben Ergebnissen führt ist in Referenz [4] dargestellt. Wir gehen von einer Kugelkette mit einer Massenbelegung (Masse pro Einheitslänge) λ aus. Die Kette erhebt sich im stationären Zustand mit der Geschwindigkeit v um die Höhe b_1 über den Kettenhaufen im Becher und fällt dann die Strecke $b_1 + b_2$ hinab zum Boden (Abbildung 2). Die Bewegungsumkehr vollzieht sich innerhalb eines Bogens mit dem Krümmungsradius r. Wenn man davon ausgeht, dass die Zentripetalbeschleunigung im oberen, gekrümmten Teil der Kette wesentlich größer ist als die Erdbeschleunigung, so dass letztere vernachlässigt werden kann, gilt für die Kraft pro Einheitslänge der Kette in der Kurve T_k:

$\frac{T_k}{r} = \frac{\lambda v^2}{r}$. Daraus folgt:

$$T_k = \lambda v^2. \tag{1}$$

Die Kraft T_k ist also unabhängig von der Krümmung, und die Bewegungsfigur der Kette kann daher beliebige Formen annehmen, solange die Gleichung (1) erfüllt ist. Da das „Fließen" der Kette mit konstanter Geschwindigkeit v erfolgt, müssen sich die Kräfte bzw. Spannungen in den Kettengliedern vertikal über dem Kettenhaufen im Gefäß aufheben. Die Kraft T_k ist daher gleich der Summe der Kraft in der Kette genau oberhalb des Kettenhaufens im Gefäß, T_G, und der durch die Schwere der Kette gegebenen Kraft:

$$T_k = T_G + \lambda h_2 g. \tag{2}$$

Auf entsprechende Weise gilt für die Kraft T_k im vertikal über dem Kettenhaufen auf dem Boden befindlichen Teil der Kette:

$$T_k = T_B + \lambda (h_1 + h_2) g. \tag{3}$$

Dabei bezeichnet T_B die Kraft in der Kette direkt über dem Kettenhaufen auf dem Boden.

Im Zeitintervall Δt nimmt die über dem Kettenhaufen im Gefäß aufsteigende Kette eine Masse von $\lambda v \Delta t$ und damit ein Impuls von $\lambda v^2 \Delta t$ auf. Im Falle einer normalen Kette würde man erwarten, dass dieser Impuls von der Kraft T_G in der Kette aufgebracht wird. Wie man den Gleichungen (1) und (2) entnimmt, hieße das im vorliegenden Fall: $h_2 = 0$. Die Kette würde sich also nicht über den Rand des Bechers erheben. Und da die Kette am anderen Ende durch den Boden zur Ruhe gebracht wird, geht man normalerweise davon aus, dass der Boden den entsprechenden Impuls aufbringt, womit $T_B = 0$ wäre. Ein Vergleich von Gleichung (1) und (3) führt dann zu dem Ergebnis, dass die Geschwindigkeit der Kette nur von der Höhendifferenz h_1 beider Haufen abhängt: $v = \sqrt{h_1 g}$.

Aus energetischer Sicht ergibt sich, dass pro Einheitslänge der Kette eine potenzielle Energie von $\lambda g h_1$ abgegeben wird, aber nur zu einer kinetischen Energie pro Einheitslänge von $\frac{1}{2} \lambda v^2 = \frac{1}{2} \lambda h_1 g$ führt. Die Hälfte der Energie geht also durch Dissipationsvorgänge verloren. Dieses Problem kennt man aber aus anderen Zusammenhängen (siehe z. B.: [3]).

Im Falle der Kettenfontäne, bei der $h_2 > 0$, folgt aber, dass $T_G < \lambda v^2$. Die Kraft in der Kette vermittelt also nicht den gesamten Impuls in der aufsteigenden Kette. Für den restlichen Teil ist eine aufwärts gerichtete Kraft T_R verantwortlich. Das ist die Kraft, die die Kettenelemente erfahren, wenn ihr hinterer Teil beim Aufsteigen mit dem Untergrund kollidiert. Der fehlende Impuls wird also vom Behälter aufgebracht. Insgesamt gilt somit: $T_G + T_R = \lambda v^2$.

Aus Dimensionsgründen sind alle Kräfte proportional zu λv^2, so dass

$$T_G = \alpha \lambda v^2 \text{ und } T_B = \beta \lambda v^2.$$

Aus den obigen Gleichungen folgen nunmehr

$$\frac{h_2}{h_1} = \frac{\alpha}{(1 - \alpha - \beta)}$$

und $v = \dfrac{h_1 g}{(1 - \alpha - \beta)}$.

Daraus ergibt sich für die Kugelkette, dass $h_2 \sim h_1$, was wir durch unsere Messergebnisse bestätigen können (Abbildung 6).

Das Verhältnis aus kinetischer und potenzieller Energie beträgt demnach:

$$\frac{E_{kin}}{E_{pot}} = \frac{v^2}{2 g h_1} = \frac{1}{2} \frac{1}{(1 - \alpha - \beta)}. \tag{4}$$

Den Fall der normalen Kette erhält man, wenn man $\alpha = \beta = 0$ setzt:

$$\frac{E_{kin}}{E_{pot}} = \frac{1}{2}.$$

Die Hälfte der potenziellen Energie wird während des Vorgangs dissipiert. Aus Gründen der Energieerhaltung kann das Verhältnis der Energien in Gl. (4) nicht größer als 1 werden. Daraus folgt $\alpha + \beta \leq \frac{1}{2}$. Die höchste Fontäne würde auftreten, wenn $\alpha = \frac{1}{2}$ und $\beta = 0$. Dann wäre $h_1 = h_2$ mit der Folge, dass überhaupt keine Energie dissipiert würde. Die Realität ist meist weit entfernt von diesem Ideal. Aus unseren Messergebnissen folgt beispielsweise $h_2 \approx 0{,}13\, h_1$.

Literatur

[1] S. Mould, Self siphoning beads; stevemould.com/siphoning-beads.
[2] C. Ucke, H. J. Schlichting, Spiel, Physik und Spaß. Physik zum Mitdenken und Mitmachen., Wiley-VCH, Weinheim 2011, S. 57ff.
[3] J. S. Biggins, M. Warner. Proc. R. Soc. A **2014**, *470*, 1; arxiv.org/pdf/1310.4056.pdf; Video: www.youtube.com/watch?v=-eEi7fO0_O0
[4] W. Suhr, H. J. Schlichting, MNU 2015, xyz
[5] Vollmer, Physik in unserer Zeit **2013**, *44* (1), 46
[6] A. Grewal et al., Am. J. Phys. **2011**, 79, 723.

Die genannten Videos sind herunterladbar (siehe Seite 2).

Manchmal hilft nur Trägheit

Was auf den ersten Blick wie ein simples Geduldsspiel erscheint, ist in Wirklichkeit ein raffiniertes physikalisches Spielzeug: die Kugelwippe. Was mit Geduld nur sehr schwer zu erreichen ist, gelingt mit einem physikalischen Trick.

Abb. 1 *Eine Kugelwippe, bei der die beiden Kugeln in die höher gelegenen Nischen befördert werden müssen.*

Einen richtigen Namen hat das Spielzeug nicht. In Deutschland ist es manchmal unter dem Namen Kugelwippe bekannt. Im englischsprachigen Raum wird es unter anderem Moses Cradle oder The Original 2 Balls Trick genannt. Das Spielzeug besteht in den meisten Ausführungen aus einem flachen Teilzylinder mit einer transparenten Abdeckung (Abbildung 1). Innen befinden sich zwei Kugeln, die normalerweise im Minimum der Kugelwippe liegen, meist durch eine kleine Barriere voneinander getrennt. An beiden Seiten der höchsten Stelle besitzt die Kugelwippe zwei kleine Mulden, in die – und das ist das Ziel des Spiels – die beiden Kugeln befördert werden sollen.

Da Magnete nicht erlaubt sind, kann das ziemlich schwierig werden, zumindest wenn man es mit Schütteln versucht. Denn sobald man sich nach gelungenem Einlochen der einen Kugel der anderen zuwendet, kullert die erste Kugel wieder aus ihrem Loch heraus, und das Spiel beginnt von vorn.

Besinnt man sich allerdings auf die physikalischen Möglichkeiten der Kugeln, so kommt man vielleicht auf die Idee, dass es auch extrem einfach gehen kann. Denn es genügt, die Wippe mit Daumen und Zeigefinger in schnelle Rotation um die senkrechte Achse zu versetzen. Die Kugeln begeben sich dann gewissermaßen freiwillig, sprich mit physikalischer Notwendigkeit, in Sekundenschnelle in die höhere Position. Daher rührt auch die Bezeichnung One Second Puzzle. Wie kommt es dazu?

Gehen wir zunächst von einer etwas einfacheren Vorrichtung aus, bei der der Boden der Wippe flach wäre. Man hätte es also mit einer Rinne zu tun, die man sich durch ein kurzes, beidseitig offenes Rohr realisiert denken kann. Platziert man nun eine Kugel etwa in die Mitte des Rohres und setzt dieses wie die Wippe um eine senkrechte Achse durch die Mitte in Drehung, so schießt die Kugel aus der einen oder anderen Öffnung des Rohres heraus. Läge die Kugel genau in der Drehachse, so würde sie dort auch während der Drehung liegen bleiben. Das ist aber eine labile Gleichgewichtslage, und weil sie praktisch immer ein wenig von der Mitte entfernt ist, wird sie durch die widerständige Rohrwand in Bewegung gesetzt. Aus Trägheit hat sie die Tendenz, sich geradlinig gleichförmig weiterzubewegen. Deshalb entfernt die Kugel sich immer weiter tangential von dem Kreis, auf dem sich die Stelle um das Drehzentrum be-

wegt, an der sie sich gerade befindet. Auf diese Weise gelangt sie immer weiter zu einer Öffnung des rotierenden Rohres und verlässt es schließlich mit einer erstaunlich hohen Geschwindigkeit.

In der Wippe sind die Verhältnisse ähnlich. In diesem Fall wird die spiralförmige Bewegung vom Drehzentrum weg aber zusätzlich dadurch erschwert, dass der Boden halbkreisförmig nach oben gekrümmt ist. Dadurch erfährt die Kugel durch die Gravitation eine Hangabtriebskraft, die ihrem Weg nach außen entgegenwirkt. Wenn die Drehgeschwindigkeit groß genug ist, schafft sie es trotzdem, so weit an der gekrümmten Wand der Mulde aufzusteigen, bis sie in der vorgesehenen Nische landet.

In der praktischen Ausführung sind die Kugeln in ihrer Ausgangsposition durch eine kleine Wand voneinander getrennt. Dadurch soll erreicht werden, dass jede Kugel in jeweils einer eigenen Nische eingelocht wird. Wenn man diese Wand entfernt, landen häufig beide Kugeln in derselben Mulde, was gegen die Spielregeln verstoßen würde.

Für weitergehende experimentelle Untersuchungen ist die Kugelwippe ungeeignet. Seit vielen Jahren wird jedoch von der physikalischen Lehrmittelindustrie unter der Bezeichnung Kugelschwebe ein Gerät angeboten, das der Kugelwippe weitgehend gleicht. Sie kann mit einem Motor auf verschiedene Winkelgeschwindigkeiten ω beschleunigt werden. Obwohl es nur zum Nachweis der Proportionalität zwischen Zentrifugalkraft und Masse vorgesehen ist, können mit ihr alle genannten Phänomene auch quantitativ untersucht werden.

Beim Experimentieren macht man die interessante Entdeckung, dass die Kugel bei kleinen Winkelgeschwindigkeiten zunächst keine Anstalten macht, ihre stabile Minimumlage zu verlassen. Erst wenn eine kritische Winkelgeschwindigkeit ω_c überschritten wird, beginnt sie plötzlich in dem einen oder anderen gekrümmten Schenkel der Kugelschwebe aufzusteigen und dort in einer dem jeweiligen ω entsprechenden Höhe zu verharren. Dies entspricht einem Gleichgewichtswinkel α_0 (Abbildung 2).

Mit zunehmender Winkelgeschwindigkeit nehmen Höhe und Auslenkungswinkel α_0 zu. Wir haben es hier also mit der merkwürdig erscheinenden Verhaltensweise zu tun, dass die Kugel durch langsame Erhöhung von ω zunächst überhaupt nicht reagiert und dann plötzlich ab einer kritischen Winkelgeschwindigkeit ω_c beginnt, an Höhe zu gewinnen und dort genauso stabil festsitzt wie im Zustand der Ruhe im Minimum der Mulde. Man kann sich rein anschaulich überlegen, dass ω_c umso kleiner ist, je flacher die Wippe, also je größer der Radius r der Wippe ist. Da die Kugel außerdem gegen die Schwerkraft anrollen muss, ist ω_c außerdem umso kleiner je kleiner die Erdbeschleunigung ist. Die Rechnung ergibt $\omega_c = \sqrt{g / r}$.

Beschreibung im mitbewegten System

Im Laborsystem bewegt sich die Kugel auf einer dreidimensionalen Bahn, deren quantitative Beschreibung sehr kompliziert ist. Man kann das Problem aber stark vereinfachen, indem man sich mit der rotierenden Wippe mitbewegt denkt. In diesem System wandert die Kugel nur noch an der runden Innenwand der Wippe auf oder ab und bleibt bei konstanter Geschwindigkeit auf einer bestimmten Höhe liegen (Abbildung 2).

In diesem Fall muss der Einfluss der Drehung durch eine Trägheitskraft, die Zentrifugalkraft $\boldsymbol{F}_Z$, berücksichtigt werden. Sie wirkt gemeinsam mit der Schwerkraft $\boldsymbol{F}_g$ so auf die Unterlage, dass durch sie eine elastische Reaktionskraft $\boldsymbol{F}_e$ provoziert wird und ein Kräftegleichgewicht entsteht: Die Kugel kommt infolgedessen in der entsprechenden Höhe an der gekrümmten Wand zur Ruhe. Diese durch die Entfernung x von der Drehachse oder den Auslenkungswinkel α

charakterisierte Lage ist lokal gesehen stabil. Mit einer mathematischen Analyse kommt man der Sache auf den Grund. Wir wollen an dieser Stelle lediglich das Ergebnis präsentieren, die Herleitung finden Sie in der Egänzung im Anschluss an dieses Kapitel.

Betrachtet man die potentielle Energie (Potential U) der Kugel als Funktion des Drehwinkels α, so fällt im Ruhezustand und bei kleinen Drehgeschwindigkeiten das Minimum der Wippe mit dem Minimum der potentiellen Energie zusammen (Abbildung 3). Da die Kugel stets diesem Potentialminimum zustrebt, verbleibt sie zunächst im Nullpunkt. Mit zunehmender Geschwindigkeit wird U jedoch wegen des wachsenden Einflusses der Trägheitskraft immer flacher. Bei der kritischen Winkelgeschwindigkeit $\omega_c = \sqrt{g / r}$ bilden sich plötzlich zwei lokale Minima aus, während das frühere Minimum zum lokalen Maximum wird. Bei weiterer Zunahme von ω werden die Minima von U immer ausgeprägter und wandern zu höheren Werten von α. Die Kugel wird nun - bildlich gesprochen - in eines der Minima „hineinrollen". Welche Seite sie wählt, bleibt dem Zufall überlassen. Der Verlagerung der Minima zu höheren Werten von α entspricht die zunehmende Höhe beziehungsweise Entfernung x der Ruhelage der Kugel (Abbildung 2).

Die Abhängigkeit des Ruhewinkels α_0 von der Winkelgeschwindigkeit ω (Abbildung 4) zeigt deutlich, wie durch eine kontinuierliche Erhöhung eines Kontrollparameters zunächst überhaupt keine Änderung des Ordnungsparameters auftritt. Erst bei einem kritischen Punkt wird plötzlich die Symmetrie des Systems gebrochen, und der Ordnungsparameter nimmt einen endlichen Wert an, der bei weiterer Erhöhung des Kontrollparameters weiter anwächst. Dies ist ein typisches Verhalten komplexer dynamischer Systeme, wie es in ganz ähnlicher Form bei Phasenübergängen in Vielteilchensystemen beobachtet wird.

Von der Wippe zum Perlenring

Physikalisch gesehen ist die Kugelwippe äquivalent mit einem kreisförmig gebogenen Draht, auf dem eine leicht be-

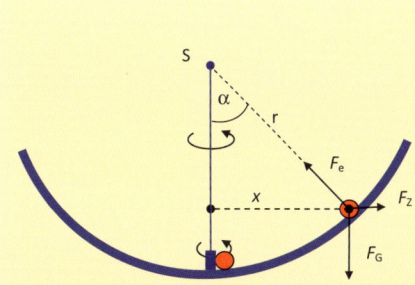

Abb. 2 *Schnitt durch die rotierende Wippe. Dynamisches Gleichgewicht zwischen den Kräften.*

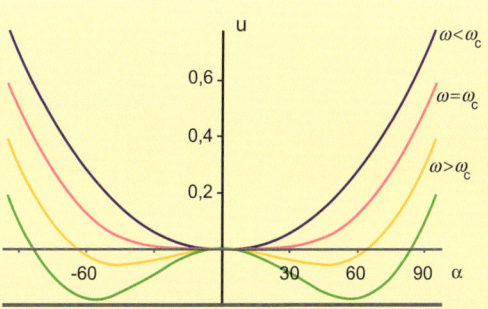

Abb. 3 *Effektives Potential U als Funktion der Auslenkung α für (von oben nach unten) zunehmende Drehgeschwindigkeiten. Bei der kritischen Drehgeschwindigkeit ω_c wird die Symmetrie gebrochen. Es entstehen zwei neue Minima.*

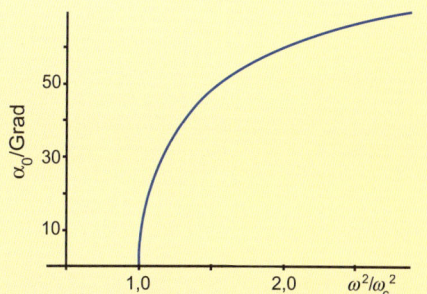

Abb. 4 *Der Gleichgewichtswinkel α_0 der Wippe als Funktion des Quadrats der Drehgeschwindigkeit ω^2 in Einheiten von ω_c^2 (nur die positive Lösung ist eingezeichnet).*

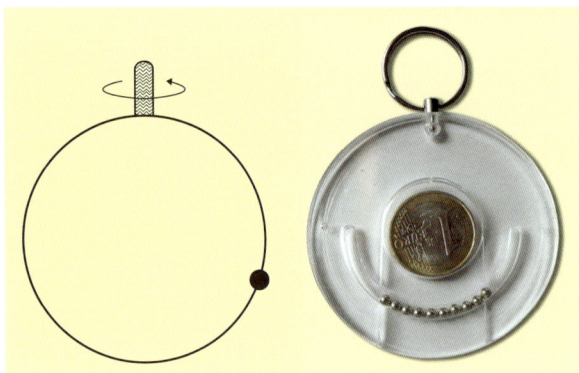

Abb. 5 *Perle am Ring (links), gefangene Münze (rechts).*

wegliche Perle aufgefädelt wurde (Abbildung 5 links). Bringt man die Drahtenden leichtläufig (Kugellager) in einem Griff unter, so lässt sich der Drahtring durch seitliches Anstoßen in Rotation versetzen. Die Perle zeigt dann mit noch größerer Deutlichkeit dieselben Verhaltensweisen wie die Kugel in der Wippe.

Bei einer anderen Konstruktion handelt es sich um ein Pendel mit einer starren Stange, die am oberen Ende mit einem Scharnier die Möglichkeit besitzt, einzuknicken. Bringt man dieses Pendel beispielsweise durch eine kleine Kurbel in Rotation, so zeigen sich auch hier in der seitlichen Auslenkung des Pendels dieselben Verhaltensweisen wie bei der Wippe.

Abb. 6 *Hohlkreisel mit Kugeln, links in Ruhe, rechts in Drehung.*

Eine sehr originelle Variante der Kugelwippe ist ein Schlüsselanhänger aus transparentem Kunststoff, in dem eine Euromünze sicher verwahrt wird (Abbildung 5 rechts). Wer die Münze herausholen möchte, tut sich schwer. Will man sie nämlich unter dem Einfluss der Schwerkraft aus dem unteren Schlitz herausbefördern, sind die ebenfalls der Schwere unterliegenden Kugeln schon da und versperren diesen Weg. Mit dem physikalischen Wissen der Kugelwippe kommen wir leicht weiter. Man fasst den Anhänger am Schlüsselring, lässt ihn frei hängen und versetzt mit der anderen Hand das Objekt in eine schnelle Drehung um die vertikale Achse. Die Kugeln bewegen sich trägheitsbedingt die Rinne hinauf und geben den Durchgang für die Münze frei, die dann auch herausfällt. Damit sich die Kugeln leicht bewegen können, gibt es darüber eine kleine Vertiefung, in der die Münze gehalten wird und während der Rotation nicht auf die Kugeln drückt. Wenn während der Rotation die Bahn frei ist, genügt ein kleiner seitlicher Stoß, um die Münze aus der Vertiefung heraus zu befördern, so dass sie frei aus dem Schlitz herausfallen kann.

Schließlich sei noch ein transparenter Kunststoffkreisel erwähnt, der bunte Kugeln enthält (Abbildung 6). Bringt man ihn in genügend schnelle Drehung, so bewegen sich die Kugeln nach einer anfänglichen Phase des Durcheinanders an der inneren Wand des Kreisels hoch und verharren für eine Weile in dieser Position. Anders als bei der Kugelwippe gelangen sie in keine Nische, sondern „hängen" gewissermaßen frei an der Wand. Genau genommen sind sie nicht ganz frei, sondern sie „kleben" auch noch unter der Decke, die sie daran hindert, der Geschwindigkeit entsprechend noch höher zu „klettern". Dadurch bleiben sie so lange in dieser Position, bis der Kreisel schließlich die kritische Winkelgeschwindigkeit unterschreitet, die zur „Fixierung" der Kugeln in dieser Höhe mindestens nötig ist. Dann rollen sie unter dem Einfluss der dann wieder dominierenden Schwerkraft in die Spitze des Kreisels zurück. Der Kreisel wird dadurch so gestört, dass er – selbst, wenn er ansonsten noch eine Weile durchgehalten hätte – kurz danach abstürzt und ausrollt. Man erkennt leicht, dass sich die Kugeln im Kreisel im Prinzip auf dieselbe Weise nach oben bewegen wie jene in der Kugelwippe.

ERGÄNZUNG ZUM ARTIKEL „MANCHMAL HILFT NUR TRÄGHEIT"

Quantitative Analyse der rotierenden Wippe

Wenn man davon ausgeht, dass die Kugel der Masse m reibungsfrei in einer kreisförmigen Wippe mit dem Radius r gleitet (Abbildung 2), dann wird die in tangentialer Richtung wirkende Kraft F, die die Kugel an der Wand der Wippe hochtreibt, betragsmäßig beschrieben durch:

$$F = m \cdot r \cdot \ddot{\alpha} = F_{gt} - F_{zt} \text{ mit } F_{gt} = F_g \sin\alpha, F_{zt} = F_z \cos\alpha,$$
$$F_g = mg \text{ und } F_z = m \cdot \omega^2 x$$

Dabei sind $\ddot{\alpha}$ die Winkelbeschleunigung, r der Muldenradius, m die Masse der Kugel, $g = 9{,}81$ m/s^2 die Erdbeschleunigung, ω die Winkelgeschwindigkeit der Wippe und $x = r \cdot \sin\alpha$ der Abstand der Kugel von der Drehachse. F_{gt} ist die Tangentialkomponente der Gewichtskraft F_g und F_{zt} ist die Tangentialkomponente der Zentrifugalkraft F_z.

Durch Einsetzung erhält man:

$$F = m \cdot r \cdot \ddot{\alpha} = mg \sin\alpha - m \cdot \omega^2 r \sin\alpha \cos\alpha. \tag{1}$$

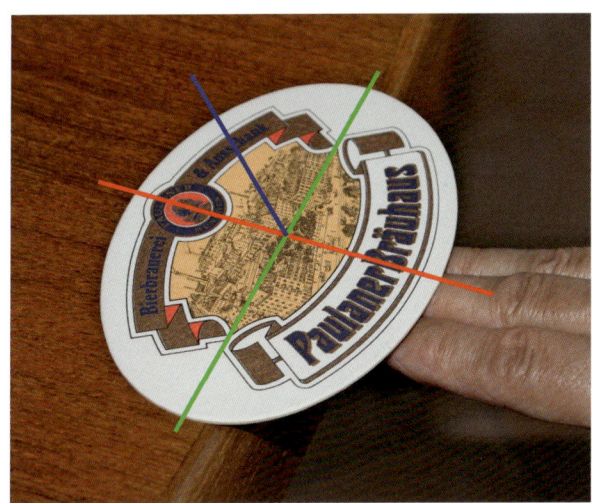

Abb. 5 *Hauptträgheitsachsen eines elliptischen Bierdeckels. Die Achse des kleinsten Trägheitsmoments ist grün markiert (von links unten nach rechts oben).*

Quadratische Bierdeckel haben ebenfalls zwei gleiche Hauptträgheitsmomente und verhalten sich bei Rotation wie kreisrunde. Elliptische, flache Bierdeckel besitzen drei unterschiedlich große Hauptträgheitsmomente, das größte in der Zylinderachse (blaue Linie, Abbildung 5). Die beiden dazu senkrechten Hauptträgheitsmomente sind kleiner. Die Achse des kleinsten Hauptträgheitsmoments fällt mit der großen Achse a der Ellipse zusammen. Stößt man einen solchen Bierdeckel senkrecht zu seiner Längsachse an, rotiert er stabil. Instabil ist er bei Rotation um die andere Achse. Das lässt sich mit elliptischen Bierdeckeln sofort praktisch demonstrieren. Vergleichbares gilt für rechteckige Bierdeckel. Leider sind elliptische und rechteckige Bierdeckel seltener.

Das Trägheitsmoment I des in Abbildung 5 gezeigten elliptischen Bierdeckels ($m = 0{,}0056$ kg) beträgt bei Drehung durch den Schwerpunkt und um die große Halbachse a (0,065 m) $I_a = 10^{-6}$ kgm²; bei Drehung um die kleine Halbachse b (0,046 m) ist $I_b = 2 \cdot 10^{-6}$ kgm²; bei Drehung um die Achse senkrecht zur Bierdeckelebene gilt $I_z = I_a + I_b = 3 \cdot 10^{-6}$ kgm². Die Trägheitsmomente sind also deutlich unterschiedlich, was sich in einer stabilen Rotation um die große Halbachse (kleinstes Trägheitsmoment) auswirkt.

Die englischen Wissenschaftler Ian Johnston und Hazel Lucas haben den Bierdeckelsalto in einem sehr unterhaltsam zu lesenden Artikel dargestellt und dabei ein besonderes Augenmerk auf die Konstruktion eines stabil rotierenden und außerdem noch gebrauchstüchtigen Bierdeckels gerichtet [3]. Herausgekommen ist ein rechteckiger Bierdeckel mit schmetterlingsähnlichen Seitenflügeln [4].

Blitzschnelle Reaktion

In der Realität werden die bis hier gemachten Vorgaben im Allgemeinen nicht eingehalten. Ein Bierdeckel liegt dann sicher auf einer Tischkante, wenn sich der Schwerpunkt noch gerade auf dem Tisch befindet. Um schmerzhaften Erfah-

rungen mit dem Tischrand zu entgehen, berühren die Finger den Bierdeckel relativ nahe am Rand, jedenfalls meist nicht an einer Stelle, die dem kritischen Abstand a_{krit} aus der Theorie entspricht. Darüber hinaus berühren die Finger beim Hochschnellen den Rand des Bierdeckels, bis er soweit gedreht ist, dass die Finger abgleiten. Es handelt sich also nicht um einen kurzen Stoß, wie in der Theorie behandelt. Dennoch gibt die Theorie Näherungswerte.

Aus Videos lässt sich entnehmen, dass eine halbe Drehung des Bierdeckels (180°) etwa 90 ms nach Beginn der Berührung passiert ist, eine ganze Drehung (360°) nach etwa 180 ms. Die schnellsten Reaktionszeiten beim Menschen, etwa bei startenden 100-m-Läufern, liegen bei 100 ms, beim Reagieren auf einen unerwartet auftauchenden Reiz etwa bei 200 ms. Das Auffangen eines Bierdeckels nach einer 180°-Drehung (90 ms) geht relativ einfach. Mit der Reaktionszeit von eher normalen Menschen ist das nicht zu erklären. Hier taucht der Reiz aber auch nicht unerwartet auf, sondern man weiß schon, was ablaufen wird. Etwas schwieriger ist das Auffangen bei einem kompletten Salto (360°). Da muss ein bewusster und damit zeitraubender Denkvorgang stattfinden, wann das Zugreifen stattfindet. Noch deutlicher wird das bei einem anderthalbfachen (540°) oder zweifachen Salto (720°).

Das Video Bierdeckelsalto2_180°_420fps.avi zeigt drei übereinander geklebte, quadratische Bierdeckel ($m_{gesamt} = 15{,}4$ g) mit einer Kantenlänge von 9 cm. Eine halbe Drehung (180°) ist nach 86 ms ($\omega = 36{,}5$ s⁻¹) erreicht (Abbildung 6). Die Fingerspitze hat im Moment der Bierdeckelberührung eine Geschwindigkeit von $v_P = 2{,}8$ m/s. Diese Geschwindigkeit bleibt nach Berührung des Bierdeckels bis kurz nach dem Loslösen gleich. Der Stoß findet nicht im kritischen Punkt, sondern weiter zum Rand hin statt.

Der Schwerpunkt des Bierdeckels (rote Markierung) hat bis zum Abheben des aufliegenden Randes (da lösen sich zugleich die Finger vom Bierdeckel) eine Geschwindigkeit von $v_S = 1{,}6$ m/s, danach im freien Flug etwa $v_S = 1{,}4$ m/s. Im weiteren Verlauf nimmt die Geschwindigkeit bis zum Kulminationspunkt natürlich ab.

Das Video Bierdeckelsalto3_360°_420fps.avi zeigt, wie derselbe Bierdeckel eine volle Drehung (360°) nach 167 ms ($\omega = 37{,}6$ s⁻¹) erreicht (Abbildung 7). Die Finger-

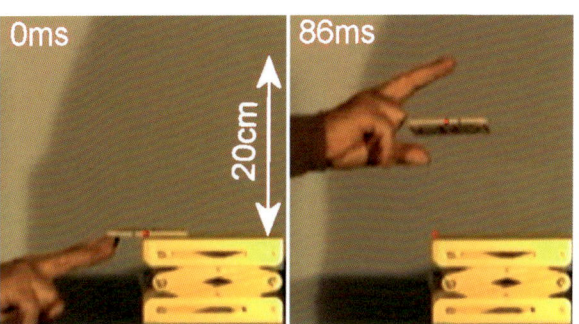

Abb. 6 *Auffangen eines Bierdeckeltrios nach einem halben Salto (180°).*

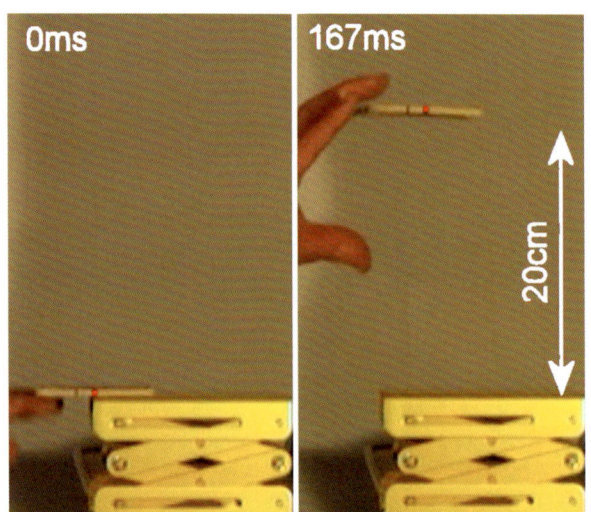

Abb. 7 *Auffangen eines Bierdeckeltrios nach einem ganzen Salto (360°).*

spitze hat hier eine höhere Geschwindigkeit von $v = 3,6$ m/s. Der Schwerpunkt des Bierdeckels (rote Markierung) hat bis zum Abheben des Randes (da lösen sich auch ungefähr die Finger vom Bierdeckel) eine Geschwindigkeit von $v_S = 2,1$ m/s, danach im freien Flug etwa $v_S = 1,8$ m/s. Trotz höherer Fingerspitzengeschwindigkeit ist die Winkelgeschwindigkeit kaum größer als im vorgehenden Fall.

Eine besondere Herausforderung besteht darin, mehrere übereinander gelegte, aber nicht zusammengeklebte Bierdeckel nach einem halben Salto wieder aufzufangen. Geordnet übereinander gelegt sieht das aus wie ein Zylinder oder ein Quader. Unsere Theorie gilt für diesen Fall explizit nicht. Beim Hochstoßen eines solchen Blocks verschieben sich die Bierdeckel meist noch gegeneinander. Das Guinness-Buch der Rekorde verzeichnet, dass auf diese Weise 112 übereinander gelegte Bierdeckel aufgefangen wurden [5]. Bei einer Dicke eines einzelnen Bierdeckels von 1,5 mm ist das ein Turm von etwa 17 cm. Das ist selbst mit einer großen Hand nur äußerst knapp zu halten.

Danksagung
Wir danken Prof. Michael Vollmer (FH Brandenburg) und Dr. Karl Dressler (TU München) für Mithilfe und Diskussion.

Literatur
[1] R. Sputh, Verfahren zur Herstellung von Holzfilzplatten oder Holzfilzdeckeln, Kaiserliches Patentamt, Patentschrift Nr. 68499, 1892.
[2] www.design-simulation.com/ip/index.php.
[3] I. Johnston, H. Lucas, Smash, Grab and Touchdown: A Measure of Flippancy, Oxford 2003; motivate.maths.org/conferences/conf56/flipmats.pdf.
[4] news.bbc.co.uk/2/hi/science/nature/3235091.stm.
[5] www.guinnessworldrecords.com/world-records/most-beer-mats-flipped.

Die Videos Bierdeckelsalto1_420fps., Bierdeckelsalto2_180°_420fps. und Bierdeckelsalto3_360°_420fps. sind herunterladbar (siehe Seite 2).

ERGÄNZUNG ZUM ARTIKEL „BIERDECKELSALTO"

Theorie zum Bierdeckelsalto

Betrachten wir zunächst das vergleichbare System in Abbildung 1: Auf einen Stab, der im Drehgelenk A ruhend aufgehängt ist, wirkt ein kurzer horizontaler Stoß. Während des Stoßes übt das Lager die Kraft A_x auf den Stab aus. Das Vorzeichen von A_x wird erst in Gleichung (4) bestimmt.

Das zweite Newtonsche Axiom $F(t) = \dot{p}(t)$ führt nach einer Integration über die Zeit auf

$$\hat{F} := \int_0^t F(t')\,\mathrm{d}t' = \int_0^t \dot{p}(t')\,\mathrm{d}t' = p(t) - p(0) \qquad (0)$$

Demnach ist das Zeitintegral $\hat{F}$ der Kraft – „Kraftstoß" oder „Stoßkraft" genannt – gleich der Impulsänderung.

Nach Abbildung 1 liefert die Zeitintegration des Schwerpunktsatzes:

$$\int_0^T \left[F(t) + A_x(t) \right]\mathrm{d}t = \hat{F} + \hat{A}_x = m\,v_S \qquad (1)$$

mit v_S = Schwerpunktgeschwindigkeit direkt nach dem Schlag

T = Stoßdauer

In gleicher Weise liefert die Zeitintegration des Drehimpulssatzes:

$$I_S\,\omega = (a-s) \int_0^T F(t)\,\mathrm{d}t - s \int_0^T A_x(t)\,\mathrm{d}t$$

$$I_S\,\omega = (a-s)\,\hat{F} - s\,\hat{A}_x \underset{\substack{\uparrow \\ \text{Gl. (1)}}}{=} a\,\hat{F} - s\,m\,v_S \qquad (2)$$

mit ω_S = Winkelgeschwindigkeit des Stabes unmittelbar nach dem Kraftstoß

I_S = Trägheitsmoment des Stabes für Drehungen um den Schwerpunkt

Zusammen mit der kinematischen Beziehung

$$v_S = s\,\omega \qquad (3)$$

haben wir drei Gleichungen für die drei Unbekannten v_S, ω, $\hat{A}_x$. Mit dem Steinerschen Satz folgt:

$$\hat{A}_x = m\,v_S\left(1 - \frac{I_S}{m\,a\,s} - \frac{s}{a}\right) \underset{\substack{\uparrow \\ I_A = I_S + m\,s^2}}{=} m\,v_S\left(1 - \frac{I_A}{m\,a\,s}\right) \quad (4)$$

Folglich ist die Lagerkraft A_x genau dann Null, wenn

$$a = \frac{I_A}{m\,s} =: a_{krit} \tag{5}$$

Der Angriffspunkt des Kraftstoßes $\hat{F}$, für den die Lagerkraft A_x verschwindet, heißt im Maschinenbau „Stoßmittelpunkt". Wird ein drehbar gelagerter Körper in diesem Punkt geschlagen, so treten im Lager A keine zusätzlichen Kräfte auf. Beim Hammer und beim Tennisschläger werden die Griffe so geformt, dass beim Schlagen möglichst geringe Stoßkräfte in der Hand auftreten. Lager in Maschinen werden so konstruiert, dass Stöße keine Lagerreaktionen verursachen. Wenn der Stab in Abbildung 1 frei pendelt, so ist die Länge a_{krit} die reduzierte Pendellänge.

Für $a > a_{krit}$ bzw. $a < a_{krit}$ ist $A_x > 0$ bzw., $A_x < 0$, d. h. das Lager in Abbildung 1 übt eine Kraft nach rechts bzw. nach links auf den hängenden Stab aus.

Wir kommen nun auf den dünnen Bierdeckel an der Tischkante zurück. Da der Tisch in Punkt A (siehe Abbildung 1) nur eine Kraft nach oben ausüben kann, folgt aus den vorangehenden Rechnungen mit $s = l/2$ sofort:

Für $a < a_{krit} = \dfrac{2 I_A}{m\,l}$ hebt der Bierdeckel sofort vollständig von der Tischplatte ab.

Für $a > a_{krit} = \dfrac{2 I_A}{m\,l}$ bleibt der linke Rand des Deckels anfangs noch auf dem Tisch liegen.

Für einen quadratischen Bierdeckel mit Seitenlänge l (rechteckig mit der kurzen Kantenlänge l senkrecht zur Tischkante) bzw. einen runden Bierdeckel mit Radius $R = l/2$ bzw. einem elliptischen Bierdeckel mit der kurzen Halbachse b (kleine Halbachse senkrecht zur Tischkante) folgt aus Gl. (5):

$$a_{krit}^{Quader} = \frac{\frac{1}{12}m l^2 + m\left(\frac{l}{2}\right)^2}{m\frac{l}{2}} = \frac{2}{3}l$$

$$a_{krit}^{Kreis} = \frac{\frac{1}{4}m R^2 + m R^2}{m R} = \frac{5}{4}R = \frac{5}{4}b \tag{6a/b}$$

Anmerkung: Das Trägheitsmoment eines quadratischen Quaders mit der Masse m, der Kantenlänge l und der Höhe b bezüglich einer Drehung durch den Schwerpunkt und einer Achse parallel zu einer Kante beträgt

$I_{Quad} = \frac{1}{12}m(l^2 + b^2)$. Wenn $b \ll l$ (flacher, quadratischer Bierdeckel) ergibt sich $I_{Quad} = \frac{1}{12}m l^2$.

Das Trägheitsmoment eines elliptischen Zylinders mit der Masse m, den Halbachsen a und b und der Höhe b bezüglich einer Drehung durch den Schwerpunkt und um die Halbachse a beträgt $I_{eZyl} = \frac{1}{12}m(3b^2 + b^2)$.

Wenn $b \ll b$ (flacher, elliptischer Bierdeckel) ergibt sich $I_{eZyl} = \frac{1}{4}m b^2$. Für einen kreisförmigen Zylinder wird b durch den Radius R ersetzt.

Wir untersuchen nur den einfacheren Fall $a < a_{krit}$, bei dem der *Bierdeckel sofort vollständig vom Tisch abhebt* und der Schwerpunkt S des Bierdeckels senkrecht hoch fliegt. Es gelten die Gleichungen (1) und (2) mit $A_x = 0$ und $s = R$ bzw. $s = l/2$:

$$\hat{F} = m\,v_S \tag{7}$$

$$I_S\,\omega = \left(a - \frac{l}{2}\right)\hat{F} \underset{\substack{\uparrow \\ \text{Gl. (7)}}}{=} \left(a - \frac{l}{2}\right)m\,v_S \tag{8}$$

Gl. (3) gilt nicht mehr.

Der Angriffspunkt P der Kraft F hat direkt nach dem Stoß die Geschwindigkeit

$$v_P = v_S + \omega\left(a - \frac{l}{2}\right) = v_S\left[1 + \left(a - \frac{l}{2}\right)^2\frac{m}{I_S}\right] \tag{9}$$

Da der Bierdeckel sehr leicht ist, ist diese Geschwindigkeit gleich der Geschwindigkeit der Finger vor dem Stoß.

Aus Formel (8) und (9) lässt sich die Winkelgeschwindigkeit für $a \le a_{krit}$ ableiten; sie erreicht ihr Maximum für $a = a_{krit}$.

$$\omega = v_P\left(a - \frac{l}{2}\right) \Big/ \left[\frac{I_S}{m} + \left(a - \frac{l}{2}\right)^2\right] \tag{10}$$

Mit den Werten aus Formel 6a, b ergibt sich für $a = a_{krit}$

$$v_S^{Quadr.} = \frac{3}{4}v_P \quad \text{und} \quad v_S^{Kreis} = \frac{4}{5}v_P \tag{11a, b}$$

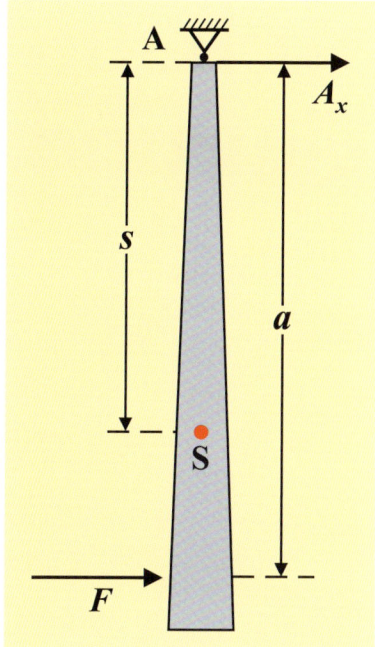

Abb. 1 *Ein kurzer Kraftstoß wirkt auf den hängenden Stab. Das Lager A übt während des Stoßes auf den Stab die horizontale Kraft A_x aus.*

Stehaufmännchen, Kolumbus-Eier und ein Gömböc

Ein Stehaufmännchen richtet sich von selbst immer wieder auf. Einmal angestoßen, wackelt es als Rollpendel einige Male hin und her. Es gibt zahlreiche Abwandlungen dieses Spielzeugs – teils mit sehr überraschender Wirkung.

Abb. 1 *Klassische Stehauffigur nach Faraday. Rot markiert das schwere Gewicht (aus [1]).*

Stehaufmännchen sind für Kleinkinder faszinierend. Man kann sie umstoßen, sie bleiben aber nicht liegen. Und sie wackeln hin und her. Faraday verwendete eine derartige Figur (Abbildung 1) in seinen berühmten Vorlesungen für die Jugend [1]. Klar beschreibt er den üblichen Aufbau: Ein schweres Gewicht zieht im unteren Bereich der kugelförmigen Unterseite den Schwerpunkt der Gesamtfigur so weit nach unten, dass er beim Seitwärtsneigen nach oben bewegt wird und nach dem Loslassen wieder seine tiefste Lage einzunehmen versucht.

Die Bezeichnung Stehaufmännchen ist nur im Deutschen geläufig. Sie wird in der Umgangssprache als ein Synonym für Menschen verwendet, die nach einem gesellschaftlichen, wirtschaftlichen oder auch gesundheitlichen Abstieg immer wieder nach oben kommen. Im Englischen heißt es roly-poly-toy, tumbler, wobbly man oder gar roundbottomed doll. Daraus geht deutlicher die Bewegung oder der Aufbau hervor.

Der Ursprung von Stehauffiguren lässt sich nicht eindeutig ausmachen. Unter der kürzeren Bezeichnung „stehauf" wurden schon vor zweihundert Jahren Stehauffiguren im Sinn von Stehaufmännchen verstanden. Unter demselben Namen gab es jedoch schon davor und gibt es noch heute Stehaufgläser, auch Tummler (Taumler) genannt. Diese becherartigen Trinkgefäße hatten einen konvexen, verdickten und damit schweren Glasboden und richteten sich - ohne Inhalt - nach einer Seitwärtskippung wieder auf.

Analyse der Bewegung einer Stehauffigur

Physikalisch gesehen, liegt bei einem Stehaufmännchen der Schwerpunkt unter dem Krümmungsmittelpunkt der unteren, konvex gekrümmten Fläche. Einmal angestoßen wackelt ein Stehaufmännchen hin und her. In der Mechanik spricht man von Schwingungen eines Rollpendels.

Um die Schwingungen eines Stehaufmännchens genauer zu untersuchen, haben wir eine geeignet geformte Geruchsseife [2] benutzt. Dieses Objekt aus Edelstahl in Eiform ist leicht erhältlich, hat eine halbkugelförmige Unterseite und verfügt darüber hinaus sogar noch über hygienisch-ästhetische Aspekte (Abbildung 2). Im Inneren

ist unten eine Masse von 75 g aus Gusseisen eingepresst. Viele Spielzeug-Stehaufmännchen haben keine kugelförmige Unterseite und sind auch nicht immer leicht verfügbar. Eine andere Stehauffigur mit einer kugelförmigen Unterseite stellt der Stehaufkreisel dar. Stehaufkreisel sind jedoch meist relativ klein und deswegen als Stehauffigur weniger attraktiv und schwieriger handhabbar.

Bei kleinen Auslenkwinkeln hat die Geruchsseife eine Schwingungsdauer von $T = 0,83$ s, bei großen Winkeln (70°) ist $T = 0,91$ s. Das weist auf ein nichtlineares Verhalten hin, wie es sich auch aus der Differentialgleichung für ein Rollpendel ergibt (siehe „Bewegungsgleichung eines Rollpendels", S. 192). Die Schwingungsdauer ist umso größer, je kleiner der Abstand zwischen Schwerpunkt S und Krümmungsmittelpunkt M ist. Bei manchen Stehauffiguren kann man das durch Umschichten unterschiedlich auflegbarer Scheiben erreichen. Im Fall der Geruchsseife befestigt man einfach oben an der Spitze etwas Knetgummi oder Ähnliches.

Studierende der Ingenieurwissenschaften, Physik oder Mathematik müssen sich manchmal zu Übungszwecken mit der Berechnung einiger Varianten von Stehaufmännchen befassen [3, 4] (Abbildung 3). Das ist allerdings hauptsächlich angewandte Mathematik. Der spielerische Aspekt geht dabei verloren. Die homogene Figur in Abbildung 3 richtet sich übrigens nicht mehr auf, wenn man sie bis auf den Kegelmantel zur Seite kippt. Die – inhomogene – Geruchsseife aus Abbildung 2 richtet sich hingegen aus jeder Position wieder auf.

Das Ei des Kolumbus

Eine Anekdote besagt, dass Kolumbus bei einem Gastmahl beim Kardinal Mendoza im Jahre 1493 ein Ei dadurch auf einem Ende zum Stehen gebracht habe, dass er es mit Kraft aufschlug und dabei teilweise zerbrach. In einer Erzählung von Vasari wird berichtet, dass der italienische Baumeister Filippi Brunelleschi schon mehr als fünfzig Jahre vorher das gleiche Kunststück vollbracht habe, als er seine Konstruktion der Kuppel des Doms zu Florenz demonstrierte. Eine andere Quelle beschreibt sogar eine noch viel frühere, orientalische Version dieser Vorführung [5]. Was auch immer stimmt, unsere Geruchseife ist von der Form her ein Ei und steht auf einem Ende. Natürlich deswegen, weil die Massenverteilung im Inneren inhomogen ist.

Eine noch etwas raffiniertere Form vom Ei des Kolumbus war vor mehreren Jahren unter dem Namen Trickei (Abbildung 4) als Spielzeug erhältlich. Es ist aus Plastik und lässt sich tatsächlich auf das spitze Ende stellen. Allerdings nur für eine gewisse Zeit, denn ohne Vorwarnung fällt es plötzlich doch um. Die Kunst besteht darin, das Ei anschließend erneut auf das spitze Ende zu stellen. Das gelingt nur, wenn man die innere Struktur des Eis erahnt oder kennt. Es enthält nämlich eine unsymmetrische Sanduhr. Hält man das Ei lange genug so herum gedreht, dass der ganze Sand in den symmetrischen Teil fließen kann (Abbildung 4a), gelingt es danach, das Ei für eine kurze Zeit auf das leicht abgeflachte spitze Ende zu stellen (Abbildung 4b). So herum stehend rieselt allerdings wieder Sand in den unsymmetrischen Teil. Der Schwerpunkt wandert damit zum Rand der Auflagefläche. In Abbildung 4c befindet sich der Schwerpunkt schließlich nicht mehr über der Fläche. Das Ei kippt daher.

Derartige Überraschungsfiguren sind schon lange als Zaubertrick beliebt [6]. Zwar nicht in Eiform, aber im Inneren ähnlich aufgebaut, ist zur Zeit ein Hypnosepüppchen erhältlich [7].

In einem Zauberbuch aus dem Jahr 1702 [8] ist eine Methode beschrieben, wie man ein normales Ei nach einer etwas ominösen Behandlung und ohne es zu zerbrechen, auf die Spitze stellen kann: Man nehme ein Ei, schüttele es eine Viertelstunde lang, bis dessen Dotter „zerschellet wird." Danach stelle man es auf einen glatten Tisch auf die Spitze und wiege es mit der Hand seicht hin und her, bis es von selbst steht. Experimentell ließ sich das eindrucksvoll bestätigen.

Es erscheint uns gänzlich unplausibel, dass sich das Innere des Eies durch das Schütteln in einer Weise verändert, dass der Schwerpunkt unter den Krümmungsradius der Spitze zu liegen kommt. Der Schwerpunkt kann sich höchstens etwas verschieben, wenn das Dotter aus seiner Halterung gelöst wird. Eine mögliche Erklärung könnte darin bestehen, dass die Oberfläche von Eiern nicht wirklich glatt ist, sondern Unregelmäßigkeiten aufweist, die letztlich eine kleine, ebene Fläche bilden, oberhalb derer der Schwerpunkt des Eies bei genügend Geduld positioniert werden kann.

Das Gömböc

Die Geruchseife in Eiform hat genau eine stabile Lage an dem flachen Ende des Eies und eine labile Position auf der Spitze. Das ist wegen der besonderen inhomogenen Massenverteilung möglich. Ein normales Ei – homogene Massenverteilung im Inneren und Rotationssymmetrie vorausgesetzt – hat zwei labile Gleichgewichtslagen und längs des „Äquators" unendlich viele Punkte, auf denen es liegen bleibt (indifferentes Gleichgewicht). Der homogene Stehaufkegel in Abbildung 3 hat eine stabile und eine labile Position und ebenfalls unendlich viele indifferente Positionen, wenn er auf dem Kegelmantel liegt.

Die beiden ungarischen Mathematiker Gábor Domokos und Péter Várkonyi haben sich gefragt, ob es einen konvexen, dreidimensionalen Körper mit homogener Massenver-

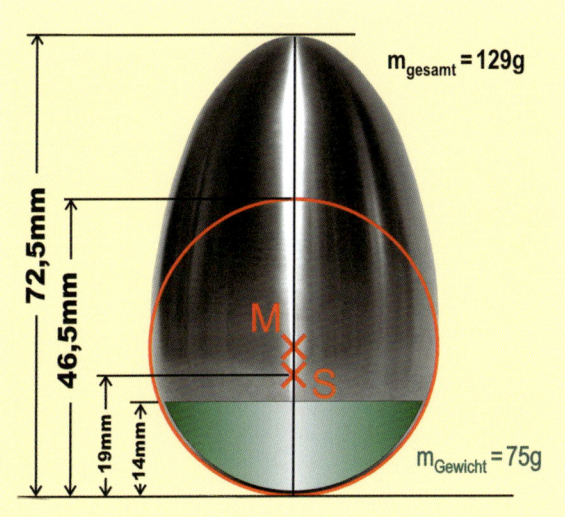

Abb. 2 *Die Geruchseife von WMF als Stehauffigur. M ist der Mittelpunkt der unteren Halbkugel; S der Schwerpunkt der Gesamtfigur.*

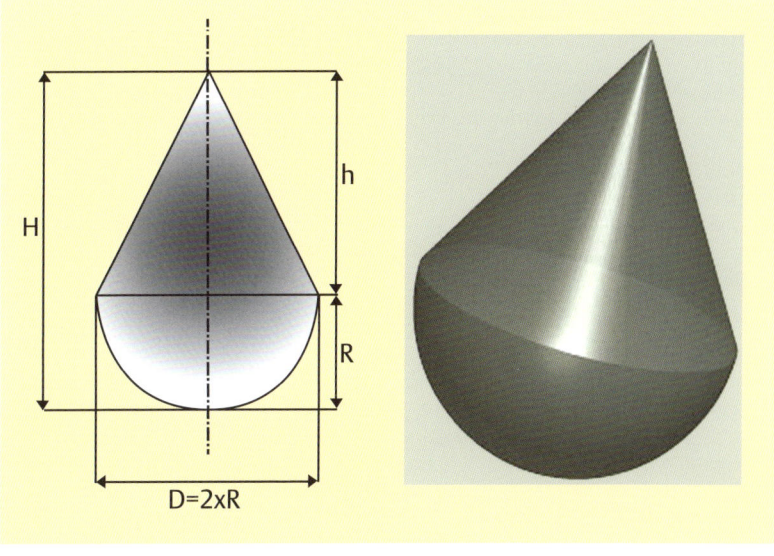

Abb. 3 *Berechnung eines homogenen Stehaufmännchens in Form einer Halbkugel mit aufgesetztem Kegel [3].*

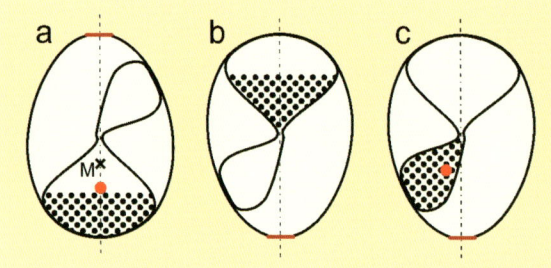

Abb. 4 *Das Trickei mit unsymmetrischer Sanduhr im Inneren. Der rote Punkt markiert den Schwerpunkt S, die rote Linie ist die abgeflachte Auflagefläche, M der Mittelpunkt des kugelförmigen, breiteren Eiendes.*

Abb. 5 *Das Gömböc weist eine gewisse Ähnlichkeit mit einem Faustkeil auf und hat etwa die Form des Panzers einer indischen Sternschildkröte.*

teilung und genau einer stabilen und einer labilen Gleichgewichtsposition gibt. Angeregt wurden sie dazu schon 1995 durch den russischen Mathematiker Arnold. Die Frage führte im Jahre 2006 im Ergebnis zum Gömböc, was auf ungarisch Dickerchen oder Knödel bedeutet. Es handelt sich um einen konvexen Körper mit homogener Massenverteilung, im Aussehen einem Faustkeil ähnlich. Das Gebilde richtet sich aus jeder Lage nur aufgrund seiner Form mit scheinbar unregelmäßigen Rollbewegungen bis zu seinem stabilen Endzustand auf [9]. Das Modell in Abbildung 5 ist aus Aluminium und hat bei einem Durchmesser von etwa 9 cm eine Masse von 1 kg. Die Fertigung muss dabei auf mindestens 0,1 mm genau erfolgen.

Interessanterweise gibt es ein Vorbild in der Natur, nämlich eine indische Sternschildkröte. Fällt sie auf ihren Rücken, dreht sie sich ähnlich wie ein Gömböc wieder auf ihre Füße – ihre eigentlich stabile und natürliche Lage.

Eigenbau

Eine Stehauffigur lässt sich mit geringem Aufwand leicht herstellen. Man benötigt nur eine hohle Halbkugel aus Plastik (Bastelgeschäft) und füllt sie mit einer Masse wie Plastilin oder Gips. Gegebenenfalls setzt man noch schwerere Teile unten in die Halbkugel dazu. Der Schwerpunkt bei einer homogenen Halbkugel liegt in einem Abstand $z_s = 3/8 \cdot R$ vom Mittelpunkt der Kugel. Auf die Halbkugel kann man eine Figur aus leichterem Material aufsetzen und hat dann schon eine Stehauffigur (Abbildung 6). Man muss lediglich aufpassen, den Schwerpunkt der Gesamtfigur nicht zu nahe an oder gar über den Mittelpunkt der Halbkugel zu führen.

Ein Trickei zu bauen, erfordert etwas mehr Aufwand und Geduld. An der Spitze eines transparenten Acryleis (Bastelgeschäft) schleife man eine ebene Fläche mit einem Durchmesser von etwa einem Zentimeter ab. Das leere Ei muss senkrecht auf dieser Fläche stehen können. Im Acrylei befestige man im Inneren eine Sanduhr schief, so dass das Ei auf der Spitze steht, wenn der Sand sich gerade im oberen Teil befindet. Dieser Teil ist kritisch und erfordert Fingerspitzengefühl. Wir haben für eine vorläufige Befestigung Tesafilm verwendet, da man damit nachjustieren kann (Abbildung 7). Empfehlenswert sind Sanduhren mit eher kurzer Laufzeit (30 s bis 60 s). Am Ende kann man das Acrylei übermalen, um den Trick zu verstecken.

BEWEGUNGSGLEICHUNG EINES ROLLPENDELS

Wir betrachten einen auf einer horizontalen Ebene befindlichen Zylinder oder eine Kugel, deren Mittelpunkt und Schwerpunkt sich nur in einer Ebene bewegen. Der Schwerpunkt S liegt im Abstand a vom Mittelpunkt M der Kugel mit dem Radius R (Abbildung). Wird die Kugel um den Winkel φ ausgelenkt, so rollt sie hin und her.

Bezeichnet man mit I_S das Trägheitsmoment der Kugel um die Schwerpunktsachse und mit m die Masse, dann lautet die exakte Bewegungsgleichung

$$[I_S + m(a^2 + R^2 - 2aR\cos\varphi)]\ddot{\varphi} + maR\sin\varphi \cdot \dot{\varphi}^2 + mga\sin\varphi = 0.$$

Da diese Differenzialgleichung analytisch nicht lösbar ist, muss sie numerisch mit Programmen wie Mathematica oder Matlab berechnet werden. Für kleine Winkel φ ergibt sich die Näherung

$$[I_S + m(R - a)^2]\ddot{\varphi} + mga\varphi = 0.$$

Daraus folgt die Schwingungsdauer T für kleine Winkel φ

$$T = 2\pi\sqrt{\frac{I_S + m(R - a)^2}{mga}}.$$

Die komplette Herleitung der obigen Differenzialgleichung und die Ermittlung des Trägheitsmoments der Geruchseife ($I_S = 456\ \text{gcm}^2$) findet sich in der Ergänzung im Anhang.

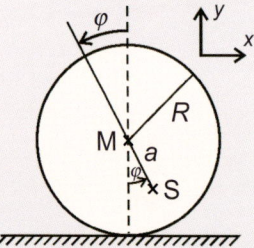

Die wichtigen Größen des Rollpendels

Abb. 6 *Selbstbau Stehauffigur.*

Abb. 7 *Selbstbau eines Trickeies.*

[3] bit.ly/RGLUy8.
[4] matheplanet.com, Stichwort Stehaufmännchen.
[5] de.wikipedia.org/wiki/Ei_des_Kolumbus.
[6] G. Dussler, Spiel und Spielzeug im Physikunterricht, Frankfurt a. M. 1933.
[7] http://www.hund-hersbruck.de/web_neu/phys_test/.
[8] S. Witgeest, Natürliches Zauber-Buch, Nürnberg 1702, einsehbar auf books.google.de.
[9] http://gomboc-shop.com/.

Literatur und Weblinks

[1] M. Faraday, Course of six lectures of the various forces of matter and their relations to each other, London 1860; tinyurl.com/d73msnm, in Deutsch: Die verschiedenen Kräfte der Materie und ihre Beziehungen zu einander. Sechs Vorlesungen für die Jugend, übersetzt von H. Schröder, Robert Oppenheim, Berlin 1872.
[2] www.wmf.de/shop/#q%3Dgeruchseife.

Mit folgenden Stichwörtern findet man Webseiten und bei YouTube Videos zum Thema: Stehaufmännchen, Stehauffigur, roly-poly toy, wobbly man, Trickei, Ei des Kolumbus, Gömböc.

ERGÄNZUNG ZUM ARTIKEL „STEHAUFMÄNNCHEN, KOLUMBUS-EIER UND EIN GÖMBÖC"

Bewegungsgleichung eines Rollpendels

Die folgende Herleitung stellte uns freundlicherweise Prof. Friedhelm Kuypers von der Hochschule Regensburg zur Verfügung. Sie ist aufgrund der Benutzung des Lagrange-Formalismus sehr kurz. Eine längere Herleitung ohne diesen Formalismus findet sich in dem Buch „Klassische Mechanik" von Walter Greiner.

Gegeben sei auf einer horizontalen Ebene ein Zylinder bzw. eine Kugel, deren Mittelpunkt und Schwerpunkt sich nur in einer Ebene bewegen (siehe Abbildung 1). Der Schwerpunkt S liegt im Abstand a vom Mittelpunkt M der Kugel mit dem Radius R. Wird die Kugel um den Winkel φ ausgelenkt, rollt sie hin und her.

Für die Koordinaten des Schwerpunkts gilt:

$x_S = -R\varphi + a\sin\varphi$ und $y_S = -a\cos\varphi$ bzw.

$\dot{x}_S = -R\dot\varphi + a\dot\varphi\cos\varphi = \dot\varphi\,(-R + a\cos\varphi)$ und $\dot{y}_S = -\dot\varphi a\sin\varphi$

Die kinetische Energie ergibt sich als Summe aus Rotationsenergie (I_S = Trägheitsmoment der Kugel um die Schwerpunktsachse) und Translationsenergie (m = Masse der Kugel)

$$T = \frac{I_S}{2}\dot\varphi^2 + \frac{m}{2}$$
$$\left(a^2\dot\varphi^2 - 2aR\dot\varphi^2\cos\varphi + R^2\dot\varphi^2\right) =$$
$$\left[I_S + m\left(a^2 + R^2 - 2aR\cos\varphi\right)\right]\frac{\dot\varphi^2}{2}$$

Die potentielle Energie ist

$V = -mga\cos\varphi$

mit der Erdbeschleunigung g

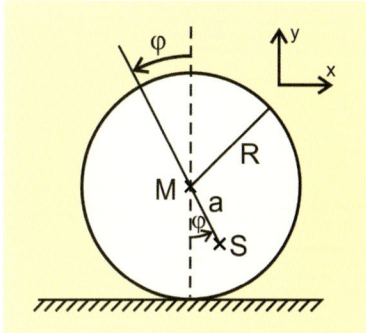

Abb. 1 *Geometrische Größen der Kugel.*

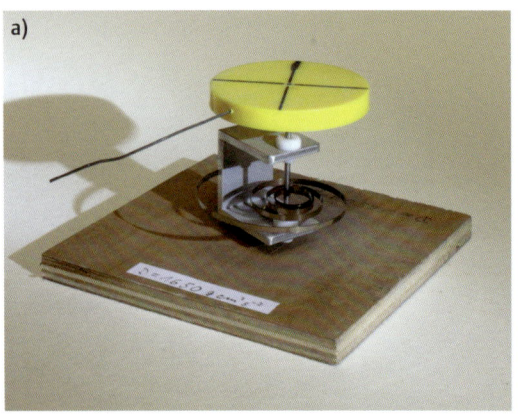  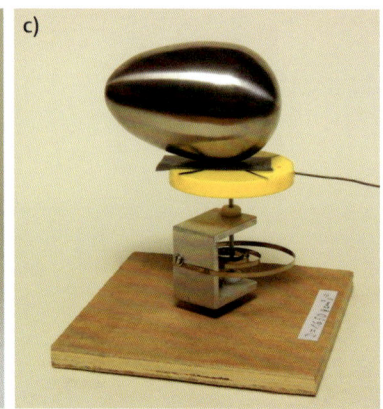

Abb. 2 *Drehteller mit Drillfeder.*

Damit ergibt sich die Lagrange-Funktion zu

$$L = T - V = \left[I_S + m\left(a^2 + R^2 - 2aR\cos\varphi\right) \right]\frac{\dot\varphi^2}{2} + mga\cos\varphi$$

Die Bewegungsgleichung folgt aus

$$\frac{\mathrm{d}}{\mathrm{d}t}\frac{\partial L}{\partial \dot\varphi} - \frac{\partial L}{\partial \varphi} = 0$$

Es ist

$$\frac{\partial L}{\partial \dot\varphi} = \left[I_S + m\left(a^2 + R^2 - 2aR\cos\varphi\right) \right]\dot\varphi$$

und

$$\frac{\mathrm{d}}{\mathrm{d}t}\frac{\partial L}{\partial \dot\varphi} = \left[I_S + m\left(a^2 + R^2 - 2aR\cos\varphi\right) \right]\ddot\varphi + 2aRm\sin\varphi\cdot\dot\varphi^2$$

und

$$\frac{\partial L}{\partial \varphi} = maR\sin\varphi\cdot\dot\varphi^2 mga\sin\varphi$$

Damit lautet die exakte Bewegungsgleichung

$$\left[I_S + m\left(a^2 + R^2 - 2aR\cos\varphi\right) \right]\ddot\varphi + maR\sin\varphi\cdot\dot\varphi^2 + mga\sin\varphi = 0$$

Eine explizite Lösung existiert nicht. Numerisch lässt sich diese Differenzialgleichung mittels Programmen wie Mathematica, Matlab o. ä. berechnen.

Für kleine Winkel φ ergibt sich die Näherung

$$\left[I_S + m(R-a)^2 \right]\ddot\varphi + mga\varphi = 0$$

Daraus folgt für die Schwingungsdauer T für kleine Winkel φ

$$T = 2\pi\sqrt{\frac{I_S + m(R-a)^2}{mga}}$$

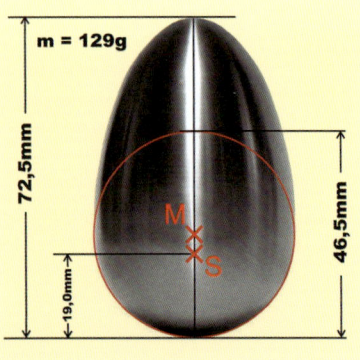

Abb. 3 *Maße der Geruchsseife.*

Ermittlung des Trägheitsmomentes und der Schwingungsdauer der Geruchsseife

Vorhanden ein kleiner Drehteller mit Drillfeder (Abbildung 2a).

Bestimmung dessen Winkelrichtgröße D des Drehtellers mit der Formel

$$T_0 = 2\pi\sqrt{\frac{I_0}{D}}$$

I_0 = Trägheitsmoment Drehteller; $T_0 = 0{,}8$ s (Abbildung 2b).

$$T_1 = 2\pi\sqrt{\frac{I_0 + I_1}{D}}$$

I_1 = Trägheitsmoment bekannter Körper, z. B. Quader bezüglich Achse durch die Mitte

Daraus folgt mit $I_1 = \dfrac{ma^2}{6}$ Trägheitsmoment gleichseitiger Quader

($m = 20{,}9$ g; $a = 3{,}98$ cm; $T_1 = 1{,}4$ s)

$$D = \frac{4\pi^2 I_1}{T_1^2 - T_0^2} = \frac{4\pi^2}{T_1^2 - T_0^2}\cdot\frac{ma^2}{6} =$$

$$\frac{4\pi^2}{1{,}4^2\mathrm{s}^2 - 0{,}8^2\mathrm{s}^2}\cdot\frac{20{,}9\ \mathrm{g}\cdot 3{,}98^2\ \mathrm{cm}^2}{6} = 1650\ \mathrm{gcm}^2\mathrm{s}^{-2}$$

und

$$I_0 = \frac{T_0^2}{4\pi^2}D = 27\ \mathrm{gcm}^2$$

Die Geruchsseife wird mit dem Schwerpunkt zentriert auf die Achse des Drehtellers positioniert (Abbildung 2c und 3).

Aus

$$T_G = 2\pi\sqrt{\frac{I_0 + I_G}{D}}\ \text{ folgt mit } T_G = 3{,}4\,\mathrm{s}$$

$$I_G = \frac{T_G^2}{4\pi^2}D - I_0 = \frac{3{,}4^2\mathrm{s}^2\cdot 1650\ \mathrm{gcm}^2\mathrm{s}^2}{4\pi^2} - 27\ \mathrm{gcm}^2 =$$

$$483\ \mathrm{gcm}^2 - 27\ \mathrm{gcm}^2 = 456\ \mathrm{gcm}^2$$

Für die Schwingungsdauer T eines Objektes auf einer horizontalen Ebene gilt für kleine Winkel

$$T_{\text{theor}} = 2\pi \sqrt{\frac{I_G + m_G(R-a)^2}{m_G \cdot g \cdot a}} =$$

$$2\pi \sqrt{\frac{456\,\text{gcm}^2 + 129\,\text{g}(2,325\,\text{cm} - 0,425\,\text{cm})^2}{129\,\text{g} \cdot 1000\,\text{cms}^{-2} \cdot 0,425\,\text{cm}}} = 0,815\,\text{s}$$

Gemessen wurde aus einem Video $T_{\text{exp}} = 0,83$ s, d.h. im Rahmen üblicher Messunsicherheiten eine sehr gute Übereinstimmung.

Bei einem Winkel von 70° ergibt die Berechnung mit der exakten Differenzialgleichung mit Mathematica $T_{\text{theor}} = 0,94$ s.

Experimentell ergibt sich $T_{\text{exp}} = 0,91$ s.

Die Nichtlinearität eines solchen Rollpendels ist größer als bei einem Fadenpendel! (Rollpendel $T_{70°}/T_{1°} = 1,15$; Fadenpendel $T_{70°}/T_{1°} = 1,10$).

Das unermüdliche Maxwell-Rad

Sisyphus musste bekanntlich einen Stein mühsam bergauf bewegen, der dann immer wieder hinunter rollte. Das bekannte Maxwellsche Rad bereitet vielen Physikstudenten in intellektueller Hinsicht ähnliche Mühe. Es gibt jedoch kreative und unterhaltsame Variationen dieses Klassikers.

Das Maxwellsche Rad ist Studierenden und Schülern als klassischer Physikversuch zur Demonstration der mechanischen Energieerhaltung weithin vertraut – beileibe nicht immer Freude und Anregung stiftend. Nach unseren Recherchen hat es der berühmte Physiker James Clerk Maxwell, nach dem es benannt ist, nicht selbst entwickelt.

Ein Maxwellsches Rad ist mit seiner horizontalen Achse vom Radius r an zwei vertikalen Fäden so aufgehängt, dass diese sich bei Drehung des Rades um die Achse auf- oder abwickeln. Bringt man das Rad durch Aufwickeln der Fäden in die höchste Lage (maximale potentielle Energie) und lässt es dort los, so bewegt es sich unter dem Einfluss der Schwerkraft immer schneller rotierend mit konstanter Beschleunigung nach unten. Unten angekommen (maximale Rotationsenergie), dreht es sich aus Trägheit weiter, die Fäden wickeln sich unter Umkehrung des „Wicklungssinns" auf, und das Rad bewegt sich wieder nach oben. Es erreicht aber nicht mehr die Ausgangshöhe, weil mechanische Energie verlorengegangen ist. Die Bewegung kommt deswegen meist nach 30 bis 50 Ab- und Aufwärtsbewegungen zur Ruhe. Bei dem Modell in Abbildung 1 vermindert sich bei jeder Ab- und Aufwärtsbewegung die mechanische Energie um etwa 8 %.

Beim unteren Umkehrpunkt dreht sich unter Beibehaltung der Rotationsrichtung des Rades die Bewegungsrichtung in einer sehr kurzen Zeitspanne um. Das verursacht einen Ruck nach unten, das heißt, die Spannung des Aufhängefadens wird plötzlich vergrößert. Er kann deswegen sogar reißen.

In der bekannten Form als schweres Metallrad ist es mittlerweile auch als Designobjekt oder Office Toy günstig erhältlich. Statt des physikalisch-technisch optimierten Rades sind auch andere Drehkörper denkbar. In Abbildung 2 ist beispielsweise ein ästhetisch ansprechender Papagei dargestellt. Das lädt auch zu kreativen Eigenkonstruktionen ein. Ein gewisses Problem besteht bei solchen unsymmetrischen Figuren darin, den Schwerpunkt exakt mittig in die Drehachse zu positionieren.

Eine ganz andere Herangehensweise an die Auf-und-Ab-bewegung eines Rades kommt in dem vor mehreren Jahren erhältlichen Sisyphos-Rad zum Ausdruck. Der Name spricht für sich. Durch einen Plastikdrehkörper läuft zentral eine dünne, magnetisierbare, verchromte Achse hindurch, auf der in der Mitte innerhalb der Plastikschale ein starker Magnet sitzt. Zwei etwa 55 cm lange, verchromte Eisenstangen sind so auf einer Plattform befestigt, dass der Abstand unten etwas größer ist als die Länge der Drehachse. Nach oben hin nimmt der Abstand der Stangen leicht ab (Abbildung 3a).

Setzt man das Drehrad oben an der einen oder anderen Seite der Stangen symmetrisch an, so rotiert es langsam beginnend und dann immer schneller werdend an den Stangen hinunter. Je nachdem auf welcher Seite der Stangen das Drehrad angesetzt wird, ergibt sich eine Links- oder Rechtsdrehung des Rades. Die infolge der Magnetisierung bedingte Anziehung der Achse durch die Stangen sorgt dafür, dass es auch ohne Aufwicklung eines Fadens um die Achse zu keiner Fallbewegung kommt, sondern eine Drehung resultiert. Wird beim Herabrollen des Drehrades der Abstand der Stangen schließlich größer als die Länge der Drehachse, läuft das Rad zwischen den Stangen durch und gelangt auf die andere Seite. Unter Beibehaltung des Rotationssinnes bleibt dem nunmehr mit maximaler Drehgeschwindigkeit rotierenden Rad nichts anderes übrig, als auf dieser Seite anzusteigen (ein Video „Maxwellrad_30fps" ist herunterladbar (siehe Seite 2).

Dieser Richtungswechsel entspricht im Prinzip genau dem an den Fäden des klassischen Maxwell-Rades bewirkten Übergang von der Abwicklung zur Aufwicklung. Auch der Impuls nach unten bei dem Umkehrvorgang ist entsprechend vorhanden. Ein Unterschied besteht darin, dass

Abb. 1 *Maxwellsches Fallrad als Designobjekt; Gesamthöhe 32 cm. Rechts im aufgewickelten Zustand in fast maximaler Höhe.*

die Reibung der magnetisierten Achse des Drehkörpers an den Stangen von der Stärke der Magnetisierung abhängen kann. Im vorhandenen Modell wurde die Magnetisierung mit der Masse des Drehkörpers so abgestimmt, dass der Drehkörper bei dem unteren Umkehrvorgang gerade nicht herunterfällt.

Ein Nachteil ist die bei diesem Modell vorhandene Achse mit konstantem Durchmesser. Setzt man den Drehkörper nicht ganz symmetrisch zu den Stangen an, läuft er schief hinunter, kann dabei mit dem Plastikteil die Stangen selbst berühren und sogar zum Stillstand kommen (siehe Video Sisyphosrad1_25fps).

Bei der in Abbildung 3b gezeigten Konstruktion ist die Achse des Drehkörpers ebenfalls magnetisiert, allerdings besitzen die Achsenenden hier eine konische Form. Die Stangen sind wie im vorigen Fall leicht winkelig angeordnet; ihr Abstand ist unten etwas größer als die Länge der Drehachse.

Der Vorteil dieser Konstruktion besteht darin, dass sich der Drehkörper beim Hinunterrollen durch einen interessanten Regelvorgang von selbst stabilisiert (siehe Video Sisyphosrad2_25fps). Befindet sich nämlich der Drehkörper nicht genau in der Mitte zwischen den Stangen, dreht sich das Rad an der näheren Stange auf einem größeren Radius der Achse als auf der anderen Seite. Dann läuft die Achse an der Stange wegen des größeren Radius aber schneller hinunter (oder hinauf) und damit wieder zur Mitte zwischen den Stangen. Eine ähnliche, konische Konstruktion weisen übrigens Eisenbahnräder auf, die sich dadurch auf den – in dem Fall natürlich parallel laufenden – Schienen immer mittig stabilisieren.

Eine weitere Besonderheit besteht darin, dass der Drehkörper schnell startet, da zu Beginn der Durchmesser der Achse groß ist. Beim Hinunterrollen wird der Radius klei-

ner. Die Abwärtsbeschleunigung des Schwerpunkts des Drehkörpers nimmt deswegen hier im Vergleich zu einer Achse mit konstantem Durchmesser beim Hinunterrollen ab. Ein unmittelbarer quantitativer Vergleich mit dem klassischen Maxwell-Rad ist deswegen schwierig, weil die Drehachse keinen konstanten Durchmesser aufweist und die Stangen einen kleinen Winkel miteinander bilden.

Alle bisher beschriebenen Variationen haben den Nachteil, dass die Auf-und-Abbewegung nach einiger Zeit aufgrund von Reibungsverlusten zu Ende geht. Schon lange gibt es ein Spielzeug namens Zauberrad (auch unter anderen Handelsnamen oder englisch Rail Twirler), bei dem das durch menschliche Kraft ausgeglichen wird. Auf verchromten Eisenstangen befindet sich ein Drehkörper mit einer magnetischen Achse, deren Enden häufig auch konisch ausgebildet sind (Abbildung 4). Durch geschicktes Bewegen des Spielzeugs kann man die Reibungsverluste kompensieren und ein längeres Auf-und-Ab oder Hin-und-Her des Drehkörpers erzielen. Fortgeschrittene Modelle verfügen über kleine Lichtquellen im Drehkörper, die eine zusätzliche visuelle Attraktion erzeugen.

Jojos ähneln einem Maxwellschen Rad. Bei ihnen wird durch menschliche Aktivität eine andauernde Auf-und-Abbewegung eines Drehkörpers bewirkt. Das ist jedoch ein eigenes Thema.

Das Maxwellsche Rad quantitativ

Am prinzipiellen Aufbau eines Maxwellschen Rades, bestehend aus einer dünnen Achse, einem zylindrischen Rotati-

Abb. 2 *Ein Papagei als Maxwellsches Rad* (Bild: J. Becker)**.**

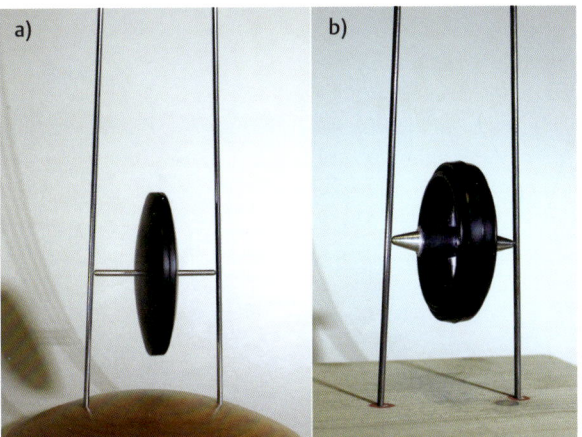

Abb. 3 *Zwei Sisyphos-Räder mit magnetischer Achse a) und konischen Achsenenden.*

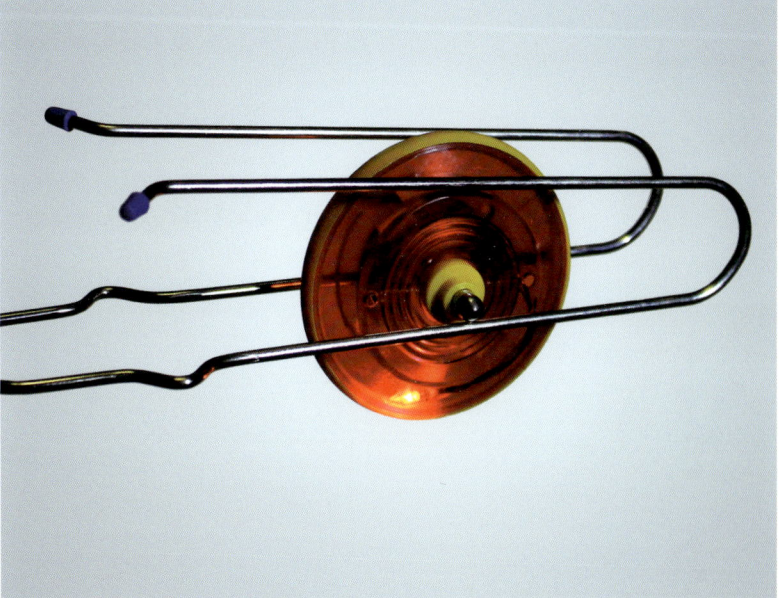

Abb. 4 *Beim sogenannten Zauberrad kann man die Bewegungsumkehr aufgrund der Verbreiterung des Stangenabstands sehr gut beobachten.*

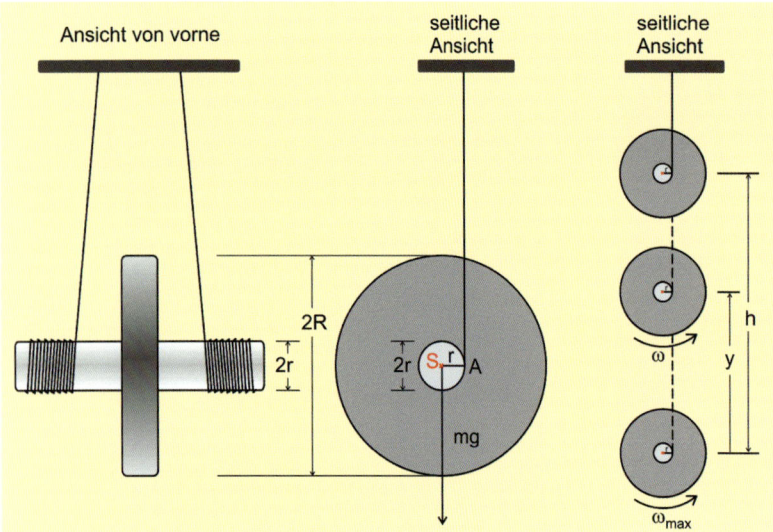

seitliche Ansicht

seitliche Ansicht

Abb. 5 *Abmessungen des Maxwellschen Rades.*

onskörper und aufgehängt an einem dünnen Faden, lassen sich einige quantitative Zusammenhänge verdeutlichen. In Abbildung 5 ist aus Gründen der Übersichtlichkeit der Durchmesser der Achse sehr groß dargestellt. Ist der Achsdurchmesser klein gegen den Durchmesser des eigentlichen Rades ($r \ll R$), befindet sich der Schwerpunkt S hinreichend genau senkrecht unter dem Aufhängepunkt.

Die Gesamtenergie eines Maxwellschen Rades setzt sich aus potentieller und kinetischer Energie zusammen. Energieverluste aller Art werden im Folgenden vernachlässigt. Wird der Nullpunkt der potentiellen Energie auf den Koordinatenursprungspunkt beim unteren Umkehrpunkt bezogen, hat das Rad beim oberen Startpunkt die potentielle Energie $U = mgh$. Beim Abrollen addiert sich zur momentanen, potentiellen Energie $U = mgy$ die translatorische kinetische Energie $E_k = \frac{1}{2}\,mv^2$ und die Rotationsenergie des Rades $E_r = \frac{1}{2}I_S\omega^2$

$$E = mgy + \frac{mv^2}{2} + \frac{I_S\omega^2}{2} = mgh \qquad (1)$$

mit Gesamtmasse m, Geschwindigkeit v, I_S als Trägheitsmoment bezüglich Schwerpunkt S, Winkelgeschwindigkeit ω und Erdbeschleunigung $g = 10$ m/s²

Mit der Beziehung $v = \omega \cdot r$ ergibt sich aus Formel (1) nach einigen Umformungen für die Geschwindigkeit v des abwärts rollenden Rades

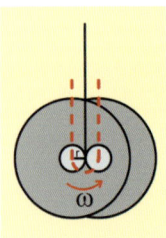

Abb. 6 *Das Maxwellsche Rad im Umkehrpunkt.*

$$v = \sqrt{\frac{2g(h-y)}{1+\dfrac{I_S}{mr^2}}} = \sqrt{2\,\frac{g}{k}(h-y)} = \sqrt{2a(h-y)} \qquad (2)$$

mit $k = 1 + I_S/mr^2 = 1 + R^2/2r^2$ und $I_S = \frac{1}{2}\,mR^2$.

Die Beschleunigung des Rades $a = g/k$ ist folglich kleiner als die Erdbeschleunigung g, da $k > 1$.

Mit der anfänglichen Annahme $r \ll R$ ergibt sich

$$a = \frac{g}{k} = \frac{g}{1+\dfrac{R^2}{2r^2}} \approx g\,\frac{2r^2}{R^2}. \qquad (3)$$

Die Beschleunigung ist also konstant beim Hinunterrollen, unabhängig von der Masse beziehungsweise dem Trägheitsmoment des Rades und umso kleiner, je mehr sich die Radien von Drehachse und Rad unterscheiden. Sehr empfindlich hängt sie vom Radius der Drehachse ab. Hier muss eventuell die Dicke des Aufhängefadens berücksichtigt werden [2].

Das in Abbildung 1 gezeigte Rad hat eine Masse von $m = 310$ g; der Durchmesser der Achse beträgt 7 mm, der Durchmesser des zylinderförmigen Rades 60 mm. Damit ergibt sich etwa $a = 0{,}27$ m/s², also erheblich weniger als die Erdbeschleunigung g. Bei Berücksichtigung einer Fadendicke von 0,9 mm ergibt sich $a = 0{,}35$ m/s². Bei einer Höhendifferenz von $h = 21$ cm beträgt die Geschwindigkeit beim unteren Umkehrpunkt etwa $v = 33$ cm/s. Diese berechneten Werte konnten durch eine Videoanalyse im Rahmen der Messunsicherheit bestätigt werden (siehe Zusatzmaterial).

Kommt das Maxwellsche Rad zum unteren Umkehrpunkt, bewegt sich der Schwerpunkt in einer kurzen Zeit Δt auf einem Halbkreis um den Befestigungspunkt des Aufhängefadens an der Achse (gestrichelte rote Linie in Abbildung 6). Die Schwerpunktgeschwindigkeit v verändert ihre Richtung um 180° ($= \pi$), es gibt also eine Impulsänderung der Größe $2mv$. Das verursacht eine zusätzliche, kurzzeitig wirkende Kraft F auf den Faden

$$F = \frac{2mv}{\Delta t} = \frac{2mv\cdot\omega}{\pi} = \frac{2mv^2}{\pi\cdot r} \quad mit \quad \Delta t = \frac{\pi}{\omega}.$$

Mit dem Ergebnis aus Formel (2) und da hier außerdem mit $x = 0$ sowie $r \ll R$ folgt:

$$F = \frac{2m}{\pi\cdot r}\cdot\frac{2gh}{(1+\dfrac{I_S}{mr^2})} \approx \frac{4mgh\cdot mr^2}{\pi\cdot r\cdot(mr^2+0{,}5mR^2)} \approx \frac{8mghr}{\pi R^2}.$$

Diese zusätzliche Kraft ist umso kleiner, je kleiner der Radius der Drehachse ist, allerdings auch umso größer, je länger die Strecke zum Hinunterlaufen ist.

Für das in Abbildung 1 gezeigte Rad ergibt sich bei einer Höhendifferenz von $h = 21$ cm etwa eine Kraft von $F = 6$ N. Verglichen mit dem Gewicht des Rades von 3,1 N bedeutet das insgesamt etwa eine Verdreifachung der Fadenspannung durch den Ruck. Das kann bei zu dünnen Fäden zum Abreißen führen.

Literatur

[1] J. Groth. et al., Math.-Nat. Unterricht **1984**, 37, 142.
[2] B. Pecori et al., Phys. Teach. **1998**, 36, 362.

Die Videos sind herunterladbar (siehe Seite 2).

Quantitative Überlegungen zum Maxwellschen Rad

Das Drehrad aus Abb. 1 (S. 76) hat folgende Abmessungen.

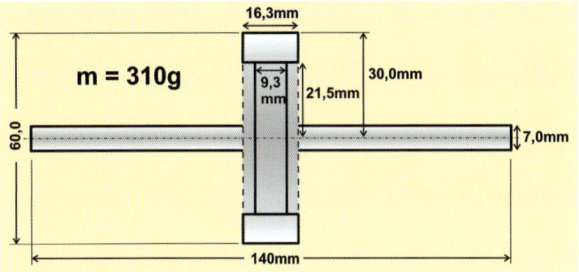

Abb. 1 *Abmessungen des Drehrades.*

Damit ergeben sich für das Trägheitsmoment bezüglich der Drehachse durch den Schwerpunkt $I = 1397$ gcm^2 und für das Trägheitsmoment bezüglich der Drehachse durch den Rand der Drehachse $I_A = 1435$ gcm^2. Die Trägheitsmomente bezüglich Schwerpunkt und Aufhängepunkt unterscheiden sich um 2,7 %, also tatsächlich nur sehr wenig.

Das Trägheitsmoment wird teilweise bei den vereinfachten Formeln gar nicht benötigt. Man kann damit jedoch die Größenordnung der Vereinfachungen berechnen. Die Beschleunigung gemäß Formel (3) ergibt sich zu $a = 0{,}27$ m/s^2.

Die Fadendicke beträgt 0,9 mm. Rechnet man die Hälfte davon zum Radius der Drehachse dazu, ergibt sich gemäß Formel (3) eine Beschleunigung von $a = 0{,}35$ m/s^2.

Aus dem Video Maxwellrad_30fps (herunterladbar, siehe Seite 2) wurde mit Hilfe des frei zugänglichen Auswerteprogrammes Viana (www.viananet.de) folgendes Diagramm ermittelt:

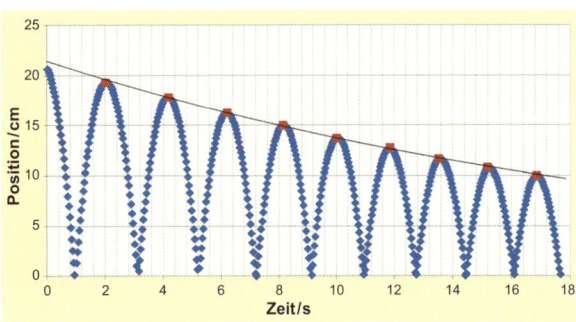

Abb. 2 *Position des Schwerpunkts y in Abhängigkeit von der Zeit.*

Hieraus lässt sich die Abnahme der mechanischen Energie nach jeder Schwingung zu 8 % ermitteln. Die Maxima der Kurve (rote Punkte) nehmen entsprechend einer Exponentialfunktion ab:

$$A(t) = 21{,}4 \cdot e^{-0{,}045t} \qquad R^2 = 0{,}9985$$

Differenziert man die Kurven der Abbildung der Position des Schwerpunkts nach der Zeit, erhält man folgendes Diagramm:

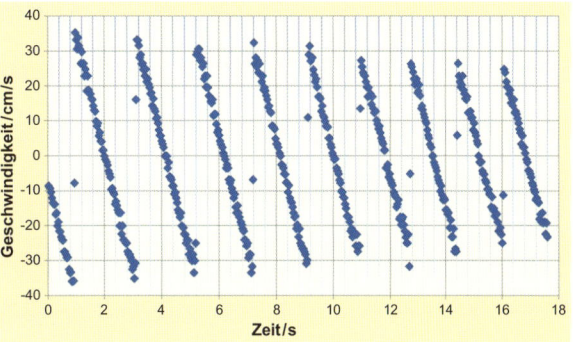

Abb. 3 *Geschwindigkeit des Schwerpunkts in Abhängigkeit von der Zeit.*

Aus dieser Grafik lässt sich entnehmen, dass die Maximalgeschwindigkeit des Schwerpunkts bei einer Fallhöhe von 21 cm etwa 37 cm/s beträgt. Die Rechnung mit Formel (2) ergibt 33,3 cm/s.

Die scheinbar isolierten Punkte zwischen den Geraden sind keine Messfehler, sondern stellen Messpunkte zwischen der Abwärts- und Aufwärtsbewegung im unteren Umkehrpunkt dar.

Die Geraden sind alle parallel zueinander. Das bedeutet, die Beschleunigung bei der Ab- und Aufwärtsbewegung ist immer gleich groß. Ihr Wert folgt aus der Steigung der Geraden und ergibt sich zu $a = 0{,}336$ m/s^2 (aus Regressionsgerade). Das stimmt befriedigend mit dem berechneten Wert von $a = 0{,}35$ m/s^2 überein.

Das Video wurde mit 30 Bildern pro Sekunde aufgenommen. Das kann heutzutage fast jede Digitalkamera. Man erkennt, dass das Drehrad nicht nur hinunter und wieder hinauf rollt, sondern dass zusätzliche Schwingungen des gesamten Drehrads auftreten. Diese Schwingungen sind bei diesem einfachen Modell kaum zu vermeiden, da das manuelle Starten des Drehrads aus der oberen Position praktisch nicht ohne Störeffekte machbar ist. Außerdem entsteht bei dem unteren Umkehrpunkt eine prinzipiell nicht vermeidbare Schaukelbewegung. Unter diesen Umständen erscheinen die Werte der quantitativen Auswertung und der Vergleich mit den Berechnungen ganz befriedigend. Es zeigt sich, dass das einfache Maxwellrad mit allgemein zugänglichen Hilfsmitteln interessante Experimentalphysik ermöglicht.

Der Dreh der Schnurrer und Schwirrer

Durch rhythmisches Ziehen an den beiden Enden der verdrillten Schnur kann ein zuvor aufgefädelter großer Knopf in eine auf- und abschwellende Drehung versetzt werden. Ein solcher Schnurrer ist schnell gebaut, die physikalische Beschreibung seiner Funktionsweise ist jedoch sehr komplex.

Abb. 2 *Knochenschnurrer (engl. buzz bone) fanden bereits im Mittelalter als Kinderspielzeug große Verbreitung* (aus [2]).

Wer hat nicht schon einmal in der einen oder anderen Form ein Spielzeug in Händen gehabt, das unter verschiedenen Namen wie Schnurrer, Schwirrer, Brummer oder Brummknopf seit sehr langer Zeit bekannt ist. Schon im antiken Griechenland war er als Zauberkreisel (auch Rhymbion genannt) bekannt (Abbildung 1). Größere Verbreitung fand der Schnurrer im Mittelalter. Davon zeugen archäologische Funde durchbohrter Schafs- oder Schweineknochen, die seinerzeit als rotierender Bestandteil dienten [2]. In der Mitte einer Schnurschlaufe angebracht, wurde der Knochen anfangs so geschwungen, dass sich die Fäden dabei zu einer Wendel aufdrehten (Abbildung 2). Beim Strammziehen der Fäden drehte sich der Knochen dann mit einem schnurrenden Geräusch in die entgegengesetzte Richtung. Hatte er nach dem Abwickeln noch genügend Schwung und wurde die Zugkraft nun vermindert, verdrillten sich die Fäden daraufhin in Gegenrichtung. Wenn das Strammziehen und Nachlassen in geeignetem Rhythmus erfolgte, ließ sich der Schnurrer somit fortdauernd (mit wechselnder Drehrichtung) in Gang halten.

Der Knochen wurde in späterer Zeit durch verschiedene andere geeignete Gegenstände ersetzt, wobei große Knöpfe besonders beliebt waren (Abbildung 3). Da sie leicht zu beschaffen waren, ohne Unwucht rotierten und bereits Löcher enthielten, mussten sie nur noch auf eine Schlaufe aufgefädelt werden, schon war das Spielzeug fertig.

In der heutigen Zeit hat der Schnurrer kaum an Attraktivität verloren und ist in den verschiedensten Varianten erhältlich. Dabei finden neben Papp- und Plastikscheiben viele anders geformte Rotoren Anwendung, die unter anderem eindrucksvolle akustische und optische Effekte hervorbringen. Selbst als Muskeltrainer wird der Schnurrer vertrieben. In diesem Fall muss ein massiver, schwerer Rotor in Gang gehalten werden, wozu ein entsprechend großer Kraftaufwand erforderlich ist.

Bau und Handhabung des Schnurrers sind kinderleicht. Die physikalische Beschreibung der Funktionsweise ist jedoch sehr komplex, zumindest dann, wenn man das mechanische Verhalten quantitativ beschreiben möchte. Wir werden im Folgenden zunächst eine qualitative Annäherung an das Spielzeug versuchen. Anschließend stellen wir ein mechanisches Modell der Funktionsweise vor, das schließlich zu einer Bewegungsgleichung des „laufenden" Schnurrers führt.

Qualitative Beschreibung

Um die Kräfteverhältnisse am Schnurrer am eigenen Leibe zu erfahren, beginnen wir mit einem Spiel. Dazu ziehen zwei Personen wie beim Tauziehen an den Enden eines zu einer Schlaufe verbundenen Seils. Eine dritte Person steckt in der Mitte zwischen die beiden parallel verlaufenden Seilenden einen Stab, beispielsweise einen Besenstiel und dreht ihn so, dass die beiden Seilenden umeinander verdrillt werden. Sie muss sich gar nicht allzu sehr anstrengen, um auf diese Weise die beiden Personen zu zwingen, aufeinander zuzugehen. Denn durch die Verdrillung wird das Seil immer kürzer. Dies ist genau der Vorgang im Großen, der bei der Inbetriebnahme des Schnurrers im Kleinen abläuft.

Man hat es hier gewissermaßen mit einer einfachen Maschine zu tun. Der Rotor, also der Besenstiel oder im Klei-

Abb. 1 *Griechin beim Spiel mit dem Zauberkreisel* (aus [1]).

nen der Knochen oder Knopf, stellt so etwas wie einen Hebel dar, mit dem die beiden Schnurrenden langsam umeinander gewunden werden. Der mit einer Umdrehung des Rotors verbundene Weg ist verglichen mit der dadurch bewirkten Verkürzung der umeinander gewickelten Fäden relativ groß. Deshalb ist die zur Drehung nötige Kraft entsprechend gering.

Die mit jeder Umdrehung verbundene Verkürzung der von den Händen gehaltenen Schnur ist sehr klein, wodurch die Kraft mit der die Hände der Verkürzung entgegenwirken, sehr groß sein muss. Im Umkehrschluss heißt das: Wenn man mit großer Kraft an den Enden der miteinander verdrillten Schnüre zieht, und die Schnüre wieder voneinander abwickelt, so wird der Rotor in schnelle Drehung versetzt. Die Drehgeschwindigkeit ist umso größer, je größer die Kraft ist, mit der die verdrillten Schnüre auseinander gezogen werden. Aus Trägheit dreht sich der Rotor auch dann noch eine Weile von selbst weiter, wenn die Schnüre bereits völlig entdrillt sind und ihre maximale Länge erreicht haben. Das hat aber notwendigerweise zur Folge, dass es zu einer erneuten Verdrillung in umgekehrter Richtung kommt, vorausgesetzt natürlich, man zieht nicht weiter an der Schnur und lässt die Verkürzung der Schnur zu. Jetzt übernimmt der Rotor aus Trägheit die Aufgabe, den Schnurrer wieder „aufzuziehen", was beim ersten Mal per Hand gemacht werden musste. Wenn der schnurrende Rotor zur Ruhe kommt, zieht man die abermals verdrillten Schnüre erneut auseinander. Das Spiel beginnt von vorn und kann beliebig lange fortgesetzt werden. Wenn man den passenden Rhythmus gefunden hat, können auf diese Weise erstaunliche Drehgeschwindigkeiten erreicht werden. Entscheidend ist also die durch die Verdrillung gegebene Möglichkeit, eine Translationsbewegung auf einfache Weise in eine Rotationsbewegung zu überführen und umgekehrt.

Dass es durch das Verdrillen zu einer Verkürzung der Schnur kommt, ist auf die Dicke der Schnur zurückzuführen: Das eine Schnurende wird um das andere herumgewickelt. Die Verkürzung pro Umdrehung ist also umso größer, je dicker die Schnur ist. Der Schnurdicke ist allerdings durch die mit ihr zunehmende Starrheit und Beweglichkeit der Schnur eine Grenze gesetzt. Denn dadurch würde schließlich die Kraftübertragung erschwert. Durch die Schnurdicke werden also die beiden umeinander gewickelten Schnüre auf Abstand zueinander gehalten. Das ist wichtig. Denn nun besitzt die in Längsrichtung wirkende Zugkraft eine Komponente senkrecht dazu, so dass ein Kräftepaar wirken kann, das den Schnüren eine Drehbewegung aufprägt. Diese wird dann auf den auf die Schnurenden aufgefädelten Rotor übertragen.

In der bisherigen Argumentation sind wir stillschweigend davon ausgegangen, dass das Ziehen und Loslassen der Schnüre im passenden Takt erfolgt. Denn Variationsmöglichkeiten im Hinblick auf Rotationsgeschwindigkeit und Zugrhythmus sind nur in gewissen Grenzen möglich, die vom jeweiligen Schnurrer gesetzt werden. Ein Ziehen

und Loslassen zum falschen Zeitpunkt, bringt keinen Schnurrer zum Laufen und einen rotierenden Schnurrer zum Stillstand. Daran erkennt man unschwer eine Regeleinheit Mensch-Maschine die konstitutiv für einen optimal schnurrenden Schnurrer ist.

Experimentelle Untersuchung

Das Verhalten des Schnurrers hängt also wesentlich davon ab, wie der Mensch den jeweiligen Schnurrer handhabt. Um dessen Verhalten unabhängig von individuellen Einflussfaktoren untersuchen zu können, haben wir einen automatischen Antrieb realisiert (Abbildung 4), durch den zum einen ein reproduzierbares Verhalten des Schnurrers möglich wurde und zum anderen die wesentlichen Größen gemessen werden konnten.

Ein Ende der Schnurrerfäden wurde dabei fest an einem Kraftmesser angebracht, das andere Ende an einem Umlenkhebel, der durch einen Antriebsmechanismus periodisch hin und her geschwenkt wurde. Die so erzwungenen Abstandsänderungen zwischen beiden Befestigungspunkten der Schnurrerfäden registrierte ein Wegaufnehmer. Die als Rotor benutzte Schnurrscheibe versahen wir mit einem großen Chopperrad, dessen Flügel eine Lichtschranke pro Umdrehung sechzig Mal unterbrachen. Durch Messung von Anzahl und Frequenz dieser Unterbrechungen, ließen

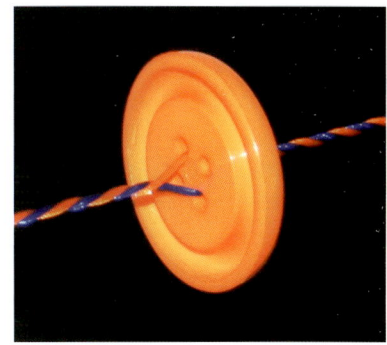

Abb. 3 *Der Schnurrer, wie ihn Kinder noch heute als Spielzeug kennen: einfach aus einer zur Schlaufe verknüpften Schnur und einem Knopf gebaut.*

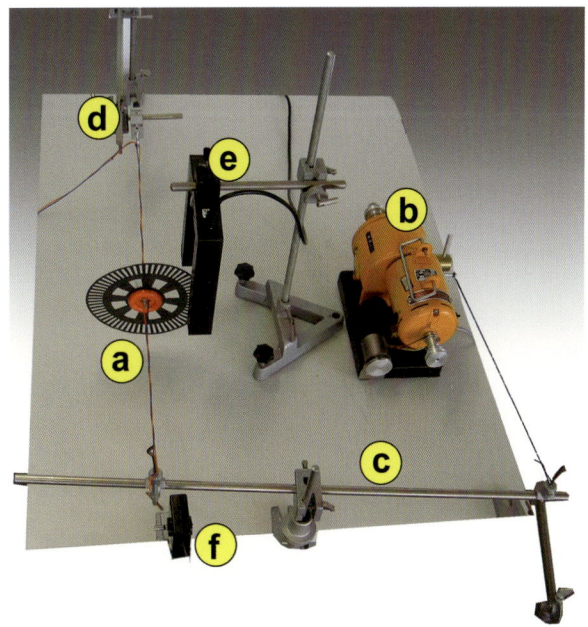

Abb. 4 *Laboraufbau zur Untersuchung des Schnurrers: a) Schnurrer mit Chopperrad, b) Antriebsmotor, c) Umlenkhebel mit Rückholfeder, d) Kraftmesser, e) Lichtschranke, f) Wegaufnehmer.*

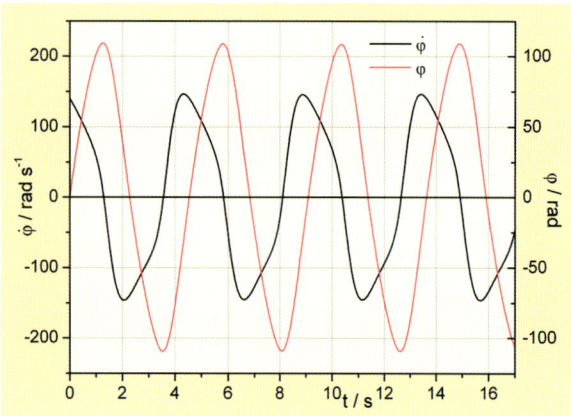

Abb. 5 *Zeitlicher Verlauf des Drehwinkels φ und der Winkel-geschwindigkeit φ̇ im Laborversuch.*

sich Drehwinkel und Winkelgeschwindigkeit der Schnurr-scheibe bestimmen.

In diesem Versuchsaufbau musste nach dem Start des Schnurrers zunächst eine Einschwingzeit von etwa zehn Sekunden abgewartet werden, bis sich die „Amplitude" des Drehwinkels φ nicht mehr änderte. Die Periodendauer gab dabei die konstante Anregungsfrequenz des motorisierten Antriebs vor. Den zeitlichen Verlauf des Drehwinkels φ und der Winkelgeschwindigkeit φ̇ der im eingeschwungenen Zustand rotierenden Schnurrscheibe entnimmt man Abbildung 5. Die Schnurrscheibe besaß dabei ein Trägheitsmoment von $\theta = 2{,}48 \cdot 10^{-5}$ Nms² und die Schnur eine maximale Spannweite von 70 cm. Mit diesen Parametern ließ sich der Schnurrer nur bei Anregungsfrequenzen zwischen 0,18 Hz und 0,25 Hz betreiben.

Wählt man die Winkelgeschwindigkeit φ̇(t), die Zugkraft an der Schnur F(t) und den bei seiner Streckung zurückgelegten Zugweg z(t) als Koordinaten des Zustandsraums dieses Systems, so durchläuft der Vektor solcher Wer-

tetripel eine Bahnkurve, die nach Ablauf der Einschwingzeit während jeder Periode erneut durchlaufen wird. Um einen visuellen Eindruck von der dreidimensionalen Bahnkurve zu gewinnen, wurden drei Projektionen der aus den Messdaten gewonnenen Bahnkurve aufgezeichnet (Abbildung 6). Der Schnurrer kann als dissipatives System betrachtet werden, bei dem die pro Periode von außen zugeführte Energie vollständig durch Reibung dissipiert wird.

Aus der projizierten Bahnkurve F(z) geht hervor, welche Energie das System abgegeben hat, da diese dem Inhalt der umschlossenen Fläche entspricht. Welche kinetische Energie dagegen im System steckt, ist aus den jeweiligen Werten von φ̇ zu schließen. Die kinetische Energie wird zu Null, wenn φ̇ = 0°/s ist. Dies ist immer dann der Fall, wenn der Drehwinkel der Schnurrscheibe sein betragsmäßiges Maximum erreicht hat.

Man könnte vermuten, dass Zugkraft und Zugweg zum selben Zeitpunkt ihr Minimum erreichen, weil sich einerseits das Schnurpaar beim Verdrillen zunehmend verkürzt und andererseits eine Verminderung der Zugkraft eine größere Verdrillung zulässt. Im vorliegenden Fall haben zu diesem Zeitpunkt F und z aber ihr Minimum bereits überschritten, wie die violetten Markierungslinien in Abbildung 6 zeigen. Dies liegt hauptsächlich daran, dass sich die Schnurrscheibe aufgrund ihres Gewichts etwas absenkt, wenn die Zugkraft in der Schnur nachlässt. Wird das Minimum des Abstands zwischen beiden Befestigungspunkten der Schnurrerfäden durchlaufen, so besitzt sie noch genug Drehimpuls um sich weiter zu drehen.

Damit einhergehend nimmt die Verdrillung des Schnurpaars zu, wodurch es sich gleichzeitig verkürzt. Diese Verkürzung und die einsetzende Zugbewegung lassen die Zugkraft in der Schnur anwachsen. Die Schnurrscheibe wird dadurch wieder angehoben und kommt anschließend bei ihrem maximalen Drehwinkel zum Stillstand. In Abbildung 7 sind beide betragsmäßigen Maxima durch Kreise

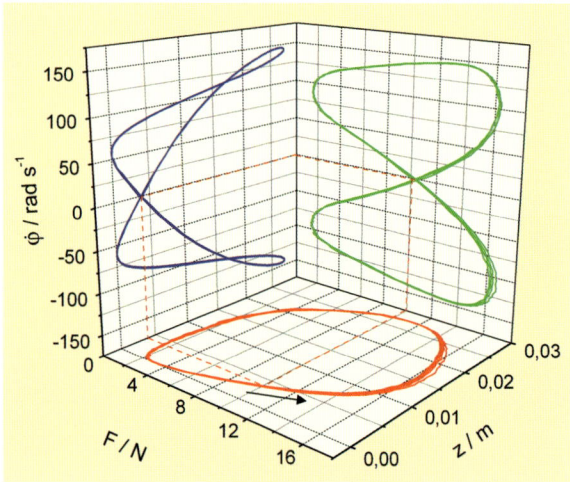

Abb. 6 *Von φ̇, F und z aufgespannter Zustandsraum. Die (hier nicht gezeichnete) Bahnkurve aus Labormessdaten wurde auf drei Ebenen projiziert.*

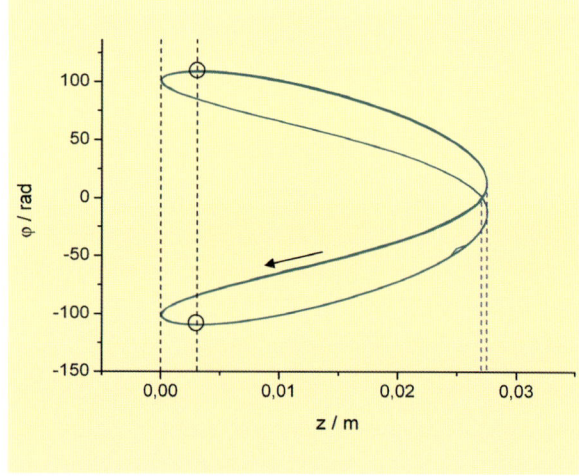

Abb. 7 *Aus Labormessdaten gewonnene Bahnkurve der Veränderungen des Drehwinkels in Abhängigkeit vom Zugweg.*

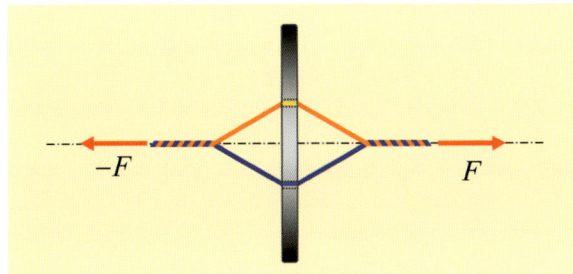

Abb. 8 *Im Modell wird das Gewicht der Schnurrscheibe vernachlässigt. Ihre Drehachse stimmt daher mit der Wirkungslinie der in der Schnur wirkenden Zugkräfte überein.*

markiert. Sie treten erst auf, wenn der Zugweg bereits etwa 3 mm beträgt.

Dass die verwendete Schnur elastisch dehnbar ist, legen die blauen Markierungslinien in Abbildung 7 nahe. Bei $\varphi = 0°$ sollte das unverdrillte Schnurpaar eigentlich seine maximale Länge aufweisen. Es zeigt sich aber, dass in diesem Zustand das Maximum des Zugwegs noch nicht ganz erreicht wurde. Während der Zugweg noch etwa 1 mm bis zu seinem Maximum anwächst und sich währenddessen das Schnurpaar bereits wieder etwas verdrillt, wird vermutlich eine elastische Dehnung der Schnur stattfinden.

Ein physikalisches Modell

Mit einigen vereinfachenden Annahmen lässt sich eine Bewegungsgleichung des Schnurrers herleiten. Zur Reduktion der Komplexität des Modells hat entscheidend beigetragen, dass wir das Gewicht der Schnurrscheibe vernachlässigt haben, so als ob der Schnurrer in der Schwerelosigkeit einer Raumstation betrieben würde (Abbildung 8). Dadurch stimmt die Drehachse der Schnurrscheibe immer mit der Wirkungslinie der Zugkräfte in der Schnur überein. Des Weiteren nehmen wir an, dass die Schnur in unverdrilltem Zustand einem dünnen Zylinder mit konstantem Querschnitt gleicht. Dieser Zylinder soll einer Biegung, die beim Verdrillen mit einem gleichartigen zweiten Zylinder auftritt, keinerlei Widerstand entgegensetzen. Eine elastische Dehnbarkeit der zylindrischen Schnur in Längsrichtung wurde zunächst ausgeschlossen.

Die gesamte Länge der verwendeten Schnur beträgt $4\,l$, so dass die Spannweite des Schnurpaars maximal etwa $2\,l$ beträgt. Den Radius des kreisförmigen Querschnitts der einzelnen Schnur bezeichnen wir mit r. Zu unseren Modellannahmen gehört weiterhin, dass die Zugkraft F in der Schnur

eine Zugspannung im Schnurmaterial hervorruft, die sich über den gesamten Querschnitt gleich verteilt (Abbildung 9). Davon ausgehend befindet sich der „Zugkraftschwerpunkt" also im Mittelpunkt des Querschnitts. Eine zulässige Abstraktion von der Schnur ist es daher, dass die gesamte Zugkraft nur von der mittleren Faser des Querschnitts übertragen wird. Das diese „Kraftleitfaser" umhüllende Material soll dementsprechend nur noch als Abstandhalter dienen. Verdrillt man ein Schnurpaar, so entspricht die räumliche Lage der Kraftleitfaser einer Schraubenlinie, die einen Zylinder mit dem Radius r umläuft (Abbildung 9).

Anhand dieses Modells lässt sich die Größe des Drehmoments, das auf die Schnurrscheibe ausgeübt wird, quantitativ erfassen. Denn beim Verdrillen des Schnurpaars verdreht sich jedes Segment der Kraftleitfaser in Bezug zur Drehachse um den Winkel ϑ (Abbildung 10).

Übt nun ein in Richtung der Drehachse wirkendes Kräftepaar $\pm F$ eine Zugspannung im Schnurpaar aus, dann muss jedes Segment einer Kraftleitfaser durch ein an seinen beiden Enden angreifendes Kräftepaar $\pm F_s$ im Gleichgewicht gehalten werden. Die Ausrichtung dieses Kräftepaars weicht von der Richtung der Drehachse um den Winkel ϑ ab. Die zur Achse senkrecht stehende Komponente F_t verläuft tangential zu der Zylinderoberfläche, auf der die Kraftleitfaser als Schraubenlinie verläuft. Am oberen Ende der Schnurwendel, die in Abbildung 10 skizziert ist, ist demnach das Paar von Kraftleitfasern an seinen Enden durch ein Paar von Tangentialkräften $\pm F_t$ in verdrilltem Zustand zu halten. Da der Abstand beider Tangentialkräfte zur Drehachse r beträgt, ist hierzu ein in Richtung der Drehachse wir-

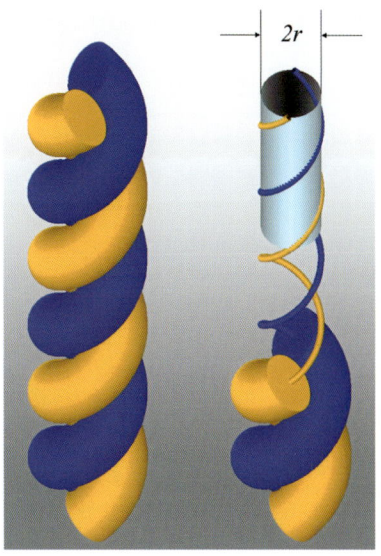

Abb. 9 *Modellvorstellung vom verdrillten Schnurpaar. Nur die mittlere Faser des Schnurquerschnitts dient als „Kraftleitfaser". In Form einer Schraubenlinie umläuft sie einen Zylinder mit dem Radius r.*

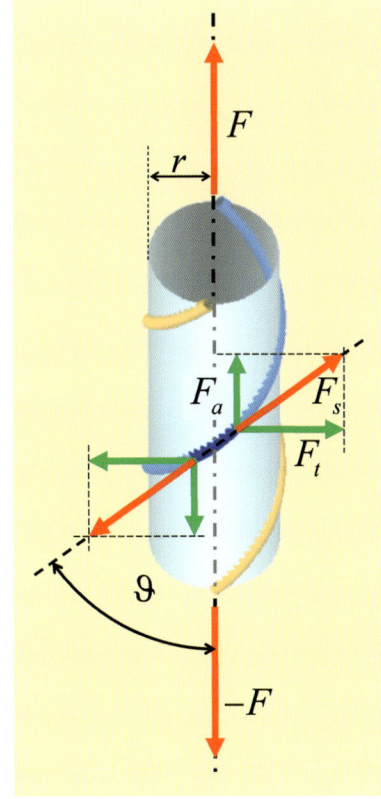

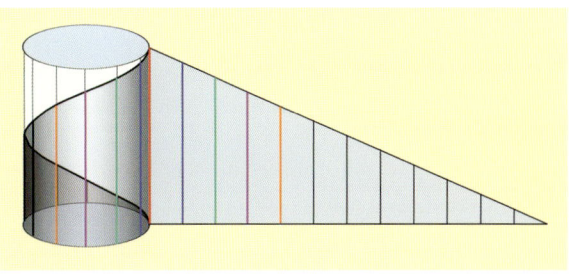

Abb. 10 *Gleichgewicht der Kräfte am Segment einer „Kraftleitfaser".*

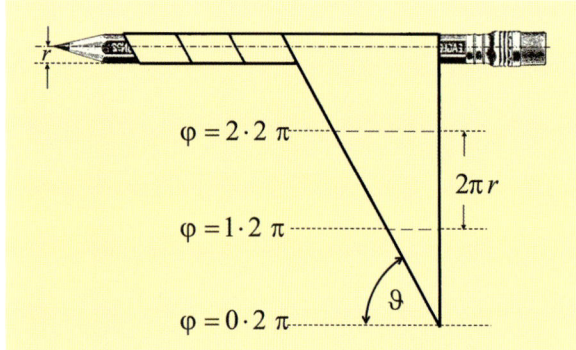

Abb. 11 *Eine um einen Zylinder gewickelte schiefe Ebene dient als Modell für die Entstehung der Schraubenlinie der Kraftleitfaser innerhalb des verdrillten Abschnitts des Schnurpaares. Mit jeder Umdrehung des Zylinders vergrößert sich der Drehwinkel φ um 2π. Gleichzeitig nimmt die Länge der dem Winkel ϑ gegenüberliegenden Seite um 2πr zu.*

kendes Drehmoment von $2rF_t$ auszuüben. Die Komponenten der von der Kraftleitfaser übertragenen Zugkraft hängen folgendermaßen zusammen: $F_t = F_a \tan(\vartheta)$. Die zur Drehachse parallele Komponente F_a überträgt dabei pro Faser die Hälfte der axialen Zugkraft, so dass $F_a = F/2$. Die Tangentialkraft lässt sich daher als $F_t = F \tan(\vartheta)/2$ ausdrücken. Setzt man dies in den gerade hergeleiteten Term für das Drehmoment am Ende einer Wendel ein, ergibt sich dafür $rF \tan(\vartheta)$.

Weil auf beiden Seiten der Schnurrscheibe eine gleichartige Schnurwendel ihr Drehmoment in gleichem Drehsinn ausübt, beträgt das Drehmoment insgesamt

$$M = 2rF \tan(\vartheta). \tag{1}$$

Das auf die Schnurrscheibe wirkende Drehmoment hängt demnach nur vom Radius r des Schnurquerschnitts, dem durch ϑ charakterisierten Grad der Verdrillung des Schnurpaars und der an dessen Ende ausgeübten Zugkraft F ab. Wie stark das Schnurpaar verdrillt ist, gibt der Drehwinkel φ an (Abbildung 11).

Im Folgenden geht es daher darum, den Wert von $\tan(\vartheta)$ aus Gleichung (1) als Funktion von φ auszudrücken.

Hilfreich ist hierbei die Vorstellung, dass sich die Schraubenlinie der Kraftleitfaser in einer Ebene abwickeln lässt, wie dies Abbildung 11 illustriert. Durch dieses Abwickeln erhält man ein rechtwinkliges Dreieck, dessen Hypotenuse die Länge des Schnurabschnitts hat, der sich zu einer Wendel verdrillt hat. Wie sich diese Art der Abwicklung auf die geometrischen Verhältnisse beim Schnurrer übertragen lässt, zeigt Abbildung 12.

Die rechte Hälfte der verfügbaren Spannweite der Schnur entspricht dort der Strecke k. In der Skizze ist ein rechtwinkliges Dreieck auszumachen, dessen Hypotenuse die Länge l hat, dessen eine Kathete die Länge k und dessen andere Kathete die Länge $q + r\varphi$ hat, wobei q auf der Schnurrscheibe der Abstand von ihrem Mittelpunkt zur

Durchführung der Schnur ist. (Vorausgesetzt $q \ll l$, dann würde $k \approx l$ werden können, wenn die Schnur bei $\varphi = 0°$ nicht verdrillt ist). Die Strecke $r\varphi$ ergibt sich aus der oben erläuterten Abwicklung der Schraubenlinie des als Wendel verdrillten Abschnitts des Schnurpaars. Um auch das wechselnde Vorzeichen von φ bei dieser Betrachtung zu berücksichtigen, berechnen wir die Länge dieser Kathete aus

$$p = \mathrm{sign}\,(\varphi)q + r\varphi. \tag{2}$$

Da dieses Dreieck den Winkel ϑ einschließt, ergibt sich

$$\tan(\vartheta) = p/k. \tag{3}$$

Für die Unbekannte k liefert das betrachtete Dreieck außerdem, nach dem Satz von Pythagoras, den Term $k = \sqrt{l^2 - p^2}$. Für die Bestimmung des Drehmoments auf die Schnurrscheibe sind damit alle Faktoren berechenbar geworden. Ein zusätzliches Drehmoment M_R rührt beim Betrieb des Schnurrers aber auch noch von unterschiedlichen Reibungskräften her. Für die pauschale Zusammenfassung dieser Reibungsmomente hat sich in unserem Modell der Ansatz $M_R \sim \dot\varphi^2$ bewährt. Bezeichnen wir nun das Trägheitsmoment der Schnurrscheibe bezüglich seiner Drehachse mit θ, so lautet die Bewegungsgleichung des Schnurrers $\theta\ddot\varphi = -M - M_R$ beziehungsweise mit (1)

$$\theta\ddot\varphi = -2rF \tan(\vartheta) - M_R \tag{4}$$

Setzt man in (4) die entsprechenden Terme der Gleichungen (2) und (3) ein, so lautet die Bewegungsgleichung damit explizit

$$\theta\ddot\varphi = -2rF \frac{\mathrm{sign}(\varphi)q + r\varphi}{\sqrt{l^2 - (\mathrm{sign}(\varphi)q + r\varphi)^2}} - M_R. \tag{5}$$

Um anhand dieser Bewegungsgleichung das Verhalten eines bestimmten Schnurrers zu berechnen, muss noch der zeitliche Verlauf der Zugkraft $F(t)$ vorgegeben werden. Eine gu-

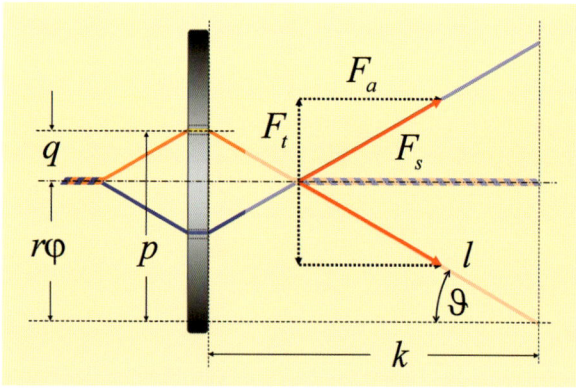

Abb. 12 *Kräfteverhältnisse in Zusammenhang mit den geometrischen Verhältnissen beim Schnurrer.*

te Übereinstimmung des zeitlichen Verlaufs der berechneten Zugkraft mit der aus unseren Laborversuchen ergab sich durch den Ansatz $F(t) = A \cdot |\sin(\omega t + \tau)|^3 + F_{min}$. Demnach kann die Zugkraft $F(t)$ den Wert F_{min} nicht unterschreiten. Sie oszilliert periodisch mit der Amplitude A und der Periodendauer π/ω.

Ergebnisse der Modellrechnung

Wie schon aus Abbildung 7 zu ersehen war, ist die in den Laborversuchen verwendete Schnur etwas elastisch dehnbar. Im eben vorgestellten Modell wurde dies noch nicht berücksichtigt. Entsprechende Bahnkurven, die sich für den Zusammenhang zwischen dem Drehwinkel φ und dem Zugweg z aus der Modellrechnung ergeben, sieht man in Abbildung 13.

Ist die Schnur nicht dehnbar, so erreicht beim Maximum des Zugwegs die Spannweite der Schnurrerfäden ebenfalls ihr Maximum, wofür $\varphi = 0$ werden muss. Beim Minimum des Zugwegs ist dementsprechend φ maximal. Weil wir in unserem einfachen Modell eine elastische Dehnung der Schnur nicht berücksichtigt haben, ergibt sich eine kleine

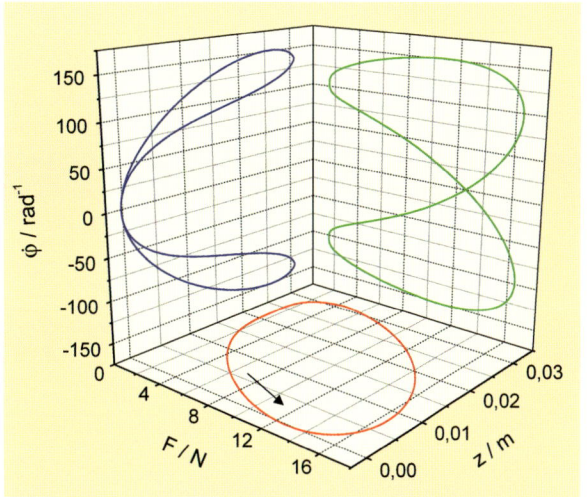

Abb. 14 *Von $\dot{\varphi}$, F und z aufgespannter Zustandsraum. Die auf drei Ebenen projizierten Bahnkurven entstammen der Modellrechnung für einen Schnurrer, dessen gemessene Bahnkurven Abbildung 6 zeigt.*

Abweichung der berechneten von den gemessenen Werten wie ein Vergleich zwischen den Abbildungen 7 und 13 zeigt. Mit den Parametern des im Laborversuch verwendeten Schnurrers lieferte das Modell Vorhersagedaten über das Verhalten des Schnurrers im eingeschwungenen Zustand, das analog zu Abbildung 6 in einem Zustandsraum mit den Koordinaten $\dot{\varphi}$, F und z als Bahnkurve aufgetragen wurde. Die jeweiligen Projektionen dieser Bahnkurve zeigt Abbildung 14.

Der Vergleich mit Abbildung 6 liefert eine gute Übereinstimmung zwischen Experiment und Theorie. Die im Modellansatz vorgenommenen Vereinfachungen machen sich daher nur wenig bemerkbar, wodurch die Aussagekraft des Modells eindrucksvoll unterstrichen wird.

Literatur

[1] R. Holler, Kreisel. Spiele, Typen und Anekdoten rund um die Welt, Hugendubel, München 1989, S. 112.
[2] www.aberdeenquest.com/Artwork/Buzzbone.asp?mode= detailed&timeline=1000_1450_Toys_and_Games (Stand 4/2015)

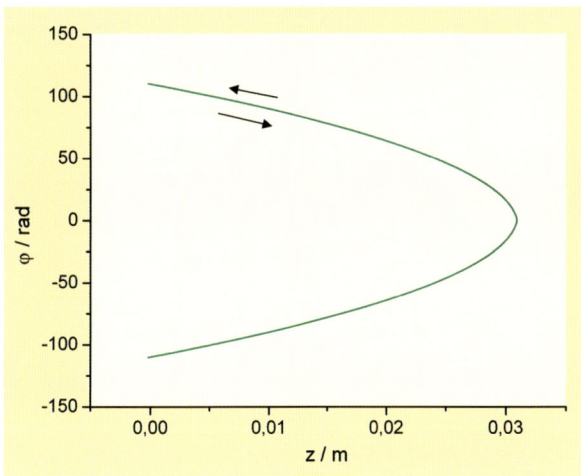

Abb. 13 *Aus der Modellrechnung hervorgehender Zusammenhang zwischen Drehwinkel und Zugweg für einen nicht dehnbaren Faden.*

Thermodynamik

Die Flamme einer Kerze

Die schlichte Schönheit der Kerzenflamme lässt kaum vermuten, dass sie der sichtbare Ausdruck eines selbstorganisierenden Systems zahlreicher wohlaufeinander abgestimmter physikalischer und chemischer Vorgänge ist.

Als allgemeines Beleuchtungsmittel hat die Kerze weitgehend ausgedient, als Teelicht und Zusatzbeleuchtung für festliche Anlässe ist sie nach wie vor auch aus dem Alltag nicht wegzudenken. Ihre stille und gleichzeitig lebendige Flamme beeindruckt die Menschen auf unterschiedliche Weise (Abbildung 1). Naturwissenschaftlich gesehen bietet die brennende Kerze eine Vielzahl von interessanten Untersuchungsmöglichkeiten, wie schon Michael Faraday in seiner „Naturgeschichte eine Kerze" [1] eindrucksvoll demonstriert hat.

Geschichtliche Entwicklung

Es wird vermutet, dass die Kerze als Leuchtmittel ohne Gefäß erst nach Christi Geburt erfunden wurde. Die Römer verwendeten etwa seit der Mitte des 2. Jahrhunderts niedrige Wachskerzen, die in geschlossenen Räumen brennen konnten, ohne die Bewohner durch übermäßiges Rußen und üblen Geruch zu stören. Durch das Christentum, das die Kerzen in den Kirchen verwendete, wurde die Kerze schnell weiterverbreitet.

Im Mittelalter fanden sich Bienenwachskerzen vor allem in Kirchen und reichen Fürstenhäusern, da das Wachs nur begrenzt vorhanden und somit sehr wertvoll war. Alle anderen verwendeten Talg- oder „Unschlittkerzen", die aus minderwertigem Rindernierenfett oder Hammeltalg hergestellt wurden. Ende des 15. Jahrhunderts verwendete man Bienenwachskerzen auch in den Häusern reicher Bürger.

Ein Problem damaliger Kerzen war, dass sie „geputzt" werden mussten: Um zu verhindern, dass sie übermäßig rußten und tropften, musste der Docht in regelmäßigen Abständen gekürzt werden. Im neunzehnten Jahrhundert wurden die Kerzenrohstoffe Paraffin und Stearin entdeckt, die sich als sehr vorteilhaft erwiesen und bis heute verwendet werden. Auch der Docht ließ

Abb. 1 *Brennende Kerze mit glühender Dochtspitze.*

BEISPIEL PARAFFIN

Schmelzpunkt   50–90 °C
Siedepunkt   ca. 350 °C
Zündtemperatur   ca. 300 °C
Brennwert   45 MJ/kg

---

sich entscheidend verbessern, weshalb heute das lästige Putzen weitgehend entfällt.

Die heutigen Kerzen bestehen aus Kerzenwachs (Paraffin, Stearin und Bienenwachs). Wachs setzt sich aus einfach gebauten Kohlenwasserstoffketten zusammen, die mit Wasserstoffatomen verbunden sind. Bei Zimmertemperatur ist es fest und verflüssigt sich, wenn es genügend stark erwärmt wird (siehe „Beispiel Paraffin"). Schon bei intensiver Sonneneinstrahlung kann eine Kerze weich werden.

Zur Chemie und Physik der Kerze

Die Kerzenflamme wird mit Hilfe einer anderen Flamme entzündet. Am oberen Ende des mit erstarrtem Wachs gefüllten Dochts schmilzt und verdampft ein Teil des Wachses und erreicht dabei eine so hohe Temperatur, dass eine exotherme chemische Reaktion beginnt. Indem Wachs und Luftsauerstoff miteinander reagieren, entstehen unter Abgabe von Energie vor allem Wasserdampf und Kohlenstoffdioxid. Eine Paraffinkerze besteht aus einem Stoffgemisch aus n-Alkanen mit der Summenformel $C_n H_{2n+2}$ mit *n* zwischen 22 und 32 [2]. Statt mit dem Stoffgemisch kann man der Einfachheit halber mit der näherungsweise gültigen Formel CH_2 rechnen [3]. Die entsprechende Reaktionsgleichung lautet dann:

$$CH_2 + 3/2\ O_2 \rightarrow CO_2 + H_2O + \text{Energie}.$$

Wasser und Kohlenstoffdioxid steigen als Verbrennungsgase auf. In einem einfachen Experiment kann man den entstehenden Wasserdampf nachweisen. Dazu stülpt man ein Glas über die brennende Kerze. Die Flamme erlischt und infolge der Abkühlung beschlägt das Glas durch den frei gewordenen Wasserdampf (Abbildung 2).

Die Kerzenflamme ist das sichtbare und durch die Abgabe von Wärme fühlbare Ergebnis dieser chemischen Reaktion. Der aufsteigende heiße Dampf des Wachses reagiert so heftig mit dem Sauerstoff der nachströmenden Luft, dass die dabei auf die Reaktionspartner übertragene Energie ausreicht, die Gasatome durch Stöße weitgehend in Elektronen und Atomrümpfe zu zerlegen. Wenn die Bestandteile der Gasatome sich kurz danach wieder vereinigen und in den Grundzustand übergehen, wird die überschüssige Energie durch das Aussenden von Licht wieder abgegeben [4].

Die von der Flamme abgegebene Wärme verflüssigt zunächst das in den Kapillaren des Dochts erstarrte Wachs. Außerdem wird eine schüsselartige Vertiefung in das feste Wachs geschmolzen in der sich stets ein Vorrat von flüssigem Wachs sammelt. Die Kapillaren des Dochts „pumpen" den Brennstoff dann in dessen Spitze. Dort wird das Wachs so heiß, dass es verdampft und anschließend verbrennt. Ein Teil der Verdampfungswärme wird dem Wachs im Docht entzogen. Es wird dadurch so stark abgekühlt wird, dass es flüssig bleibt. Auf diese Weise bleibt die „Kapillarpumpe" stets in Aktion und kann das Wachs in dem Maße nachliefern, wie es für die Verbrennung benötigt wird [1].

In einem einfachen Experiment kann man zeigen, dass tatsächlich nur der Wachsdampf brennt. Wenn man versucht, das in einem Teelichtbecher vorhandene flüssige Wachs zu entzünden, so hat man keinen Erfolg. Heizt man es aber mit einem Brenner bis zur Siedetemperatur auf, so brennt der entstehende Dampf mit breitflächiger und manchmal auflodernder großer Flamme (Abbildung 3).

Wenn man kurz nach dem Erlöschen der Kerze ein brennendes Streichholz in den aufsteigenden Wachsdampf hält, entzündet sich dieser schlagartig und die Flamme greift auf den Docht über. Eine noch eindrucksvollere Möglichkeit, den Wachsdampf zum Brennen zu bringen besteht darin, ihn durch ein Röhrchen als Kamin von der Kerze wegzuleiten und am oberen Ende anzuzünden. Dazu ist allerdings etwas Geduld nötig.

Die Pumpwirkung eines Dochts kann man in einem einfachen Experiment nachweisen. Dazu hält man einen Docht oder nur einen faserigen Faden in eine gefärbte Flüssigkeit oder Tinte. An der Verfärbung des Dochts oder Fadens kann man die aufsteigende Flüssigkeit erkennen.

Wenn die Kerze beim Brennen kürzer wird, müsste der Docht entsprechend länger werden. Ein guter Docht kürzt sich jedoch selbst. Wenn sein Ende in den heißen Saum der Flamme hineinragt, wird er nicht mehr genug durch das flüssige Wachs gekühlt, verkohlt und verdampft, so dass der Docht stets auf konstanter Länge bleibt (siehe glühend verkohlende Spitze des Dochtes in Abbildung 8). Wenn dieser Mechanismus ausbleibt und der Docht zu lang wird, verdampft zu viel Kerzenwachs. Die Sauerstoffzufuhr reicht dann nicht aus, den gesamten Kohlenstoff zu verbrennen. Das erkennt man an dunklen Rußschwaden, die manchmal bei billigen Kerzen auftreten.

Aber die Verbrennung in der Flamme ist nicht nur unvollständig wenn der Docht zu lang ist, wie man beispielsweise zeigen kann, indem man ein Metallstück wie einen Löffel in die Flamme hält. Auf dem Metall schlägt sich Ruß nieder (Abbildung 5). In der Kerzenflamme sind also Rußteilchen (reiner Kohlenstoff) vorhanden. Die sich darin äußernde, leicht unvollständige Verbrennung ist sogar erwünscht. Denn ohne die Rußteilchen in der Flamme wäre sie nahezu farblos, so wie an ihrem Rand, wo genügend Sauerstoff zur Verfügung steht und kein Kohlenstoff übrig bleibt. Die Rußteilchen werden in der Flamme zum Glühen gebracht und leuchten in dem typischen Gelb der Kerzenflamme.

Die im Brennvorgang frei werdende Energie dient teilweise der Aufrechterhaltung der Reaktion. Dazu gehören vor allem das Schmelzen und Verdampfen von Kerzenwachs und die Entsorgung (Auftrieb) der Verbrennungsgase. Wenn

diese Energie fehlte, ginge die Kerze aus. Wird einer Flamme zu viel Energie entzogen, kann sie regelrecht erfrieren. Hält man beispielsweise gut leitendes Material wie einen kompakt gewickelten Kupferdraht (guter Wärmeleiter) in das Reaktionszentrum der Flamme, so wird die Flamme rasch kleiner und erlischt schließlich.

Die Stromlinienform der Kerzenflamme ist Ausdruck und Teil eines Strömungsvorgangs. Die beim Brennvorgang stark erhitzten Gase steigen auf (Auftrieb aufgrund der geringeren Dichte des heißen Gases). Die Flamme ist daher immer entgegen der Schwerkraft senkrecht nach oben gerichtet, auch wenn man die Kerze schräg hält.

Mit dem Aufstieg der heißen Gase ist zwangsläufig der Zustrom frischer Luft verbunden, die an der Basis der Flamme von den Seiten nachströmt.

Abb. 2 *Beschlagenes Glas durch Kondensation des Wasserdampfes der beim Brennen der Kerze frei wurde.*

Abb. 3 *Der Dampf siedenden Kerzenwachses brennt mit großer rußender und unruhiger Flamme.*

Abb. 4 *Aufsteigende Tinte in einem faserigen Bindfaden.*

Abb. 5 *Durch eine Kerzenflamme berußter Teelöffel.*

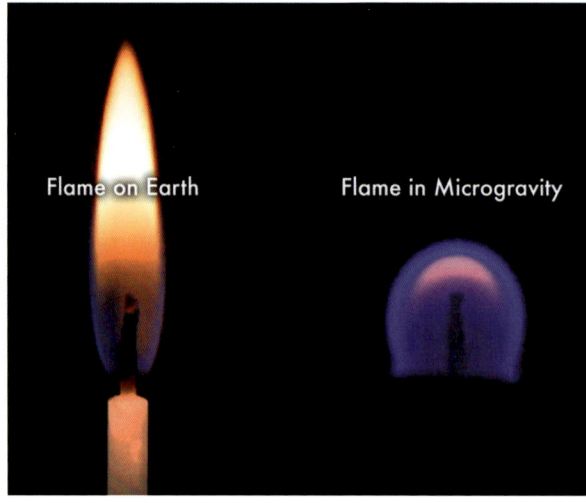

Abb. 7 *Im Weltraum schrumpft die Flamme zu einer winzigen Kugel, die nur durch Diffusion von Sauerstoff am Leben gehalten wird (Foto: NASA).*

Insgesamt wird also ein Kreislauf aufrechterhalten. In der Physik spricht man von Konvektion. Diese Konvektion ist kein unnützer Nebeneffekt der Wärmeentwicklung bei der Verbrennung. Sie ist für die Funktion der Kerze unabdingbar: Die Verbrennungsgase werden entsorgt und gleichzeitig versorgt die nachströmende frische Luft die Flamme mit Sauerstoff.

Nähert man seine Hand den aufsteigenden heißen Gasen von der Seite, kommt man bis auf wenige Zentimeter heran, ohne sich zu verbrennen. Von oben schafft man es allenfalls bis auf 40 cm. Die heißen Gase steigen also in einem engen „Schlauch" auf. Dieser Schlauch kann leicht sichtbar gemacht werden. Dazu wird eine brennende Kerze in einem leicht abgedunkelten Raum in einen Lichtkegel der Sonne oder einer hellen Lampe gestellt, so dass auf einer Wand ein Schatten der Kerze entsteht. Auch der Abgasschlauch ist schemenhaft erkennbar (Abbildung 6). Durch die abrupte Abnahme der Temperatur am Rande der heißen Gassäule tritt ein Sprung in der Dichte und damit im Brechungsindex auf. Dadurch wird das Licht unterschiedlich stark abgelenkt und in einen schmalen Bereich fokussiert. Hier sieht es heller aus. Aber auch ein Teil der Flamme hat einen Schatten. Ihr äußerer, fast farbloser Saum ist lichtdurchlässig. Der innere mit Kohlenstoffteilchen erfüllte Kern lässt hingegen kaum Licht durch und wirft daher einen Schatten.

Die Konvektion ist eine Folge der Schwerkraft. Die leichteren heißen Gase werden von den kalten schwereren Gasen der Umgebungsluft nach oben weg gedrückt. Dort kühlen sie sich ab und sinken wieder herab. Würde eine Kerze auch in Schwerelosigkeit brennen? Diese Frage lässt sich mit einem Experiment beantworten: Wenn man auf der Erde einen Gegenstand frei fallen lässt oder wirft, wird er schwerelos. Eine geworfene brennende Kerzenflamme erfährt keinen Auftrieb mehr.

Um das zu zeigen, wird eine kurze Kerze im Deckel eines großen durchsichtigen Gefäßes fixiert. Nach dem Entzünden der Kerze stülpt man den Behälter über den Deckel mit der brennenden Kerze und schraubt ihn zu. Die Kerzenflamme hat für die kurze Zeit des Versuchs genügend Luft, störende Luftströmungen aufgrund der Bewegung wer-

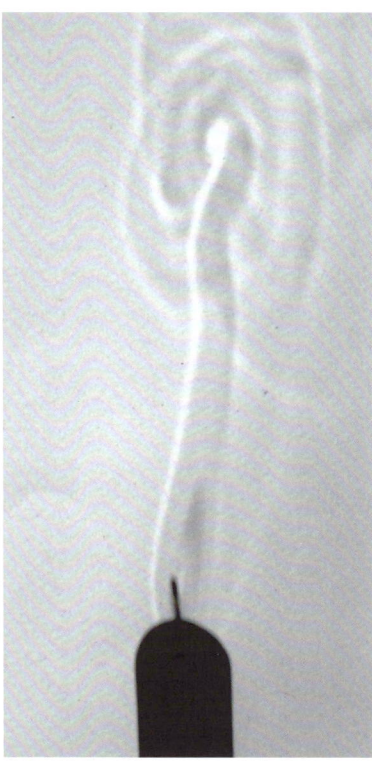

Abb. 6 *Schatten einer brennenden Kerze, links bei ruhiger, rechts bei unruhiger Luft.*

den jedoch verhindert. Lässt man nun das Gefäß aus einiger Höhe fallen und von einem Helfer auffangen, so kann man feststellen, dass während des Falls die Flamme winzig klein wird oder ganz ausgeht. Unter idealen Bedingungen kann eine Kerze auch bei Schwerelosigkeit „brennen." Versuche im Weltraum haben gezeigt, dass eine winzige, fast kugelförmige Flamme entsteht (Abbildung 7). Sie erhält den Sauerstoff durch Diffusion. Aber ob man da noch von einer Kerzenflamme sprechen kann, ist die Frage.

Eine Kerzenflamme besitzt keine einheitliche Färbung, sondern ist in sich strukturiert. In der Mitte leuchtet sie stark gelblich, am Rande ist sie wie schon beschrieben farblos. Diese Bereiche haben unterschiedliche Temperaturen. Am Rande ist sie sehr heiß in der Mitte kühler (Abbildung 8). Das lässt sich experimentell demonstrieren, indem man ein Streichholz schnell in die Mitte des unteren Bereiches der Flamme hält. Dann entzündet sich der Kopf zunächst nicht, obwohl er normalerweise sofort entflammen müsste.

Die unterschiedliche Wärmeentwicklung im Innern der Flamme und im äußeren Saum kann man auch durch das folgende Experiment erkennen. Man hält eine aufgebogene Büroklammer oder einen anderen Draht quer durch die Flamme und wartet einige Zeit. Dann wird man feststellen, dass der Draht nicht einheitlich, sondern nur im Bereich des heißen Außensaums der Flamme glüht.

Abb. 8 *Die unterschiedlichen „Farben" der Flamme zeugen von einer unterschiedlichen Temperatur. Am heißesten ist es am gut mit Sauerstoff versorgten Saum der Flamme.*

Wunderwerk Kerze

Eine brennende Kerze ist uns allen vertraut und erscheint wenig spektakulär. Dennoch vereinigt sie in sich zahlreiche physikalische Phänomene und raffinierte technologische Methoden, ähnlich einer gut funktionierenden Maschine. Die feste Wachssäule ist sowohl festes Standbein als auch behälterloser Feststofftank für das Brennmaterial. Der Docht ist eine Art Kapillarpumpe, der ohne bewegliche Teile das flüssige Wachs gleichmäßig und wohldosiert transportiert. Die feinen Kapillaren führen den Brennstoff dem Reaktionsraum der Flamme zu. Dort verdampft er und geht durch atomare Anregungsvorgänge in den Plasmazustand über, der

sich durch das erwünschte Leuchten bemerkbar macht. Zur Lichterzeugung trägt vor allem die infolge der hohen Temperatur der leuchtenden Kohlenstoffatome abgegebene Schwarzkörperstrahlung bei.

Literatur

[1] M. Faraday, Naturgeschichte einer Kerze. Franzbecker, Hildesheim 1979.
digital.staatsbibliothek-berlin.de/werkansicht/
?PPN=PPN741194392&PHYSID=PHYS_0001
[2] wikipedia.org/wiki/Paraffin
[3] H. J. Schlichting, Prax. Naturwiss. Phys. **1994**, *43*(4), 12.
[4] J. Fricke, Phys. Unserer Zeit, **1978**, *9*(6), 163.

Zur physikalischen Dialektik des Pustens

Durch Pusten lassen sich Gegenstände sowohl erwärmen als auch abkühlen. Entscheidend für den Endeffekt ist, welche der ausgelösten physikalischen Vorgänge dominieren.

D er Trick, seinen morgendlichen Kaffee oder Tee durch Blasen zu kühlen, ist jedem so vertraut, dass er kaum noch darüber nachdenkt, wie das angehen kann (Abbildung 1). Denn eigentlich müsste man sich darüber wundern, weil die Atemluft nahezu die Körpertemperatur des Menschen hat und somit wärmer ist als die Umgebungsluft. Das weiß man und nutzt es im Winter auch manchmal aus, wenn man in die hohl aneinandergelegten kalten Hände bläst, um etwas Linderung zu erfahren.

Pustet man kräftig über den Handrücken, so ist von der Wärme der Atemluft nicht viel zu spüren. Sie fühlt sich kühl an. Befeuchtet man den Handrücken zusätzlich noch etwas, so ist der Kühleffekt noch wesentlich ausgeprägter. Eine weitere Steigerung wird erreicht, wenn man den Handrücken statt mit Wasser mit einer leicht flüchtigen Flüssigkeit, wie alkoholhaltigem Parfüm benetzt. Dann reicht es bereits, die Hand leicht hin und her zu bewegen, um eine Abkühlung hervorzurufen. Die Temperaturabnahme muss also mit der Verdunstung der Flüssigkeit zu tun haben. Denn man weiß: Alkohol verdunstet viel schneller als Wasser.

Das Verdunsten oder Verdampfen einer Flüssigkeit ist ein spontaner Prozess, der dem natürlichen Streben entspricht, die Flüssigkeitsmoleküle im Raum zu verteilen. Darin äußert sich der zweite Hauptsatz der Thermodynamik, wonach jeder von selbst ablaufende Vorgang mit einer Entropiezunahme verbunden ist [1]. Damit die Flüssigkeit verdunsten oder verdampfen kann, ist Energie nötig, um die Flüssigkeitsteilchen aus dem flüssigen Verband zu lösen und in Bewegung zu versetzen. Diese Energie wird der Umgebung und das heißt insbesondere der Flüssigkeit sowie der benetzten Haut entzogen, so dass es zu einer Temperaturabnahme kommt. Die Abkühlung der umgebenden Luft ist dabei in den meisten Fällen vernachlässigbar gering, weil ihre Energiespeicherkapazität (Wärmekapazität) und Wärmeleitfähigkeit sehr klein sind.

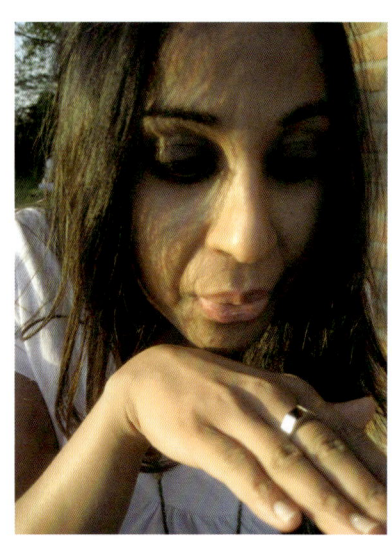

Abb. 1 *Hilft Pusten, den Kaffee zu kühlen?*

Den Wärmeentzug merkt man sofort, denn die Temperatursensoren der Haut sind – wie man aus zahlreichen anderen Erfahrungen weiß – relativ empfindlich. Wichtig ist allerdings die Bewegung. Hält man die befeuchtete Hand einige Zeit lang still, geht der Kühleindruck weitgehend verloren und das nicht nur, weil man sich an die Situation gewöhnt hätte. Vielmehr nimmt die unbewegte Luft in der Nähe der feuchten Hand immer mehr Flüssigkeitsdampf auf und sorgt auf diese Weise dafür, dass die Verdunstungsrate wieder zurückgeht. Denn aus der feuchten Luftschicht über der Hand kondensieren schließlich genauso viele Dampfpartikel wie Flüssigkeitspartikel verdunsten. Dabei wird genauso viel Energie durch Wärme wieder an die Hand zurückgegeben, wie ihr bei der Verdunstung entnommen wurde. In diesem stationären Gleichgewicht findet also keine weitere Abkühlung statt. Erst wenn diese „Schutzschicht" über der Haut durch Bewegung zerstört wird, verdunsten die Teilchen wieder zunehmend und der Kühleffekt setzt wieder ein (siehe auch: Heiße Experimente – Physik in der Sauna, Seite 97).

Durch das Blasen wird die feuchtigkeitsgesättigte Luft vertrieben. Die Nettoverdunstung und die damit verbundene Abkühlung steigen dabei offenbar so weit an, dass das gegenläufige Erwärmen durch die warme Atemluft mehr als ausgeglichen wird.

Bei dem eingangs erwähnten Beispiel des heißen Tees ist es ähnlich. Der aufsteigende heiße Wasserdampf trägt einen verhältnismäßig großen Teil der Energie mit sich fort. Dabei ist der Energiegehalt des Dampfes wesentlich größer als der von Luft derselben Temperatur. Das merkt man zum Beispiel daran, dass selbst der kurzzeitige Kontakt mit heißem Wasserdampf zu schlimmen Verbrühungen führen kann, schlimmer noch als beim Kontakt mit kochend heißem Wasser. Denn der Wasserdampf enthält neben der thermischen Energie, die ihm durch das Erhitzen auf 100 °C zugeführt wurde, auch noch die Verdampfungsenergie, die durch den Übergang von der Flüssigkeit zum Gas aufgewendet werden musste. Sie ist wesentlich größer als die thermische Energie. Denn beim Erhitzen von Wasser bleibt die Temperatur des Wassers konstant bei 100 °C stehen, und der weiterhin fließende Energiestrom dient von nun an der Verdampfung. Da es wesentlich länger dauert, Wasser zu verdampfen, als es zum Sieden zu bringen, muss die Verdampfungsenergie entsprechend größer sein als die thermische Energie. Wenn also heißer Wasserdampf die Haut berührt, kondensiert das Wasser und gibt neben der thermischen Energie die wieder frei werdende Verdampfungsenergie an die Haut ab.

Der über dem heißen Tee aufsteigende Wasserdampf kondensiert teilweise sofort wieder, wenn er in Kontakt mit der kalten Luft gerät und macht sich durch Nebelschwaden bemerkbar (Abbildung 2). Über dem Tee bildet sich daher eine weitgehend feuchtigkeitsgesättigte Schicht, die eine weitere Zunahme der Verdunstungsrate stark vermindert. Bläst man die Dampf- und Nebelfahnen weg, so werden die Verdunstungsrate und damit die Abkühlung des Tees wesentlich gesteigert.

Einfache Messungen

Um einen Eindruck von dieser Steigerung zu gewinnen, haben wir einige Freihandexperimente durchgeführt. Wir ließen dieselbe Menge heißen Wassers in derselben Umgebung und in baugleichen Gläsern abkühlen. Dabei überließen wir das eine Glas sich selbst und beim anderen bliesen wir die Dampffahne ständig weg. Um die Messung reproduzierbar zu machen, überließen wir das Blasen einem kleinen Ventilator, dessen Luftstromstärke etwa der des Pustens entsprach. Der Wasserverlust wurde mit einer empfindlichen Waage gemessen. Temperatur, Luftdruck und Luftfeuchte waren während der Messungen in etwa konstant. Das Ergebnis war eindeutig. Nach einer Messzeit von zehn Minuten waren der Massenverlust beim Blasen und die Temperaturabnahme um mehr als ein Drittel größer als ohne Luftbewegung in der Nähe des Gefäßes.

Aus der Massenabnahme des Wassers berechneten wir die Temperaturabnahme, wie sie allein aufgrund der Verdunstung zu erwarten wäre, wenn die Energie vollständig dem Wasser entnommen wird. In beiden Fällen war sie geringer als die tatsächlich gemessene Abnahme. Wenn man einmal davon absieht, dass möglicherweise auch noch ein geringer Teil der Energie der umgebenden Luft entnommen wurde, lässt dieses Ergebnis den Schluss zu, dass direkte Wärmetransportvorgänge wie Wärmeleitung und Konvektion der umgebenden Luft zur Abkühlung beitrugen. Dieser Schluss wurde noch dadurch untermauert, dass die Temperaturdifferenz im Falle der durch Blasen intensivierten Abkühlung noch größer war als im unbeeinflussten Fall. Des Weiteren lässt sich daraus folgern, dass das Blasen nicht nur die Verdunstung weiter anfacht, sondern auch den Wärmetransport vor allem durch Konvektion steigert.

Verdunstungskühlung tritt auch beim Schwitzen in Kraft. Der Körper schickt Wasser auf die Haut damit es verdunstet und so eine entsprechende Abkühlung bewirkt. Auch hier lässt sich der Effekt durch Blasen steigern. Ventilatoren und Fans, die ja eigentlich durch den Verbrauch von elektrischer Energie zu einer weiteren Erwärmung des Zimmers führen, kühlen angenehm, indem sie die Verdunstungsrate des Schweißes und die Konvektion der Luft in der Nähe der Haut intensivieren.

Das Verdunsten zum Zwecke der Kühlung nutzen wir auch auf technische Weise. Vor der Erfindung des Kühlschranks, der ebenfalls davon Gebrauch macht, beschreibt Adalbert Stifter, auf welche Weise er seinen Wein kühlt. „Das Glas wird in ein Fach von sehr lockerem Stoffe gestellt, der

Stoff mit einer sehr dünnen Flüssigkeit, die Äther heißt, und die ich in einem Fläschchen immer mit führe, befeuchtet, welche Flüssigkeit sehr schnell und heftig verdünstet, und dabei eine Kälte erzeugt, daß der Wein frischer wird als wenn er eben von dem Keller käme, ja als ob er sogar in Eis stünde." Nicht nur „als ob", mit Ether kann man Wasser tatsächlich zum Gefrieren bringen.

Dazu stellt man ein Uhrglas oder eine ähnliche flache Schale mit etwas Ether an einem luftigen Ort, beispielsweise am geöffneten Fenster, auf eine kleine Wasserpfütze, die aufgrund der Benetzung eine thermisch gut leitende Verbindung zwischen Glas und Wasser vermittelt. Bläst man anschließend über die verdunstende Flüssigkeit, so

Abb. 2 *Nebelschwaden lassen erkennen, in welchem Maße die Luft über dem Tee von heißem Dampf und Tröpfchen erfüllt ist.*

gefriert die dünne Wasserschicht und fixiert das Uhrglas auf der Unterlage. Das durch das Pusten verstärkte Verdampfen des leicht flüchtigen Ethers ist also so groß, dass die der Umgebung entzogene Energiemenge ausreicht, um die Temperatur des Wassers unter den Gefrierpunkt zu erniedrigen.

Beim Trocknen der Haare benutzt man einen Haartrockner, der einen Luftstrom auf das nasse Haar erzeugt. Schaltet man die Heizspiralen aus, so wird es am Kopf ungemütlich kalt, obwohl der Luftstrom Umgebungstemperatur hat. Um diese durch Verdunstung zustande gekommene Abkühlung zu vermeiden und genügend Energie für das Verdampfen des Wassers zur Verfügung zu stellen, wird der Luftstrom elektrisch aufgeheizt. Wie heiß die Luft des Haartrockners ist, merkt man erst, wenn das Haar trocken ist. Weil der heißen Luft dann keine Energie mehr entzogen wird, ist der Kopf dem unvermindert heißen Luftstrom ausgesetzt und das ist mehr als man an der trockenen Haut ertragen kann.

Unangenehm wird es auch, wenn einen nach dem Schwimmen der Wind durchpustet. Man spricht dann vom kühlen Wind, obwohl auch diese bewegte Luft Umgebungstemperatur besitzt. Kühl wird es erst dadurch, dass der Wind die Verdunstung anfacht und die Verdunstungsenergie dem Körper entzogen wird.

Das alte Hausrezept, heiße Getränke und Speisen durch Pusten abzukühlen erweist sich also als sehr wirkungsvoll. Die Wirkung ist vor allem zwei Umständen zu verdanken. Zum einen werden durch das Pusten die heiße Luft und der heiße Dampf entfernt. Damit wird nicht nur die Energie abgeführt, die zur Erwärmung von Luft und Wasser nötig war, sondern auch noch die Energie (latente Wärme), die zum Verdampfen des Wassers aufgewandt wurde. Weil damit aber der Zustrom kalter und relativ trockener Luft verbunden ist, wird zum anderen die Verdampfung erneut angefacht und der Flüssigkeit die entsprechende Energie entzogen.

Literatur

[1] H. J. Schlichting, PdN-Physik **2000**, *49*(2), 2.

Miniexplosionen in der Küche

Puffmaiskörner verhalten sich bei Zufuhr von Wärme wie kleine Dampfkessel. Das in ihnen vorhandene Wasser verdampft teilweise und führt schließlich zur Explosion der Körner, wobei die geschmolzene Stärke zu einem Schaum aufgeblasen wird – fertig ist das beliebte Popcorn.

Wer sich im Kino an den Geräuschen stört, die mit dem Verzehr von Popcorn einhergehen, sollte sich vielleicht damit trösten, dass diese luftigen und leichten Gebilde den größten Krach bereits hinter sich haben. Den geben sie bei ihrer Geburt von sich, wenn sie mit einem vernehmlichen dumpfen Knall aus einem unscheinbaren Maiskorn hervorgehen.

Das dabei vermittelte Gefühl, es mit relativ viel Energie zu tun zu haben, erscheint durchaus gerechtfertigt. Denn die steinharten Körner, an denen man sich ansonsten die Zähne ausbeißen würde, geben sich erst unter großer Hitzeeinwirkung bei einer Temperatur von etwa 180 °C geschlagen. Dann blähen sie sich schlagartig zu einem zerfurchten pilzartigen Gebilde auf, das nicht die geringste Ähnlichkeit mit dem ursprünglichen Korn aufweist (Abbildung 1). Lediglich die kleinen braunen Einsprengsel erinnern an die Außenhaut der Körner.

Die Popcornmaschine

Maiskörner lassen sich auf unterschiedliche Weise erhitzen. Sehr verbreitet sind heute einfache Geräte, in denen die Körner in einen Topf gefüllt und einem sehr heißen Luftstrom ausgesetzt werden (Abbildung 2), der sie allmählich aufheizt. Zu Beginn sind die Körner hart und dicht und

klimpern wie kleine Kieselsteine über den Boden des Gefäßes. Da die Körner eine relativ große Dichte und kleine Oberfläche aufweisen, ist der mit der Oberfläche zunehmende Luftwiderstand nicht so groß, dass sie durch den Luftstrom aus dem Behälter geblasen werden können. Das ändert sich, sobald sich durch das typische dumpfe Poppen die Transformation vom kleinen glatten Korn zum großen unförmigen Puffmais bemerkbar macht und die ersten Exemplare aus der Öffnung der Popcornmaschine herausschießen. Kurz danach schwillt die Popfrequenz zu einem Dauerfeuer an, gefolgt von scharenweise aus der Öffnung quellendem, neugeborenem Popcorn. Das Volumen und damit die Oberfläche sind infolge des Poppens so stark angewachsen, dass die gepoppten Körner zum Spielball des Luftstroms werden.

Interessant ist, dass jetzt auch einige ungepoppte Körner herausgeblasen werden. Aber das liegt daran, dass die an sich für den Lufttransport zu schweren Körner von ihren großen Nachkommen mitgerissen werden.

Auch andere Getreidekörner können gepoppt werden. Dies läuft aber weitaus weniger spektakulär ab, und der Aufblähungseffekt ist vergleichsweise klein.

Popcorn ist eine spezielle Maissorte (*Zea mays convar. microsperma*), die im Deutschen auch Puffmais genannt wird. Sie hat ihren Ursprung in Amerika, wo sie schon die Urbevölkerung in der gepoppten Form als Nahrungsmittel kannte.

Die Körner bestehen zum größten Teil aus Stärke mit kleineren Anteilen an Proteinen und Wasser. Unter einer harten Hülle (dem Pericarp) befindet sich der Keim, der vor allem von einem glasigen Granulat aus Stärkepartikeln umgeben ist. Im Vergleich zu den anderen Getreidekörnern zeichnet sich Popcornmais durch einen besonders großen Stärkeanteil aus, der einen hohen Wassergehalt von bis zu 14 % des Gesamtvolumens enthält. Das Wasser ist hauptsächlich in dem für das spektakuläre Poppen wichtigen Stärkegranulat gespeichert [1].

Trotz der Jahrhunderte langen Bekanntheit des Popcorns sind die physikalischen Mechanismen, die der wundersamen Metamorphose zugrunde liegen, erst seit dem letzten Jahrhundert Gegenstand physikalischer Untersuchungen und werden auch heute noch erforscht. So wurden in einer kürzlich erschienenen Publikation französischer Wissenschaftler einige frühere Ansichten vor allem mit Hilfe von High-Speed-Aufnahmen präzisiert und mit neueren Erkenntnissen angereichert [2].

Popkörner sind Minidampfkessel

In einer einfachen Modellierung kann man die Maiskörner mit ihrer harten äußeren Hülle als winzige Dampfdruck-

| **Abb. 1** *Popcorn – vor (links) und nach dem Poppen (rechts).*

kessel ansehen. Beim Erwärmen verdampfen zu einem geringen Anteil die flüssigen Bestandteile, und es baut sich ähnlich wie in einem Dampfdrucktopf ein hoher Druck auf. Wegen der mit der Drucksteigerung einhergehenden Siedepunkterhöhung bleibt das übrige Wasser in den Kesselchen flüssig. Bei einer Temperatur von 150 °C beginnt die Stärke in den Körnchen des Granulats teilweise zu schmelzen [3]. Sobald die kritische Temperatur von etwa 180 °C erreicht ist, passiert das, was in einem Dampfdrucktopf niemals passieren sollte, weil dieser mit einem Sicherheitsventil versehen ist: Die feste Hülle der Maiskörner gibt an ihrer schwächsten Stelle nach und platzt. In diesem Moment fällt der Druck sehr plötzlich ab. Als Folge davon sinkt der Siedepunkt des überhitzten Wassers im Stärkegranulat drastisch, was zu einer stürmischen Verdampfung führt. Die Poptemperatur lässt sich übrigens thermodynamisch leicht abschätzen (siehe „Abschätzung der „Poptemperatur")

Urknall im Kleinen

Aus dem Verhältnis der Dichte des Wassers bei 180 °C und der Dichte des Wasserdampfes kann man abschätzen, um welchen Faktor das Wasservolumen zunimmt, wenn das flüssige Wasser verdampft. Ausgehend von der Definition der Dichte

$$\rho = \frac{m}{V},$$

wobei m die Masse und V das Volumen einer bestimmten Wassermenge sind, kann man aus dem Verhältnis der Dichte des flüssigen Wassers ρ_f und des gasförmigen Wassers ρ_g ermitteln:

$$\frac{\rho_f}{\rho_g} = \frac{\frac{m}{V_f}}{\frac{m}{V_g}} = \frac{V_g}{V_f} = \frac{891\,\text{kg/m}^3}{0,598\,\text{kg/m}^3} = 1490.$$

(Die Werte für die Dichte von Wasser bei 18 °C und Wasserdampf bei 100 °C findet man in einschlägigen Tabellenwerken oder im Internet).

Diese Volumenzunahme beim plötzlichen Verdampfen des Wassers kommt der Expansion der Körner beim Poppen nur teilweise zugute, weil beim Platzen ein Großteil des Dampfes zwangsläufig entweicht. Den Wasserverlust könnte man übrigens dadurch feststellen, dass man die Masse einer gegebenen Anzahl von Maiskörnern vor und nach dem Poppen vergleicht.

Die Volumenzunahme beim Poppen der Maiskörner kommt folgendermaßen zustande. Die zu einer geleeartigen Masse geschmolzenen Körnchen des Stärkegranulats werden durch den plötzlich entstehenden Dampf wie Miniballons aufgeblasen. Sie quellen infolgedessen insgesamt zu einer schaumartigen Struktur auf, die man unmittelbar nach dem Poppen als das erkennt, was viele Menschen im Kino so sehr schätzen. Die unmittelbar fest an der Hülle anhaftende Stärke kann nur teilweise expandieren. Daher windet sich die aufblähende Stärke um die Hüllenfragmente

herum und stülpt das Innere nach außen. Das kann man sehr schön an den wulstförmigen Teilen erkennen, die an den Hüllenfragmenten anhaften (Abbildung 3).

Eine ähnliche wundersame Volumenvergrößerung wie beim Popcorn geschieht beispielsweise beim Aufschäumen des Eiklars zu Eischnee. Wenn man daraus dann auch noch Baisers backt, kommt man auf eine ähnlich feste Konsistenz wie beim Popcorn. Was beim Eischnee jedoch in mehreren Arbeitsschritten unter vergleichsweise hohem Zeitaufwand gelingt, läuft beim Poppen selbsttätig und nahezu instantan ab. Erst die Zeitlupe vermag diesen Prozess als ein wohlorganisiertes zeitliches Geschehen zu entlarven [2].

Abb. 2 *Eine Popcornmaschine in Aktion.*

Allerdings lässt nicht einmal die Einzelbildanalyse genau erkennen, wie es zu dem schnellen Erstarren und Aushärten des Stärkeschaums kommt. Damit so etwas passiert, muss dem Schaum sehr schnell verhältnismäßig viel Energie entzogen werden. Denn er muss zunächst einmal bis zum Erstarrungspunkt abgekühlt werden. Darüber hinaus – und das schlägt noch stärker zu Buche – muss die bei der Erstarrung der Stärkemasse frei werdende Erstarrungswärme, die bei der Verflüssigung aufgenommen wurde, irgendwo bleiben.

Ein Gedanke zur Lösung drängt sich allerdings auf, wenn man sich klarmacht, dass nur ein Bruchteil des frei werdenden Wasserdampfs dazu dient, die Zellen des gepoppten Korns aufzuschäumen. Der überwiegende Teil expandiert an der unter Normaldruck stehenden Umgebungsluft. Und wie man beispielsweise vom Entweichen der Luft aus dem Ventil eines Reifens weiß, geht die Expansion eines Gases mit einer merklichen Abkühlung einher. Ein großer Teil der bei der Erstarrung des Stärkeschaums frei werdenden Energie dürfte demnach direkt für die Abkühlung und Expansion genutzt werden.

Wegen dieses passenden Energieaustauschs muss keiner befürchten, sich die Finger zu verbrennen, wenn er ein frisch gepopptes Korn aus dem Luftstrom herausfischt. Wenn er allerdings eines der mitgerissenen unversehrt gebliebenen Körner erwischt, kann es schon schmerzhaft heiß werden. Auch an diesem Unterschied erkennt man, dass die Abkühlung durch Expansion wirksam war.

Dabei sollte jedoch ein interessantes physikalisches Detail nicht überse-

Abb. 3 *Weil die Stärke fest an der Hülle haftet, quillt die expandierende Masse um die Hüllenfragmente herum, so dass diese innen zu liegen kommen.*

Abb. 4 *Popcorn (links) und Polystyrol (rechts).*

hen werden. Der gepoppte Mais fühlt sich kühler an als er wirklich ist. Denn aufgrund des großen Luftanteils und der damit verbundenen geringeren Wärmeleitfähigkeit sowie der kleineren Wärmekapazität, spürt man von der hohen Temperatur nicht viel (siehe dazu auch den Artikel: Heiße Experimente – Physik in der Sauna, S. 97). Man kann nämlich nachmessen, dass die Temperatur der frisch gepoppten Körner zwar gesunken, aber immer noch um die 135 °C beträgt. Bei Berührung eines weniger luftigen Objekts könnte das schmerzhaft werden.

Purzelbaum

Dass es beim Poppen des Mais äußerst dynamisch zugeht, sieht man mit bloßem Auge, wenn man den Aufsatz der Popcornmaschine abnimmt: die Körner springen hoch und drehen sich. Was dabei im Einzelnen passiert, lässt sich jedoch nur mit Hilfe einer Zeitlupendarstellung entschlüsseln [2]. Ein durch einseitig ausströmenden Wasserdampf bedingter

ABSCHÄTZUNG DER „POPTEMPERATUR"

Die kritische Temperatur T_k lässt sich mit Hilfe der Formel von Clausius-Clapeyron abschätzen:

$$T_k = \frac{T_0}{1 - \dfrac{RT_0 \ln\left(\dfrac{p_k}{p_0}\right)}{MH}}.$$

Dabei sind $T_0 = 373$ K die Siedetemperatur des Wassers, $p_0 = 1013$ hPa der normale Luftdruck, $R = 8{,}3$ J/(Mol K)

die Gaskonstante, $M = 18$ g/Mol die molare Masse und $H = 2{,}3$ kJ/kg die spezifische Verdampfungswärme von Wasser. Der kritische Druck, bei dem die Maiskörner platzen, wird in der Literatur [2] mit $p_k = 1$ MPa angegeben. Durch Einsetzen erhält man $T_k \sim 550$ K, also 178 °C, was ziemlich genau der gemessenen kritischen Temperatur von 180 °C entspricht.

Raketeneffekt kann als Ursache ausgeschlossen werden. Vielmehr zeigt sich, dass nach dem Platzen der Körnerhülle und dem damit einsetzenden Aufschäumen der Stärke einzelne Auswüchse aus dem zunächst noch kompakten Gebilde hervorquellen. Prallt ein solcher Auswuchs dabei gegen den Boden, erfährt er eine Reaktionskraft, durch die er und damit das ganze Popcorn nach oben beschleunigt und gleichzeitig in Drehung versetzt wird. Das Popcorn kommt also ohne Übertreibung mit einer Art Purzelbaum auf die Welt.

Popmusik

Das auf einen Moment konzentrierte Geschehen wird von einer charakteristischen „Popmusik" akustisch untermalt. Wenn man dadurch entfernt an den Klang beim Entkorken einer Sektflasche erinnert wird, so ist das nicht ganz abwegig. Denn hier wie dort ist die plötzliche Entspannung eines unter hohem Druck in einem Hohlraum eingeschlossenen Gases im Spiel. Beim Poppen sind es sogar mehrere Hohlräume, die beim Platzen den komprimierten Dampf schlagartig freigeben. Die Summe der dadurch nahezu instantan ausgelösten Schwingungen teilen sich unseren Ohren als unverkennbaren Knall der Popcornentstehung mit.

Popcorn erinnert rein äußerlich an jene Flocken aus Styropor , die oft als Füllmaterial für Verpackungen benutzt werden. Damit polstert man die Ware gegen Beschädigungen ab, ohne dass das Füllmaterial nennenswert ins Gewicht fällt. Die Ähnlichkeiten gehen aber noch weiter. Styropor, das aus chemischer Sicht zur Gruppe der Polystyrole zählt, wird aus einer transparenten thermoplastischen Substanz geringer Dichte aufgeschäumt, wobei das Abkühlen und dadurch bedingte Aushärten ebenfalls durch Verdampfen der schaumbildenden Agenzien bewirkt wird. Wen wundert es da, dass auch Popcorn als Füllmaterial benutzt wird, was sich hinterher noch an Vögel und Vieh verfüttern oder kompostieren lässt. Anders als Styropor ist Popcorn jedoch wasserlöslich und zergeht gewissermaßen auf der Zunge. Ohne salzige oder süße Zusatzstoffe erinnert der Geschmack von Popcorn daran wie man sich den Geschmack von Polystyrolflocken vorstellt. Denn kaum einer wird bereit sein, dies wirklich zu überprüfen.

Literatur

[1] D. Park et al., J. food compos. anal. **2000**, *13*, 921.
[2] E. Virot, A. Ponomarenko, J. R. Soc. Interface **2015**, *12*, doi: 10.1098/rsif.2014.1247; Videos: youtu.be/9QE2E9cT7SM youtu.be/sR3wKMfV2Zo
[3] H. G. Schwartzberg et al., Journal of Food Engineering **1995**, *25*, 329.

Heiße Experimente – Physik in der Sauna

In einer Sauna herrschen ungewöhnliche thermische Bedingungen. Ein Saunagang lässt sich daher leicht zu einer Experimentalsituation umfunktionieren. Thermometer, Sanduhr, Hygrometer und oft auch eine Waage stehen standardmäßig zur Verfügung. Gegenstand der Experimente ist vor allem der eigene Körper.

Wer sich in einer finnischen Sauna aufhält, befindet sich an einem Ort mit extrem hohen Temperaturen bis zu 110 °C (Abbildung 1). Bei diesen Bedingungen laufen physikalische Prozesse ab, die teilweise zu völlig unerwarteten und unvertrauten Phänomenen führen. Einige Fragen drängen sich dabei förmlich auf:

- Wie hält der Mensch in der Sauna Temperaturen von 100° C eine gewisse Zeit lang aus, während er nicht einmal einen kleinen Finger in siedend heißes Wasser stecken könnte, ohne sich zu verbrühen?
- Warum erwärmt sich die Haut eines Menschen in der Sauna normalerweise nicht über eine Temperatur von 43 °C hinaus [1], während die übrigen Gegenstände in der Sauna nach einer gewissen Zeit nahezu die Temperatur der Luft, also etwa 100 °C annehmen?
- Welche Wirkungen gehen von einem Aufguss aus, der die Temperatur in der Sauna zwar nahezu unverändert lässt, dem Saunierenden aber das Gefühl einer extremen Temperaturzunahme vermittelt?

Temperatur und menschliches Wärmeempfinden

Der erste Saunabesuch kann als fundamentales physikalisch-physiologisches Experiment mit der Fragestellung angesehen werden: Wie lange hält man es bei einer Temperatur von 100 °C in der Sauna aus? Natürlich hängt die Zeit individuell vom Probanden ab, aber typische Aufenthaltsdauern liegen bei 10 bis 30 Minuten. Gemessen an der hohen Temperatur, wie sie natürlicherweise auf der Erde nicht vorkommt, mag das sehr kurz erscheinen. Bedenkt man aber, dass in einer Badewanne bei 100 °C selbst kürzeste Zeitspannen nicht überlebt werden können, zeigt sich, dass die Temperatur allein die beiden Situationen nicht ausreichend charakterisiert.

Abb. 1 *Typische Form einer finnischen Sauna, meist mit einem Elektroofen von 18 bis 21 kW ausgestattet.*

Die thermische Wirkung eines Mediums auf einen Organismus hängt nicht nur von seiner Temperatur ab. Die weißglühenden Teilchen, die beim Schleifen eines Meißels oder beim Abbrennen einer Wunderkerze auf die bloße Hand prasseln, haben eine Temperatur von über 1000 °C. Auf der Haut rufen sie jedoch nur leichtes Prickeln hervor, weil ihre innere Energie wegen der kleinen Masse so gering ist, dass sie nicht viel Wärme abgeben und daher keine signifikante Temperaturerhöhung bewirken können.

Entscheidend für die Schädigung eines Organismus ist die Energiestromstärke, also die pro Zeiteinheit aufgenommene Energie. Sie hängt nicht nur von der Temperaturdifferenz zwischen Körper und Umgebung ab, sondern auch vom Wärmetransport, der von der Wärmeleitfähigkeit und dem Konvektionsverhalten von Luft und Wasserdampf bestimmt wird. Aber auch das Energiespeichervermögen des Mediums, also seine Wärmekapazität, spielt eine wichtige Rolle. So ändert sich beispielsweise die Temperatur der Haut in heißem Wasser wesentlich schneller als in Luft bei derselben Temperatur. Und da die Temperatursensoren in der Haut nicht unmittelbar die Temperatur des berührten Gegenstands messen, sondern die Änderungsgeschwindigkeit der Hauttemperatur an der berührten Stelle registrieren, empfinden wir das Wasser als wesentlich heißer als die Luft.

Energiebilanz eines unbekleideten Menschen

Als Warmblüter ist der Mensch im Normalfall auf eine Umgebung angewiesen, die etwas kühler ist als die Körpertemperatur von 37 °C. Denn selbst im Sitzen oder Liegen fällt bei einem Erwachsenen allein aufgrund der elementaren Körperfunktionen ein Energiestrom mit einer Stärke von circa 100 W an; bei aktiver körperlicher Tätigkeit ist es mehr [2]. Dieser Energiestrom muss an die Umgebung abgegeben werden, damit sich die Körpertemperatur nicht erhöht. Der Mensch wird sich daher willkürlich und unwillkürlich so verhalten, dass die Energiebilanz zwischen Energieproduktion und Energieabgabe ausgeglichen ist. Das geschieht willkürlich beispielsweise durch Bewegung, aber auch unwillkürlich durch Körperzittern oder Schwitzen.

Der Wärmetransport zwischen Körperoberfläche und Umgebung erfolgt durch ein Zusammenspiel von Wärmeleitung und Konvektion. Dabei wird ein Energiestrom P_L durch eine am Körper haftende Luftschicht der Dicke d_l geleitet, (die je nach Luftbewegung, Behaarung usw. in ihrer Dicke schwanken kann) und gelangt dann in bewegte Luftschichten, wo sie durch Konvektion weitertransportiert wird. Da beim Übergang von Wärmeleitung zur Konvektion keine Energie verlorengehen kann, genügt es, den Wärmestrom durch Wärmeleitung zu berechnen [2]:

$$P_L = \frac{\lambda_1}{d_1} \cdot A \left(T_H - T_U \right). \tag{1}$$

Dabei sind λ_1, d_l, und A die Wärmleitfähigkeit der Luft, die Dicke der Luftschicht am Körper und die Körperoberfläche. T_H und T_U bezeichnen die Haut- und die Umgebungstemperatur.

Betrachten wir zunächst den Fall, dass der Mensch unbekleidet einer Umgebungstemperatur von 23 °C (~296 K) ausgesetzt ist. Geht man von einer Luftschicht mit einer mittleren Dicke von 4 mm [3] sowie einer Körperoberfläche von 1,8 m² aus und setzt für die Wärmeleitfähigkeit der Luft 0,026 W/(m K) und für die Hauttemperatur 32 °C (305 K) ein, so ergibt sich eine Energiestromstärke von 105 W.

Außer der Abgabe von Wärme an die Luft strahlt der Körper Wärme ab. Der entsprechende Energiestrom P_S lässt sich durch:

$$P_S = \sigma A \left(T_H^4 - T_U^4 \right) \tag{2}$$

abschätzen. Dabei ist $\sigma = 5,67 \cdot 10^{-8}$ W/(m² K⁴) die Stefan-Boltzmann-Konstante. Obwohl diese Formel nur für Schwarze Körper gilt, kann sie hier näherungsweise angewandt werden, weil sich der Mensch in dem hier betrachteten Temperaturbereich, in dem er Wärme abstrahlt, nahezu wie ein solcher verhält. Setzt man die entsprechenden Werte ein, so erhält man einen Wert von etwa 100 W.

Die Energieabgabe durch Wärmestrahlung ist also etwa gleich groß wie die Abgabe durch Wärmeleitung und Konvektion. Insgesamt müsste der unbekleidete Mensch also einen Wärmestrom von 205 W aufrechterhalten, um nicht zu frieren und schließlich zu unterkühlen. Da ein ruhender Durchschnittserwachsener etwa 100 W produziert, müsste er sich in dieser Situation schon etwas bewegen, um die Energieproduktion entsprechend zu erhöhen. Oder er müsste sich etwas anziehen.

In der Sauna hat man es mit dem umgekehrten Problem zu tun: Man muss überschüssige Wärme loswerden. Gehen wir von einer Saunatemperatur von 100° C, einer durch die Aufheizung in der Sauna bedingten Hauttemperatur von 40 °C und einer der heißen Luft ausgesetzten Körperoberfläche von 1,3 m² aus (ein Teil des Körpers ist durch Sitzen oder Liegen bedeckt), dann wirkt auf den Menschen – wie man durch Einsetzen in Gleichung 1 leicht nachrechnen – allein durch Wärmeleitung und Konvektion ein Energiestrom von etwa 500 W ein. Mit Hilfe von Gleichung 2 lässt sich abschätzen, dass durch Strahlung von den heißen Wänden ein Energiestrom von etwa 700 W hinzukommt. Berücksichtigt man auch noch den Energiestrom des Stoffwechsels bei Ruhe von 100 W, so hätte der Mensch sich insgesamt eines Energiestroms von etwa 1,3 kW zu erwehren. Das bedeutet, dass der Körper nicht nur keine Energie abgeben kann, sondern Energie in einer Größenordnung aufnehmen müsste, wie sie zum Beispiel von einer Herdplatte auf mittlerer Stufe abgegeben wird. Wenn keine aktiven Abwehrmaßnahmen des Körpers in Gang gesetzt würden, heizte sich der Körper allmählich auf.

Der Energiestrom ist proportional zur Temperaturänderung pro Zeiteinheit, $\dot{T}$:

$$P = c\, m\, \dot{T},$$

wobei $c = 3,65$ kJ/(kg K) die spezifische Wärmekapazität [4] und m die Masse des Körpers bezeichnen. Bei einer Masse von $m = 70$ kg ergibt sich daraus für den Energiestrom der Stärke $P = 1,3$ kW eine Temperatursteigerung $\dot{T}$ von 0,31 °C/min. Das bedeutet rein rechnerisch, dass sich allein durch die Erhöhung der Körpertemperatur nach etwa 15 Minuten eine lebensgefährliche Situation ergäbe. In der Realität würden – wenn man es denn überhaupt so lange ertrüge – andere körperliche Reaktionen etwa des Kreislaufs schon lange vorher für lebensbedrohliche Probleme sorgen.

Schwitzen – eine effektive Kühlmethode

Aber der Körper beginnt schon bald nachdem man sich in der Sauna niedergelassen hat, über Poren in der Haut Schweiß (eine zu 99 % aus Wasser bestehende Flüssigkeit) abzusondern. Der für die Verdampfung des Schweißes nö-

densation des Dampfes an den kalten Rohrwandungen. Hierdurch wird noch während des Ausstoßens von Wasser das Einsaugen von Wasser eingeleitet. Die in den Rohren oszillierenden Wassersäulen spielen also in gewisser Weise die Rolle von schnell bewegten Kolben, wie man sie von Wärmekraftmaschinen her kennt. Das Arbeitsmittel dient also gleichzeitig als unverschleißbarer Kolben.

Energetische Aspekte

Die thermische Energie der Flamme wird auf das Kesselwasser übertragen und durch den beschriebenen Mechanismus zum Teil in die Aufrechterhaltung der Schwingung der Wassersäulen investiert, die den Vortrieb des Boots bewirkt. Diese mechanische Energie, die der Entdämpfung der Schwingung dient, bewirkt letztlich aufgrund von Reibungsvorgängen eine unmerkliche Erwärmung des Wassers, in dem das Boot schwimmt. Der überwiegende Teil der thermischen Energie wird an die gekühlten Rohre abgegeben und landet ebenfalls vorwiegend im Wasser.

Auch wenn sich die thermischen Verluste durch diese Kühlung sicherlich technisch reduzieren ließen, ganz vermeiden kann man sie nicht. Wie bei jeder Wärmekraftmaschine ist der Kühler notwendige Voraussetzung für das Funktionieren des Boots. Davon kann man sich durch zwei eindrucksvolle Experimente überzeugen.

Setzt man das Boot in sehr heißes Wasser, so verweigert es den Dienst. Der Dampf kühlt nun in den nunmehr heißen Rohren nicht mehr genügend ab. Das Wasser kondensiert nicht, und der Dampf treibt alles Wasser aus den Rohren. Auch wenn man die beiden Rohre löst und durch ein Stück Styropor vom Boden trennt, kann man die Kühlung und damit den periodischen Antrieb unterbinden.

Es genügt also nicht, das Boot mit thermischer Energie zu versorgen. Die Energie muss auch strömen können, um Bewegung hervorzurufen, und dazu muss eine Temperaturdifferenz aufrechterhalten werden. Die durch den Energiestrom von Warm nach Kalt bedingte Entwertung der Energie kann somit als Antrieb des Boots angesehen werden.

Dass die thermische Energie selbst im Idealfall nicht (periodisch) vollständig in mechanische Energie umgewandelt werden kann, lässt sich durch den maximal erreichbaren Carnotschen Wirkungsgrad η ausdrücken. Er ist definiert als Quotient aus zum Vortrieb genutzter mechanischer Energie W und zugeführter thermischer Energie Q. Er kann niemals 100 % betragen. Da der Wirkungsgrad nur von der Kesseltemperatur T_{Kessel} und der Kühlertemperatur $T_{Kühler}$ abhängt, lässt er sich leicht abschätzen. Geht man von einer Kesseltemperatur von 100 °C und einer Kühlertemperatur von 20 °C aus, so ergibt sich ein Wert von:

$$\eta = W/Q = 1 - T_{Kühler}/T_{Kessel} = 0{,}078,$$

also knapp 8 %. In der Praxis ist man jedoch weit davon entfernt, diesen Wert auch nur annähernd zu erreichen.

Literatur

[1] H. R. Crane, Phys. Teach. **1997**, *35*(3), 176.
[2] C. J. McHugh, Power propelled boat, www.google.com/patents?vid=1596934.
[3] J. Bindon, Model Engineer **2004**, *192*, 132, www.sciencetoymaker.org/boat/images/bindon9_04.PDF.
[4] A. Jenkins, Eur. J. Phys. **2011**, *32*(5), 1213.

Anleitungen zum Selbstbau

www.andreadrian.de/knatterboot/index.html.
www.sammlerwahn.de/html/dampfboot.htm.
www.sciencetoymaker.org/boat/makeBoat4_07.htm.
www.nmia.com/~vrbass/pop-pop.

Auf und ab im Kontra- und Kettenthermometer

Diese beiden wenig bekannten Thermometer haben eine unübliche Anzeige: niedrige Temperaturen sind oben auf einer Skala abzulesen, hohe Temperaturen umgekehrt unten. Das erklärt sich aus der Konstruktion und war namensgebend für das Kontrathermometer.

Abb. 1 *Das Kontrathermometer enthält einen Schwimmer ähnlich wie in Galilei-Thermometern.*

Der thüringische Ort Mellenbach-Glasbach schreibt in einer touristischen Einführung: „Als Weltneuheit wurde von der hier ansässigen Firma Möller-Sommer-Therm das Kontra-Thermometer entwickelt." In der Tat meldete die Firma das Prinzip dieses Thermometers in den 1990er Jahren als Offenlegungsschrift beim Deutschen Patentamt an [1]. Das Thermometer wurde auch produziert, war allerdings nie sehr verbreitet und ist heute relativ unbekannt. Es ist eher ein dekoratives Element als ein genaues Messinstrument. Die Messskala ist gerade umgekehrt wie sonst üblich: die großen Temperaturwerte befinden sich unten, die kleinen oben. Daher der Name Kontra-Thermometer. Allerdings verleitet eine solche Skala leicht zu Fehlablesungen, da wir gewohnt sind, zunehmende Werte auf senkrecht angeordneten Skalen oben zu finden.

Das Thermometer wurde und wird darüber hinaus meist unter die Galilei-Thermometer eingruppiert. Das ist jedoch nicht zutreffend, denn darunter werden üblicherweise Instrumente verstanden, bei denen eine begrenzte Anzahl von Kugeln in einem zylindrischen Gefäß schwimmen und bei denen nur eine stufenweise (digitale) Anzeige der Temperatur möglich ist [2]. Das Kontra-Thermometer besitzt hin-

gegen eine analoge Skala mit prinzipiell beliebig feiner Ablesung.

Die Konstruktion ist trickreich. Zwei nicht mischbare, transparente Flüssigkeiten befinden sich in einem länglichen Glasgefäß. Auf einem darin schwimmenden, langen, dünnen und massiven Glaszylinder befindet sich an dem oberen Ende eine mit einer gefärbten Flüssigkeit gefüllte Hohlkugel. Diese erinnert an die normalen Galilei-Thermometer mit derartigen Kugeln. Im vorliegenden Fall dient die Kugel aber zur Stabilisierung des Schwimmkörpers in den beiden Flüssigkeiten und hat darüber hinaus einen Einfluss auf die Messgenauigkeit.

Steigt die Temperatur, so verringert sich die Dichte der Flüssigkeiten, und der Messkörper sinkt ab. Die Berechnung der Tauchtiefe ist mit Hilfe des Archimedischen Prinzips möglich, wie wir gleich noch genauer sehen werden. Wie das originale Galilei-Thermometer braucht auch dieses Thermometer leicht eine Stunde, bis es sich bei einer Temperaturveränderung einem neuen Gleichgewicht genähert hat und eine sinnvolle Ablesung möglich ist.

Im Prinzip ähnlich ist ein Aräometer (auch Senkwaage oder Densimeter genannt) aufgebaut. Es dient zur Bestimmung der Dichte von Flüssigkeiten. Auch hier nehmen die am Instrument abzulesenden Werte von unten nach oben ab. Für eine genaue Berechnung der Eintauchtiefe muss man die Dichte der Luft berücksichtigen, die sich oberhalb von der zu bestimmenden Flüssigkeit befindet.

Physik von Kontrathermometer und Aräometer

Für eine quantitative Analyse betrachten wir beispielhaft als Messkörper einen massiven Glaszylinder mit einer Kugel oben, der in einem Behälter mit zwei nicht mischbaren Flüssigkeiten schwimmt (Abbildung 2 links). Die Kugel habe das Volumen V_1 (mittlere Dichte ρ_1), der Zylinder das Volumen V_2 (Dichte ρ_2, Querschnitt A; Länge H), die Gesamtmasse M beträgt dann $M = V_1 \cdot \rho_1 + V_2 \cdot \rho_2$. Der Abstand des oberen Glaszylinderrandes beziehungsweise der Kugelunterseite von der Grenzfläche zwischen beiden Flüssigkeiten sei h. Wichtig ist, dass der Bereich des Messkörpers, in dem die Messung in der Grenzfläche zwischen beiden Flüssigkeiten stattfindet, einen konstanten Querschnitt aufweist, also im Bereich des Zylinders stattfindet.

Die untere Flüssigkeit habe die Dichte ρ_U, die obere Flüssigkeit ρ_O, wobei $\rho_U > \rho_O$. Ersetzt man die obere Flüssigkeit durch Luft, hat man im Prinzip ein Aräometer, wobei beim realen Aräometer der untere Teil zur Stabilisierung

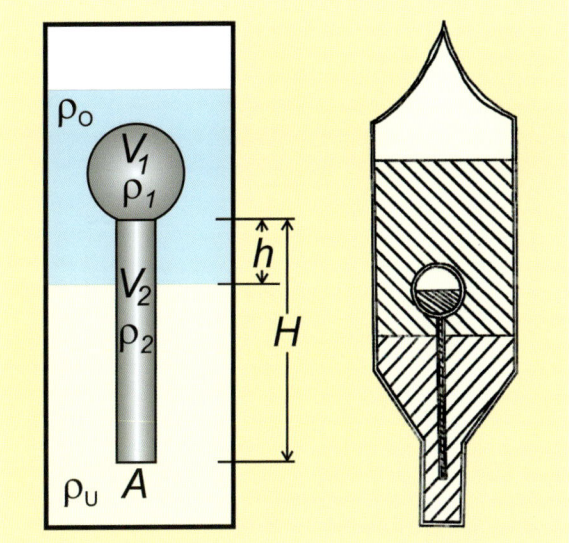

Abb. 2 *Schemazeichnung des Kontrathermometers aus der Offenlegungsschrift (rechts, [1]), links Skizze für die Berechnung.*

mit einem zusätzlichen Gewicht versehen und oben keine Hohlkugel vorhanden ist. Beim Kontrathermometer ist umgekehrt der obere Teil mit einer teilgefüllten, hohlen Glaskugel versehen. Der lange Glaszylinder hängt senkrecht unter der gefüllten Hohlkugel, die eine niedrigere, mittlere Dichte als die obere Flüssigkeit hat.

Unter dem Einfluss der Schwerkraft sinkt die Masse M des Zylinders nach unten. Nach oben wirkt gemäß dem Archimedischen Prinzip die Masse der im unteren Bereich verdrängten Flüssigkeit $(V_2 - h \cdot A) \cdot \rho_u$ und zusätzlich die Masse der oben verdrängten Flüssigkeit $(V_1 + h \cdot A)\, \rho_o$. Von prinzipiell auch noch wirkenden Kapillarkräften am Zylinderrand in der Grenzschicht beider Flüssigkeiten wird hier abgesehen. Ebenso wird die Temperaturabhängigkeit der Volumina beziehungsweise der Dichte des Messkörpers selbst vernachlässigt. Damit ergibt sich

$$V_1 \cdot \rho_1 + V_2 \cdot \rho_2 = M = (V_2 - h \cdot A) \cdot \rho_u + (V_1 + h \cdot A) \cdot \rho_o$$

umgeformt und $V_2 = H \cdot A$ eingesetzt

$$h = \frac{H}{(\rho_o - \rho_u)} \cdot \left[\frac{V_1}{V_2}(\rho_1 - \rho_o) + (\rho_2 - \rho_u) \right]$$

Die Steighöhe h hängt also in einer etwas komplizierten Weise nichtlinear von den Dichten ab. Unmittelbar ersichtlich ist, dass sich ein umso größerer Hub h ergibt, je größer das Verhältnis V_1/V_2 und je länger das zylindrische Glasteil ist. Wählt man die weiteren Parameter geeignet, kann man bei einem nicht allzu großen Messbereich (~ 20 °C) eine ziemlich gute lineare Abhängigkeit der Steighöhe h von der Temperatur erreichen.

Als Materialien eignen sich flüssiges Paraffin im oberen und Wasser im unteren Bereich. Paraffin weist einen erheblich größeren, kubischen Ausdehnungskoeffizienten γ

als Wasser auf ($\rho_{Paraffin} \sim 0{,}8$ g/cm³; $\rho_{Wasser} \sim 1{,}0$ g/cm³; $\gamma_{Paraffin} \sim 0{,}8 \cdot 10^{-3}$K^{-1}; $\gamma_{Wasser} \sim 0{,}2 \cdot 10^{-3}$K^{-1}).

Kettenthermometer

Nach einem ganz ähnlichen Prinzip funktioniert das Kettenthermometer. Man befestigt an einem kleinen, wasserdicht verschließbaren Glasgefäß eine lange, dünne und flexible Metallkette und setzt diese Konstruktion in ein ausreichend tiefes, mit Wasser von 20 °C gefülltes Gefäß. Dann steigt das kleine Gefäß soweit hoch, bis das Gewicht des Glasgefäßes und der darunter hängenden Kette den Auftrieb gerade kompensiert. Vermindert sich die Dichte des Wassers durch steigende Temperatur (und die des schwebenden Gefäßes nicht!), wird das Gefäß etwas absinken. Das ist bereits das Grundprinzip für ein Thermometer.

Die schon genannte Firma Möller-Sommer-Therm hat mehrere Anmeldungen für derartige Thermometer beim Patentamt gemacht [3, 4]. Darin schwebt ein Messkörper in einer Flüssigkeit, an dessen Unterseite eine Kette befestigt ist (Abbildung 3).

Diese Thermometer werden meist auch als Galileische Thermometer bezeichnet, was in derselben Weise irreführend ist, wie schon beim Kontrathermometer beschrieben. Die hier als Überschrift verwendete Bezeichnung Ketten-

Abb. 3 *Ein Galilei-Kettenthermometer enthält einen schwimmenden Messkörper mit einer am Innenrand des Gefäßes befestigten Kette. Die untere Abbildung zeigt einen Blick von oben.*

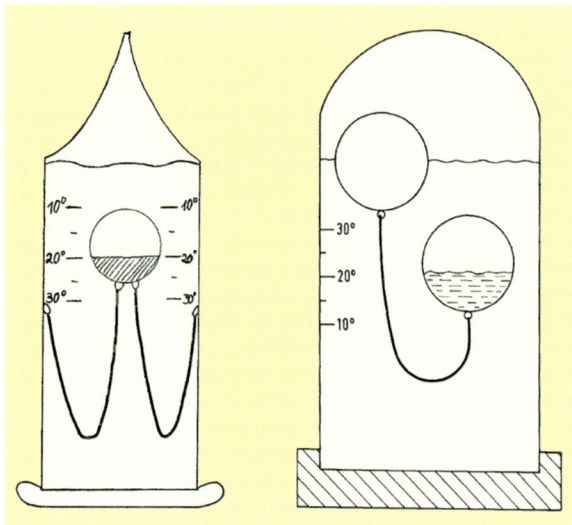

Abb. 4 *Zwei weitere Galilei-Kettenthermometer (entnommen aus [3], linkes Bild und [4], rechtes Bild)*

Volumen und m_K die Masse des schwebenden Messkörpers, ρ_F die Dichte der Flüssigkeit und h die Länge der Kette vom Aufhängepunkt am Messkörper bis zum tiefsten Punkt der hängenden Kette. Die in Abbildung 3 gezeigte Kugelkette aus Edelstahl ist sehr beweglich in alle Richtungen, während ihr Volumen vernachlässigbar klein im Vergleich zum Messkörper ist. Der Archimedes-Auftrieb des Messkörpers $V_K \cdot \rho_F$ muss im schwebenden Gleichgewicht gerade der Masse des Messkörpers m_K und der Masse der hängenden Kette bis zum tiefsten Punkt entsprechen. Sei d_{Kette} die Masse der Kette pro Länge, so ergibt sich

$$V_K \cdot \rho_F = m_K + d_{Kette} \cdot h \tag{1}$$

Daraus folgt

$$h = \left(V_K \cdot \rho_F - m_K\right)/d_{Kette} \tag{2}$$

und

$$\Delta h = V_K \cdot (\rho_F(T_2) - \rho_F(T_1))/d_{Kette} \tag{3}$$

Eine Kugel habe ein Volumen von $V_K = 20$ cm³; Ketten mit kleinen Kugeln (Ø ~ 1,5 mm) haben etwa $d_{Kette} \sim 0,1$ g/cm. Eine Kugel mit einer Masse von $m_k = 19$ g würde in Wasser an der Oberfläche schwimmen. Mit Formel (2) ergibt sich für die Länge h der Kette, mit der die Kugel gerade unter die Oberfläche sinkt, ($\rho_W(20\,°C) = 0,9982$ g/cm³; $\rho_W(30\,°C) = 0,99564$ g/cm³):

$$h = \left(20\ cm^3 \cdot 0,9982\ g/cm^3 - 19g\right)/0,1g/cm = 9,7\ cm$$

Mit Formel (3) ergibt sich für das Absinken der Kugel bei einer Temperaturänderung von 30 °C auf 20 °C

$$\Delta h = 20\ cm^3 \cdot (0,99564g/cm^3 - 0,9982g/cm^3)/0,1g/cm = -0,51\ cm$$

Das ist sehr wenig. Wasser eignet sich also nicht besonders gut. Hinzu kommt, dass Wasser eine deutlich nichtlineare Änderung der Dichte mit der Temperatur aufweist, weswegen die Ableseskala ebenfalls nichtlinear ausfallen würde.

Verwendet man folgende Werte für Methanol: $V_K = 20$ cm³; $m_k = 15$ g; ρ (20 °C) = 0,79 g/cm³; ρ(30 °C) = 0,78 g/cm³, so ergibt sich für die Länge h der Kette $h = 8$ cm und für $\Delta h = -2$ cm. Das sind schon günstigere Werte für eine Skala.

Experiment zum Kettenthermometer

Mit einfachen Mitteln lässt sich ein Experiment zur Veranschaulichung der Abhängigkeit des Auftriebs von der Dichte von Wasser und damit für das grundsätzliche Messprinzip des Kettenthermometers realisieren. Ein Blick auf Gleichung (3) : Das Absinken der Kugel bei einer Temperaturänderung Δh wird umso größer, je größer das Volumen

thermometer wird zwar selten verwendet, ist aber eindeutiger.

An der Unterseite des in der Flüssigkeit unter der Oberfläche schwimmenden Messkörpers ist eine Kette befestigt, dessen Dichte größer ist als die der Flüssigkeit. Sie ist entweder mit ihrem freien Ende an der Innenwand des Behälters befestigt (Abbildung 3), oder dessen freies Ende liegt, je nach Höhe des Messkörpers in der Flüssigkeit, auf dem Behälterboden lose auf. Mit steigender Temperatur nimmt die Dichte der Flüssigkeit ab, der Messkörper sinkt und zieht ein größeres Teilstück der Kette so lange nach sich, bis die Auftriebskraft die Gewichtskraft der Kette gerade kompensiert.

Wie beim normalen Galilei-Thermometer werden Flüssigkeiten mit hohem kubischen Ausdehnungskoeffizienten verwendet, deren Zusammensetzung die Produzenten geheim halten. Aus den Anmeldungen beim Deutschen Patentamt stammen die beiden Zeichnungen weiterer Variationen von Kettenthermometern in Abbildung 4. Die linke Version [3] verfügt über zwei an dem Messkörper und an gegenüberliegenden Seiten der Innenwand angebrachte Ketten. Dadurch wird der Messkörper in der Mitte des Gefäßes zentriert. Bei der Konstruktion in Abbildung 3 wird der schwebende Messkörper durch die einseitige Befestigung der Kette zum Gefäßrand gezogen – die Messung kann beeinträchtigt werden. Die rechte Version [4] ermöglicht ein freies Bewegen der beiden Schwimmkörper im Messgefäß. Der eine Körper schwimmt an der Oberfläche, der andere – der Messkörper – schwebt je nach Temperatur in unterschiedlicher Höhe und nimmt dabei unterschiedlich lange Teile der Kette mit.

Physik des Kettenthermometers

Eine quantitative Abschätzung gibt Auskunft über die geeigneten Materialien des Kettenthermometers. Seien V_K das

Abb. 5 *Anordnung zur Sichtbarmachung der Änderung des Auftriebs eines kleinen Glasgefäßes in Abhängigkeit von der Dichte.*

V_K, je größer die Differenz der Dichten der Flüssigkeit und je kleiner d_k ist. Da beim Wasser die Dichteunterschiede in Abhängigkeit von der Temperatur sehr klein sind ($\rho(20\ °C) = 0{,}99820\ g/cm^3$; $\rho(40\ °C) = 0{,}99200\ g/cm^3$), ist es empfehlenswert, für den Messkörper ein relativ großes Volumen vorzusehen und für die Masse der Kette pro Länge d_K einen möglichst kleinen Wert zu nehmen.

Ein kleines Glasgefäß mit einem Metallschraubdeckel ($V = 146\ cm^3$, Abbildung 5) wird mit Wasser soweit gefüllt, bis es gerade noch an der Oberfläche eines größeren, mit Wasser gefüllten Gefäßes schwimmt. Es hat dann etwa eine Masse von 144 g. Mit dem Einfüllen von Wasser in das kleine Gefäß lässt sich die Masse etwas mühsam, allerdings auch sehr fein einstellen. Bei einem Glasgefäß kann man davon ausgehen, dass seine Volumen- und Dichteänderung mit der Temperatur vernachlässigbar klein gegen die Dichteänderung von Wasser ist. Ein kleiner Magnet haftet am Schraubdeckel und hält auch die nach unten hängende Ku-

gelkette ($d_K = 0{,}25\ g/cm$; $l = 15\ cm$; $\emptyset_{Kugel} = 3{,}2\ mm$ (in Baumärkten erhältlich; andere Ketten aus Messing, Silber usw. sind ebenfalls verwendbar).

Füllt man etwa 40 °C warmes Wasser in das große Gefäß, so sollte das kleine Gefäß mit seiner Masse gerade so eingestellt sein, dass nur ein kurzes Stück der Kette nach unten hängt (Abbildung 5 links). Achtgeben sollte man auf Luftblasen am kleinen Gefäß, die den Auftrieb verändern. Lässt man das Wasser abkühlen, so steigt das kleine Gefäß hoch (Abbildung 3 rechts). Im vorliegenden Fall betrugen die Ausgangstemperatur 41 °C und die Endtemperatur 21 °C, was zu einer Höhendifferenz von $\Delta h = 4$ cm führte. Eine Berechnung gemäß Formel (3) mit den Daten von Wasser für 20 °C und 40 °C ergibt ebenfalls 4 cm. Da die Genauigkeit der in die Rechnung eingehenden Größen nicht sehr groß ist, sollte diese gute Übereinstimmung nicht überbewertet werden.

Wasser ist zwar leicht verfügbar, jedoch nicht besonders für derartige Temperaturmessungen geeignet. Andere Flüssigkeiten (Alkohole, Tetrachlorkohlenstoff) besitzen zwar bessere Eigenschaften, sollten allerdings mit entsprechender Vorsicht gehandhabt werden.

Um die Wirkung einer Dichteänderung einer Flüssigkeit zu demonstrieren, kann man – bei konstanter Temperatur – einige Löffel normales Salz in das Wasser zugeben. Das führt zu einer Dichtezunahme von mehreren Prozent, und das kleine Glasgefäß schwimmt schnell bis zur Oberfläche hoch.

Literatur

[1] Offenlegungsschrift DE000004322893A1 vom 18.11.1993: Thermometer mit analoger Temperaturanzeige (Kontrathermometer).
[2] C. Ucke, C., H. J. Schlichting, Spiel, Physik und Spaß, Verlag Wiley-VCH, Weinheim 2011
[3] Gebrauchsmuster DE000029511467U1 vom 2.11.1995: Galileisches Thermometer (mit zwei Ketten).
[4] Offenlegungsschrift DE000010050144A1 vom 18.4.2002: Galileisches Thermometer mit einem einzigen Festkörper zur Anzeige der Temperatur (mit einer Kette und zwei Schwimmkörpern).

Elektromagnetismus

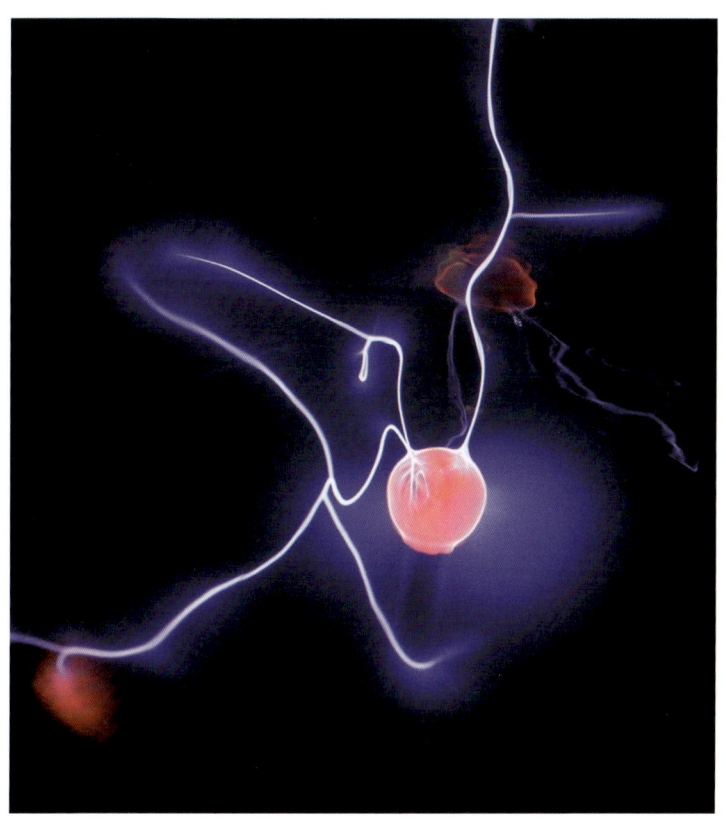

Die einfachste Eisenbahn der Welt

Eine einfache Batterie mit je einem Zylindermagneten an den Polen versehen saust durch eine Spule wie eine Eisenbahn durch einen Tunnel. Die Magnete leiten den Strom durch die Spule und wechselwirken mit dem dadurch hervorgerufenen elektromagnetischen Feld.

Der einfachste Elektromotor der Welt [1] macht dieser Bezeichnung alle Ehre: eine Batterie, ein kurzes Kabel, ein Supermagnet (Neodym-Eisen-Bor) und eine Schraube werden mit den Händen zusammengehalten und in wenigen Sekunden schnurrt der Motor. Wie man Abbildung 1a entnimmt, verbindet sich der Magnet mit einer Schraube zu einem Rotor. Die Schraube wird dadurch so stark magnetisiert, dass sie mit der Spitze am ferromagnetischen Pol der Batterie hängenbleibt und sich reibungsarm zu drehen vermag. Den konstruktiven Rest des Motors erledigen die Hände: Mit dem Zeigefinger der einen Hand drückt man ein Ende des leitenden Drahtes an den Pluspol der Batterie, während Daumen und Zeigefinger der anderen Hand das andere

Ende des Drahts vorsichtig seitlich gegen den Magneten und den mit ihm verbundenen Minuspol halten. Der Rotor erfüllt zwei wesentliche physikalische Funktionen: Zum einen stellt er eines der für einen Elektromotor nötigen Magnetfelder bereit, zum anderen leitet er den Strom von dem einen Pol der Batterie über den Draht zum anderen Pol zurück.

Dass der Rotor wirklich rotiert, glaubt mancher erst, wenn er es selbst ausprobiert hat. Zu groß erscheinen die Unterschiede dieses Homopolarmotors zum vertrauten Gleichstrommotor. Denn ihm fehlt nicht nur die Spule, sondern auch der Kommutator, der die Richtung des Stromes im richtigen Moment umpolt.

Entscheidend für die Funktion sind zweierlei: Wegen des kurzen Drahts fließt durch die Konstruktion ein sehr starker Strom I von der Batterie durch das Kabel und den Magneten über die Schraube zurück zur Batterie (Abbildung 1b). Dabei passiert der Strom das sehr starke Magnetfeld B des Supermagneten und erfährt eine Lorentz-Kraft

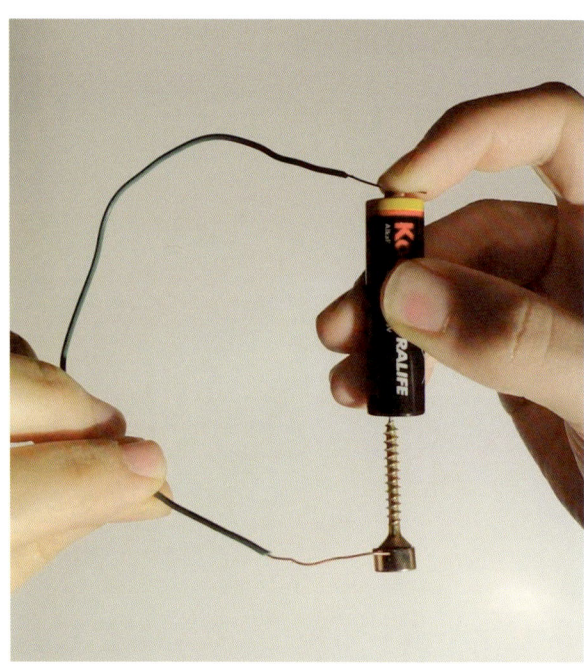

Abb. 1a *Wenige Teile werden mit den Händen zusammengehalten und lassen den so entstandenen Elektromotor schnurren.*

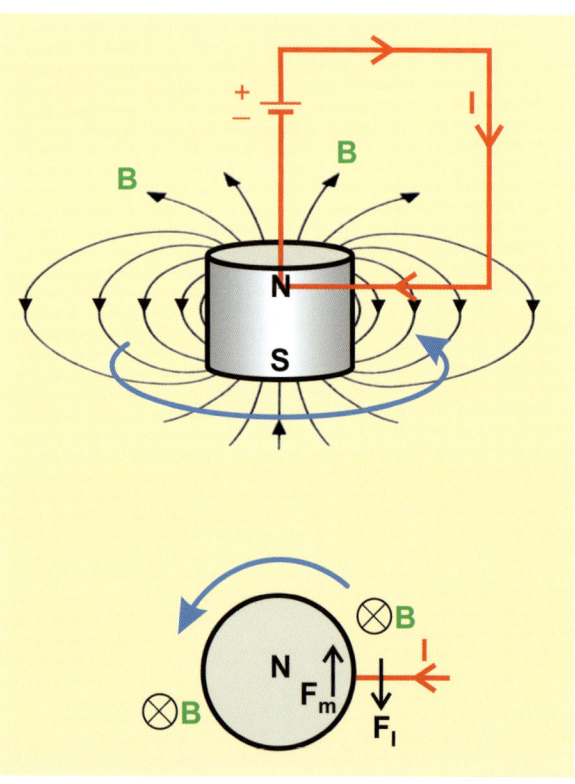

Abb. 1b *Schnitt durch den Permanentmagneten mit eingezeichneten Magnetfeldlinien B.*

F_l. Diese ist trotz der fehlenden Spule groß genug, um den reibungsarm spitzengelagerten Rotor in Drehung zu versetzen. Mit Hilfe der Dreifingerregel der rechten Hand, findet man leicht heraus, dass die Kraft idealerweise zu einer Ablenkung des Stroms senkrecht zur Strom- und zur Feldlinienrichtung des Magneten führt.

Als Reaktion auf die Ablenkung des Stroms tritt eine mechanische Gegenkraft F_m auf, die zu einem auf den Rotor wirkenden Drehmoment führt. Wegen der Zylindersymmetrie der Konstellation bleiben trotz der Bewegung die Bedingungen für die Wirkung der Lorentz-Kraft und das dadurch auf den Rotor ausgeübte Drehmoment unverändert, sodass eine kontinuierliche Rotation aufrecht erhalten wird.

Rollende Achse

Auf der Spur dieser einfachen Realisation eines Homopolarmotors sind zahlreiche weitere Ideen verwirklicht worden, die das elektromotorische Prinzip in sehr originellen Varianten zeigen. Eine frappierend einfache besteht darin, dass man die beiden Enden der Batterie je mit einem Zylinder- oder Scheibenmagneten versieht, der einen größeren Durchmesser als die Batterie besitzt. Zentriert man die Magneten möglichst gut, dann hat man so etwas wie eine leicht rollfähige Achse (Batterie) mit zwei Rädern (Magneten).

Wenn man jetzt noch dafür sorgt, dass die beiden Pole der Batterie leitend verbunden werden, so ergibt sich eine ähnliche Situation wie beim einfachen Elektromotor: Ein starker Strom fließt quer durch das Magnetfeld der beiden Zylindermagneten und ruft eine Lorentz-Kraft hervor. In diesem Fall wird also an beiden Enden der Konstruktion ein Drehmoment ausgeübt. Damit dieses an beiden „Rädern" in dieselbe Richtung wirkt, müssen die Supermagneten jeweils mit demselben Magnetpol an der Batterie ankoppeln. Wegen der entgegengesetzten Stromrichtung durch die Magneten muss nämlich auch die Polarität der Magneten umgekehrt werden, damit die Lorentz-Kraft an beiden Enden gleichgerichtet ist. Das heißt konkret: Wenn bei dem einen Magneten der Südpol nach außen zeigt, muss der gegenüberliegende Magnet ebenfalls mit dem Südpol nach außen weisen (Abbildung 2).

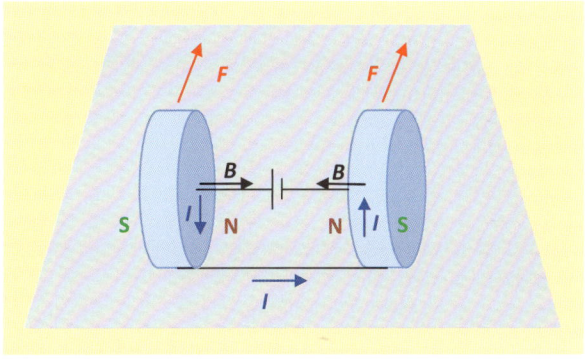

Abb. 2 *Mit der Dreifingerregel der rechten Hand bestimmt man aus der Stromrichtung I und der Richtung des Magnetfeldes B die Richtung der Lorentz-Kraft F.*

Abb. 3 *Eine aus Batterie und Magneten gebildete Achse, die sich auf einem leitenden Untergrund (hier Alufolie) in Bewegung setzt.*

Damit die Achse auch wirklich aus eigenem Antrieb rollen kann, muss man es hinbekommen, dass eine leitende Verbindung zwischen den beiden elektrischen Polen auch dann aufrecht erhalten bleibt, wenn die Achse rotiert. Es gibt mehrere Möglichkeiten, dies zu realisieren [1]. Am einfachsten ist es, die Achse auf eine elektrisch leitfähige ebene Unterlage zu setzen (Abbildung 3).

Eine gute leitende Unterlage ist in jedem Haushalt in Form einer Alufolie zu finden. Dabei wird man feststellen, dass die Folie ziemlich eben ausgerichtet sein muss, damit das einachsige Gefährt möglichst keine Hangabtriebskraft überwinden muss. Wegen der relativ großen Masse der Magneten und der Batterie ist diese nämlich schon bei kleinen Neigungen von derselben Größenordnung wie die elektromagnetisch hervorgerufene Antriebskraft. Noch etwas besser als die flexible Folie ist ein stabiles Aluminiumblech, mit dem die Neigung leicht variiert werden kann. Eine lange Laufdauer darf man bei dieser Vorrichtung in keinem Fall erwarten, da die Batterie über den leitenden Untergrund nahezu kurzgeschlossen wird und sich schnell entlädt.

Gleitende Achse

Dass man dieses Antriebsaggregat auch ganz anders in Bewegung versetzen kann als durch Rollen, ist in einer sehr einfallsreichen Weiterentwicklung zu sehen, die Mitte 2014 als YouTube-Video im Internet auftauchte [2]. Darin sieht man, wie die soeben beschriebene Achse aus Batterie und Magneten in Längsrichtung durch eine Drahtspule rattert wie eine Eisenbahn durch einen Tunnel (Abbildung 4). Es gehört schon eine gehörige Portion Kreativität dazu, eine zum Rollen prädestinierte Achse in Längsrichtung zum Gleiten zu bringen. Wenn das dann auch noch auf dem holprigen Untergrund aneinander gereihter Spulenmaschen scheinbar ohne äußeres Zutun gelingt, glaubt man zunächst seinen Augen nicht zu trauen.

Und doch kann das Gefährt auch diesmal mit wenigen Handgriffen gebaut werden. Neben der mobilen Achse, de-

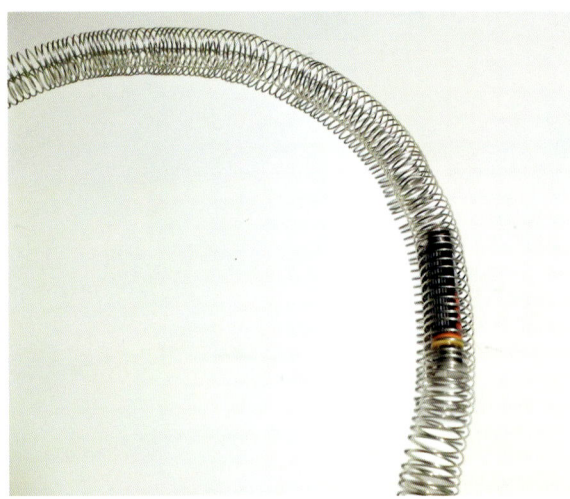

Abb. 4 *Die einfachste Eisenbahn der Welt bestehend aus einem Antriebsaggregat (Batterie mit zwei Zylindermagneten) und einer selbstgewickelten Spule aus nicht isoliertem, blankem Draht bei ihrer Fahrt durch den Tunnel.*

ren Konstruktion bereits beschrieben wurde, benötigt man nur noch einen langen leitfähigen Draht, der zu einer Spule aufgewickelt wird. Anders als beim Rollen über eine leitfähige Unterlage dienen die Magnete hier unter anderem als Führungselemente, die über die einzelnen Windungen der Spule hinwegruckeln.

Die geniale Idee hinter dieser Konstruktion ist die Kombination der gleisartigen Führungsvorrichtung der Achse durch den Drahttunnel und die gleichzeitige Versorgung des Gefährts mit elektrischer Energie. Zur Umsetzung der Idee muss nur die Spule aus stabilem, elektrisch leitendem Draht gewickelt werden, so dass die Achse mit etwas Spiel locker durch sie hindurch passt.

Zum Start wird die mobile Achse soweit in den Spulentunnel hineingeschoben, bis auch der hintere Magnet

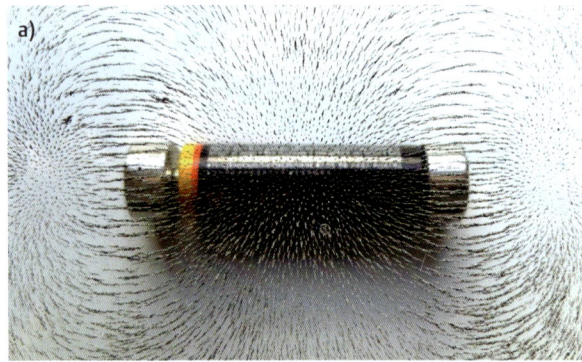

Abb. 5 *Magnetfelddarstellung mit Eisenfeilspänen a) und antiparalleler Anordnung der Magnete b).*

den Leiter berührt. Wenn man alles richtig gemacht hat, sollte sich dann die Achse mehr oder weniger schnell durch den Drahttunnel hindurchbewegen. Damit das Ganze funktioniert, müssen mehrere Bedingungen erfüllt sein:

- Wie schon bei der rollenden Achse, müssen dieselben Pole von der Batterie weg nach außen weisen (Abbildung 5).
- Die Spule muss aus blankem, gut leitendem Draht gewickelt werden. Nur dann kann der Strom von dem einen Pol der Batterie durch das Spulenstück hindurch zum anderen Pol fließen. Das übliche lackierte Material, das in normalen elektrischen Spulen benutzt wird, eignet sich natürlich nicht.
- Stromrichtung und Wicklungssinn der Spule müssen so gerichtet sein, dass das in der Spule erzeugte Magnetfeld die Achse in die Spule „hineinzieht". (Wenn Stromrichtung und Wicklungssinn gleichzeitig geändert werden, bleiben die magnetischen Pole der Spule gleich orientiert, ansonsten ändern sie sich).
- Der Abstand zwischen den einzelnen Windungen darf nicht zu groß sein. Wenn er größer ist als die Höhe der Zylindermagnete, besteht die Gefahr, dass diese sich zwischen zwei Windungen verhaken. Der Abstand sollte allerdings so groß sein, dass man die Spule bequem zu einem Kreistunnel biegen kann. Außerdem sollte man noch gut hindurchblicken können, um das Gefährt in Aktion erleben zu können.

Anders als eine normale isolierte Spule, die nur für die Ausbildung des Magnetfelds zuständig ist, hat diese Spule also außerdem die Aufgabe, über die beiden Magnete eine leitende Verbindung zwischen den beiden Polen herzustellen. Die Spule stellt also gleichzeitig so etwas wie eine stromführende „Schiene" dar, wobei der Strom nicht von außen, sondern aus dem Gefährt selbst kommt.

Bei frischer Batterie durchquert die Eisenbahn den Tunnel relativ zügig und schießt meist aus Trägheit übers Ziel hinaus aus dem anderen Ende heraus. Man kann den Tunnel mit Leichtigkeit krümmen und sogar während der Fahrt die beiden Enden des Tunnels so in leitende Verbindung bringen, dass der Durchlass an der Verbindungsstelle nicht eingeschränkt wird. Auf diese Weise schickt man die Eisenbahn auf eine nahezu unendliche Reise. Sie ist nur durch den Energieinhalt der Batterie begrenzt. Mit einem längeren Tunnel kann man eine Achterbahn konstruieren. Dabei muss der Tunnel sich überkreuzen und der Zug eine gewisse Steigung bewältigen. Wenn sich das Fahrzeug in den Spulenmaschen nicht verhakt, nimmt es mit einer kleinen Verzögerung auch diese Hürde.

Funktionsweise der Eisenbahn

Trotz des Unterschieds zwischen unserer Tunnelspule und einer normalen elektrischen Spule gibt es einige Parallelen, die bei der physikalischen Erklärung weiterhelfen. Bekannt sein dürfte folgender Versuch: Man hängt vor der Öffnung einer Spule einen Stabmagneten auf. Sobald man den Strom einschaltet, wird der Magnet – je nach Stromrichtung – in

Blitze zum Anfassen

Glaskugeln, in denen Blitze verschiedener Farben zucken, sind als Dekoartikel ein Blickfang, als Spielzeug faszinierend und als Plasmalabor physikalisch interessant.

Bei dem Wort Blitze denken wir sofort an Gewitter, die besonders im Sommer ein eindrucksvolles Phänomen darstellen. Weitaus kleinere Blitze kann man beobachten, wenn der Stromabnehmer einer Elektrolokomotive oder Straßenbahn an die Oberleitung angelegt oder ein elektrischer Schalter ein- oder ausgeschaltet wird. Auch durch elektrostatische Aufladungen entstehen Blitze, beispielsweise beim Laufen mit Gummisohlen über einen Teppich oder beim Ausziehen eines Kunstfaserpullovers. In Schaufenstern oder im Fernsehen sieht man hin und wieder verschiedenartige Glasgefäße (Abbildung 1), in denen bunte Blitze zucken und als „Eyecatcher" dienen. Diese Blitze sind meistens in einer Kugel eingefangen und reagieren auf Berührungen (Abbildung 1).

All diese erwähnten Blitze sind Plasmen, wie sie nicht nur in der Natur vorkommen, sondern auch in industriellen Prozessen und technischen Anwendungen heutzutage nicht mehr wegzudenken sind. Was ein Plasma ist und welche Gemeinsamkeiten solche Plasmaentladungen mit denen in der Natur haben, soll in diesem Beitrag geklärt werden.

Blitze im Großen und Kleinen

Ein Blitz entsteht immer dann, wenn ein elektrisches Feld zwischen zwei Polen stark genug ist, um das dazwischen befindliche Gas (meistens Luft) zu ionisieren. Als „Zünder" für einen Durchschlag ist eine Vorionisation der Luft nötig, die durch kosmische Strahlung und natürliche Radioaktivität zustande kommt. So werden Ladungsträger (Elektronen und Ionen) erzeugt, die dann im elektrischen Feld beschleunigt werden und weitere Luftmoleküle ionisieren können. Es entsteht ein leitender Blitzkanal, in dem die Ladung abfließt.

Die bei einem Gewitter auftretenden Blitze erreichen Stromstärken von 10–100 kA, die auftretende Spannung kann einige 100 MV betragen. Die hohen Ströme heizen die Luft im Blitzkanal auf Temperaturen bis zu 30 000 K – heiß genug, um die Teilchen zum Leuchten anzuregen. Somit sehen wir den Blitz als bläulich-weißes Leuchten.

Strenggenommen besteht ein Blitz meistens aus drei Entladungen, die sich innerhalb einer Zeitspanne von 0,1 Sekunden ereignen und mit bloßem Auge nicht getrennt wahrnehmbar sind. Die rapide Erwärmung im Blitzkanal führt lokal zu einem Druck bis zu 100 bar. Als Folge davon breitet sich eine Druckwelle aus, die als Donner zu hören ist.

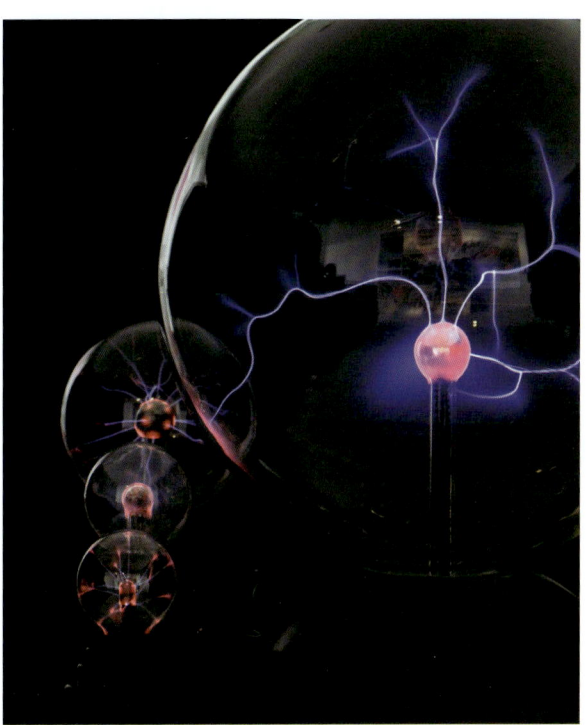

Abb. 1 *Plasmakugeln mit Durchmessern von 50 cm, 20 cm, 10 cm und 8 cm.*

Im Gegensatz zu den in der Natur auftretenden Blitzen, lassen sich kleinere Pendants in abgeschlossenen Glasgefäßen erzeugen, denen man sich, nur getrennt durch das Glas, gefahrlos nähern kann. Das Prinzip der Blitzentstehung ist dasselbe wie in der Natur: Ladungsträger werden in einem elektrischen Feld erzeugt und beschleunigt. Dabei handelt es sich jetzt um ein hochfrequentes Wechselfeld mit einer Frequenz von 30–40 kHz. Um die Feldstärke, die für einen Durchschlag nötig ist, zu erniedrigen, herrscht in diesen Gefäßen ein Unterdruck von 1–100 mbar. Neben dem Druck hängt die Durchschlagsspannung vom Abstand und der Gasart ab.

Eine Plasmakugel besteht aus einer kleinen, inneren und einer äußeren Glaskugel. Die Einkopplung eines hochfrequenten elektrischen Feldes geschieht innerhalb der inneren Glaskugel, die meistens mit Metall beschichtet und mit Stahlwolle gefüllt ist. An den Kanten der Stahlwolle treten hohe Felder auf, die dann als Ausgangspunkt der Blitze dienen. Da die Feldstärke mit zunehmendem Radius abnimmt, ist zwischen innerer und äußerer Glaskugel eine Potentialdifferenz vorhanden. Die anliegende Spannung an der inneren Kugel beträgt 5–10 kV, an der äußeren Kugel 0,5–2 kV, abhängig vom Durchmesser der Kugeln. Durch die perfekte Symmetrie bilden sich keine Vorzugsrichtungen für die Blitze aus.

WIE MISST MAN EINE PLASMATEMPERATUR?

Zur Bestimmung der Plasmatemperatur aus spektroskopischen Messungen, muss man die Besetzungsmechanismen der Atomniveaus kennen. Da die Eigenschaften von Niederdruckplasmen mit denen in der Sonnenkorona vergleichbar sind, findet das sogenannte Koronagleichgewicht seine Anwendung. Bilanziert wird hierbei die Anregung durch Elektronenstoß mit der Abregung durch spontane Emission:

$$n_n n_e X_{em}(T_e) = \varepsilon.$$

Durch Messung der Intensität der Linienstrahlung ε kann bei Kenntnis der Neutralteilchendichte n_n und der Elektronendichte n_e sowie der Anregungswahrscheinlichkeit $X_{em}(T_e)$ auf die Elektronentemperatur T_e geschlossen werden. Misst man dagegen zwei Linien einer Gassorte, die unterschiedlich stark von der Temperatur abhängen, genügt auch eine Verhältnismessung.

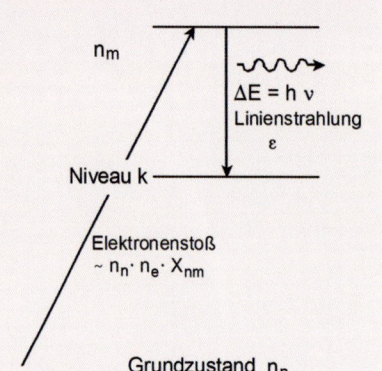

Abb. *Besetzungsmechanismus atomarer Niveaus nach dem Koronamodell*

Kennt man dagegen die Temperatur, so kann aus der Intensität einer Emissionslinie auf die Elektronendichte geschlossen werden. Zwei Linien unterschiedlicher Gassorten geben einem dann das Verhältnis der Neutralteilchendichten

Die beiden Kugeln bilden einen Kondensator, der für Wechselstrom durchlässig ist. Somit kann ein dauerhafter Strom zwischen den beiden Kugeln fließen. Die Blitze sind deshalb eine langlebige Erscheinung – im Gegensatz zu den Blitzen in der Natur. Der Strom und damit der Blitz, sucht sich den Weg des geringsten Widerstands und fließt deshalb dort, wo bereits Ladungsträger vorhanden sind. Die Stromstärke beträgt einige Milliampere.

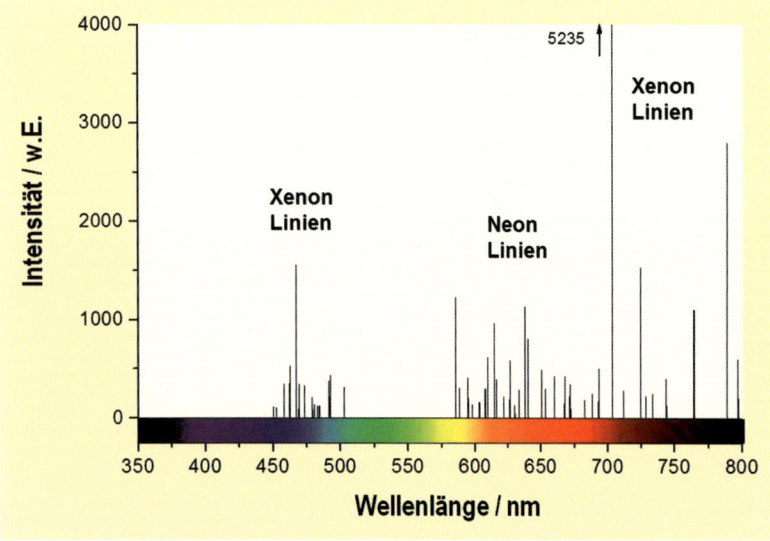

Abb. 2 *Emissionsspektrum einer Plasmakugel mit rot-blauen Blitzen.*

Durch das Auflegen der Hand wird die äußere Kugel lokal geerdet, das heißt, die dort an der Kugeloberfläche anliegende Spannung ist Null. Damit vergrößert sich die Potentialdifferenz zur inneren Kugel, und ein Blitz bildet sich vorzugsweise zur Hand aus. Für den Mensch ist der Spannungsabfall jedoch ungefährlich, da der durch den Körper fließende Strom im Milliampere-Bereich ist. Grund ist die geringe Leitfähigkeit der Haut. Je nach Feuchtigkeit besitzt die Haut einen Widerstand von einigen 100 Ω bis zu 100 kΩ. Hinzu kommt ein Körperwiderstand von 1–2,4 kΩ und der Wechselstromwiderstand des Kondensators, gebildet aus Kontaktfläche und Innenwand der Glaskugel.

Häufig wird bei der Gefährlichkeit von hohen Spannungen gekoppelt mit Hochfrequenz der Skineffekt erwähnt: Ein hochfrequentes Feld wird an die Oberfläche eines Leiters gedrängt. Bei den Frequenzen von einigen 10 kHz ist die Eindringtiefe des Wechselfeldes jedoch immer noch im Bereich von einigen 10 cm, und der Strom fließt ähnlich wie bei einer Körperfettwaage entsprechend der lokalen Leitfähigkeit durch den Körper.

Was ist ein Plasma?

Wie erwähnt, handelt es sich bei einem Blitz um ein Plasma. Darunter versteht man in der Physik ein ionisiertes Gas, das sich aus freien Elektronen und Ionen sowie Neutralteilchen zusammensetzt und als vierter Aggregatzustand der Materie bezeichnet wird. Aufgrund des Vorhandenseins von freien Ladungsträgern ist das Plasma elektrisch leitend und sowohl durch elektrische Felder als auch durch Magnetfelder beeinflussbar. Die Anzahl der negativen und positiven Ladungen ist dabei immer gleich groß, so dass ein Plasma nach außen neutral erscheint: Es ist quasineutral. Die Anzahl der freien Ladungsträger zu den noch vorhandenen neutralen Teilchen (Atome oder Moleküle) wird Ionisationsgrad genannt und kann stark variieren.

Rund 99 % der sichtbaren Materie im Universum befindet sich im Plasmazustand. So besteht zum Beispiel die Sonne aus einem Plasma, genauso wie die Sonnenkorona, Sterne und interstellare Gaswolken. Auf der Erde findet man natürliche Plasmen als Blitze und Funken. Technische Anwendung finden Plasmen im täglichen Leben in Leuchtstofflampen oder am Auto in Xenonlampen. In industriellen Prozessen werden Plasmen sehr vielfältig eingesetzt: zum Beschichten von Fenstern, Brillengläsern, Reflektoren, zum Reinigen von Oberflächen oder gar zum Herstellen von Diamantschichten und Schichten in der Photovoltaik, aber ebenso auch zum Ätzen von kleinen Strukturen in Computerchips. In der Fusionsforschung möchte man Plasmen nach dem Vorbild der Sonne erzeugen und damit eine neue Energiequelle auf der Erde nutzbar machen.

Charakterisiert wird ein Plasma durch Parameter wie Temperatur und Dichte, die für jede Teilchensorte (Elektronen, Ionen und neutrale Teilchen) unterschiedlich sein können. Anhand der Vielfalt der natürlichen Vorkommen und der technischen Einsatzgebiete erkennt man, dass Plasmen in einem großen Parameterbereich existieren können: Während die Sonne heiß ist, ist eine Leuchtstofflampe kalt.

Eine typische Erscheinung, an der man den Unterschied zwischen einem Gas und einem Plasma erkennen kann, ist das Leuchten des Plasmas. Dieses entsteht durch spontane Emission angeregter Teilchen und aus der Rekombination von Elektronen und Ionen. Die Farbe des Leuchtens wird von der Atom- oder Molekülsorte und dem Grad der Anregung bestimmt.

Die vorhandenen freien Elektronen können aufgrund ihrer hohen Geschwindigkeit die neutralen Teilchen (aber auch die Ionen) durch Elektronenstoß anregen. Durch spontane Emission werden diese Teilchen wieder abgeregt und senden Licht aus. Dessen Wellenlänge λ hängt von der Energiedifferenz der beteiligten Niveaus ab: $\Delta E = hc/\lambda$ mit der Planck-Konstante h und der Lichtgeschwindigkeit c. Die Intensität hängt von der Anzahl der neutralen Teilchen und der Temperatur der Elektronen ab. Die Überlagerung verschiedener Übergänge führt somit zu einer Farbe, die charakteristisch für das Gas ist. Weiterhin kann auch Rekombinationsstrahlung auftreten, die aber in Niederdruckplasmen, wie sie in der Plasmatechnologie typisch sind, gering ist.

Die Farben der Blitze

Aus dem Leuchten des Plasmakanals lässt sich Information über das Plasma erhalten. Untersucht wurde eine gängige Plasmakugel mit rot-blauen Blitzen. Dazu haben wir das Licht der Blitze mit einem Glasfaserkabel eingefangen und zu einem Spektrometer geführt, welches das Licht in seine Spektralfarben zerlegt (Abbildung 2). Der für das menschliche Auge sichtbare Bereich liegt etwa zwischen 400 nm und 700 nm.

Die Spektrallinien lassen sich eindeutig den Edelgasen Neon und Xenon zuordnen, mit denen die Kugel offensichtlich gefüllt ist. Die Linien des Neons sind stark im roten Spektralbereich, die des Xenons im Blauen und in nahen Infraroten. Das wahrgenommene Licht ergibt dann die Mischung aus blau und rot: ein rosa Farbton, der eine Tendenz zum Roten hat, da hier mehr Linien vorhanden sind. Diese Farbe erkennt man auch an der Oberfläche der inneren Glaskugel und an den Enden des Blitzes auf der Innenfläche der äußeren Glaskugel (Abbildung 3). Wie Abbildung 4 zeigt, lässt sich dieser Effekt noch verstärken, indem man die Hand auflegt und damit die äußere Kugel an den Auflageflächen erdet. Wieso zeigen die Blitze selber aber eine bläuliche Farbe?

Dort leuchtet nur das Xenon, nicht das Neon. Der Grund liegt in den unterschiedlichen Energien, die notwendig sind, um das Atom zum Leuchten zu bringen. Bei Xenon ist diese Energie deutlich niedriger. An den Oberflächen der beiden Glaskugeln bildet sich eine energiereichere Randschicht aus, so dass dort auch das Neon angeregt wird, während dazwischen nur das Xenon leuchtet. Eine genaue Analyse der Spektrallinien zeigte, dass die untersuchte Kugel etwa 100-mal mehr Neon als Xenon enthält. Warum sind die Blitze in der Kugel nicht heiß, so dass man sie gefahrlos beeinflussen und lenken kann?

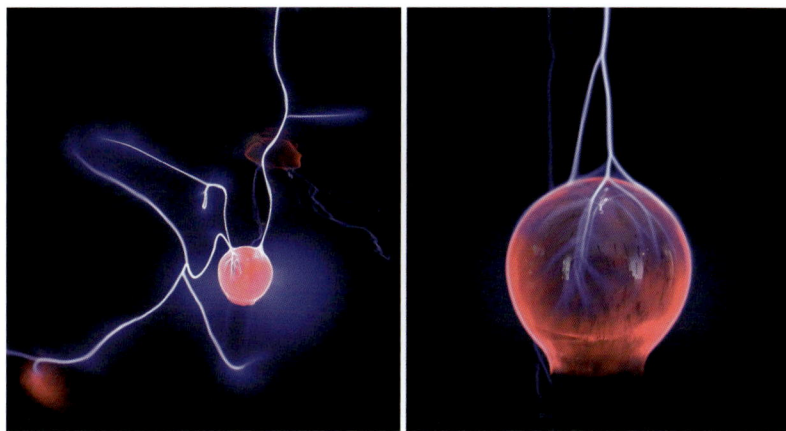

Abb. 3 *Zweifarbige Blitze: Rot an den Endpunkten und Blau im Blitzkanal mit Blick in die gesamte Kugel (links) und Vergrößerung der inneren Kugel (rechts).*

Temperatur lässt sich als ungeordnete, zufällige Brownsche Bewegung von Atomen oder Molekülen betrachten, egal ob es sich um ein Gas, eine Flüssigkeit oder einen festen Stoff handelt. Je schneller die Bewegung ist, desto wärmer ist die Materie. Da die an der Bewegung beteiligten Atome oder Moleküle nicht sonderlich verschiedene Massen besitzen, stellen sich unter ihnen ähnliche Geschwindigkeiten und somit eine einheitliche Temperatur ein. In einem Plasma ist der Sachverhalt etwas anders, denn die Elektronen sind im Vergleich zu den Ionen und Neutralteilchen (beides zusammen auch Schwerteilchen genannt) sehr leicht und können sich deutlich schneller be-

---

EIGENSCHAFTEN EINER PLASMAKUGEL

Die Messungen wurden an einer Kugel (d = 50 cm) mit roten und blauen Blitzen durchgeführt.

Hochfrequenzentladung:	f = 37 kHz
Spannung an der inneren Kugel:	U = 7,5 kV
Spannung an der Kugeloberfläche:	U = 600 V
Feldstärke in 1 m Entfernung:	$E \cong$ 500 V/m
Strom zwischen innerer und äußerer Kugel:	$I \cong$ 5 mA
Gassorten:	Neon und Xenon
Druck:	$p \approx$ 10 mbar
Mischung:	Dichte(Ne) = 100 · Dichte(Xe)
Temperatur der neutralen Teilchen:	$T_n \cong$ 300 K
Dichte der neutralen Teilchen:	$n_n = 10^{23}$ m^{-3}
Dichte der Elektronen:	$n_e = 10^{15}$ m^{-3}
Ionisationsgrad:	$\alpha = 10^{-8}$
Temperatur der Elektronen	
im Kanal:	T_e = 1,2 eV $\cong$ 14000 K
am Rand:	T_e = 2,2 eV $\cong$ 25000 K

rotes Leuchten von Neon – blaues Leuchten von Xenon

Andere Farben können durch Verwendung anderer Gase wie Argon, Stickstoff oder Krypton erreicht werden.

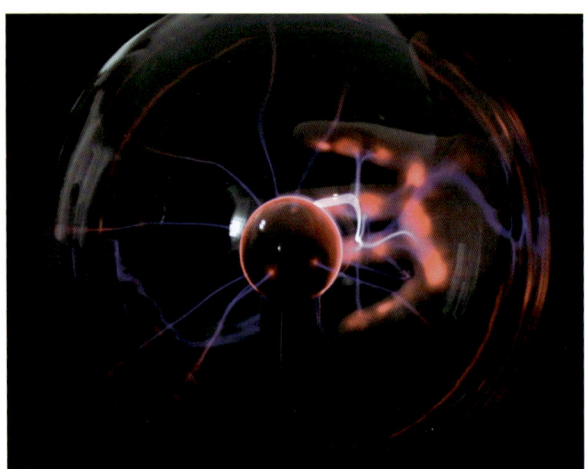

Abb. 4 *Berührung der Plasmakugel: Es bildet sich ein dickerer und heller leuchtender blauer Blitzkanal aus, der an der Auflagefläche der Hand in die rote Farbe übergeht.*

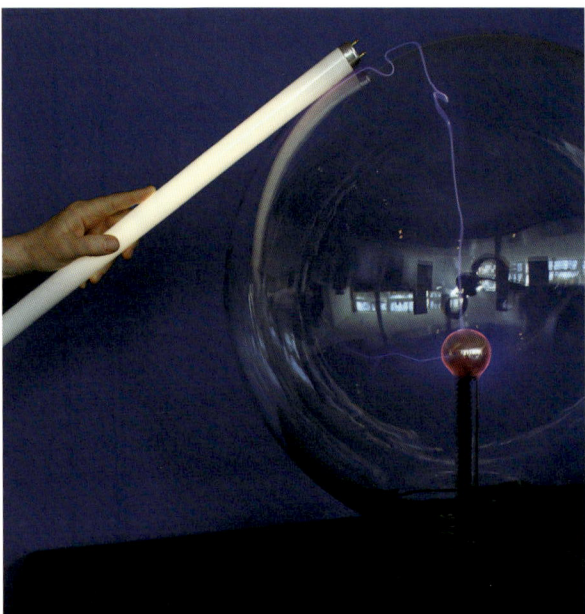

Abb. 5 *Magisches Leuchten einer Leuchtstoffröhre in der Nähe der Plasmakugel.*

wegen. Aus diesem Grund gibt man getrennte Temperaturen an.

Das Plasma in der Kugel ist ein typisches Niederdruckplasma, bei dem Elektronen- und Schwerteilchentemperatur stark differieren. Die Elektronentemperatur kann beispielsweise aus der Emissionsspektroskopie gewonnen werden (siehe „Wie misst man eine Plasmatemperatur?"). Sie ist mit etwa 23000 K (entsprechend etwa 2 eV) relativ hoch. Wegen ihrer geringeren Masse und damit verbundenen großen Beweglichkeit, können die Elektronen dem hochfrequenten elektrischen Feld folgen und werden stark beschleunigt. Die Schwerteilchen dagegen sind aufgrund ihrer Masse träge, und eine Impulsübertragung von den Elektronen ist ineffektiv. Die Schwerteilchentemperatur ist deswegen wesentlich geringer und vergleichbar mit der Raumtemperatur. Entscheidend für das Temperaturgefühl der aufliegenden Hand ist aber die Schwerteilchentemperatur. Deshalb spürt man nur eine leichte Erwärmung. Die heißen Elektronen sind wegen ihrer geringen Masse und geringen Drucks und damit auch Dichte nicht spürbar. Die leichte Erwärmung des Blitzkanals führt außerdem dazu, dass die Blitze langsam nach oben steigen, vergleichbar mit warmer aufsteigender Luft (siehe „Eigenschaften einer Plasmakugel").

Experimentieren mit der Plasmakugel

Mit der Plasmakugel lässt sich auf vielfältige Weise spielen und experimentieren. So kann man das Steuern der Blitze durch das Berühren mit nur einem Finger bis zum Auflegen beider Hände erforschen (Abbildung 4). Dabei entsteht beispielsweise ein sehr stabiler, dicker und heller Blitzkanal (Abbildung 3 rechts), wenn man die Kugel oben mit nur einem Finger über eine längere Zeit berührt. Dann bemerkt man auch die langsam steigende Wärmeentwicklung.

Bei zwei Personen kann man folgenden netten Effekt ausprobieren: Jeder legt eine Hand auf die Kugel, und man kommt sich dann mit den Nasenspitzen näher. Bei Berührung bemerkt man ein Kribbeln, wie es beim Ausziehen eines Kunstfaserpullovers zu spüren ist.

Für ein recht beeindruckendes Experiment benötigt man eine Leuchtstofflampe, etwa eine Leuchtstoffröhre oder eine Energiesparlampe. Bringt man die Lampe in die Nähe des Feldgenerators der Plasmakugel, so beginnt diese zu leuchten (Abbildung 5). Das Licht ist recht blass, nicht so hell wie beim normalen Betrieb der Lampe, weshalb man dieses Phänomen am besten in einem abgedunkelten Raum beobachtet. Nimmt man eine Leuchtstoffröhre und legt die Finger auf die Röhre, so brennt das Licht nur zwischen den Fingern und einem Röhrenende. Fährt man nun mit den Fingern an der Röhre entlang, so kann man wie von Zauberhand den leuchtenden Teil der Röhre vergrößern und verkleinern und unwissende Personen damit sehr verblüffen.

Literatur

[1] A. P. Speiser, Physik in unserer Zeit **1999**, *30*(5), 211.
[2] A. Hermant, Gewitter – Faszination eines Phänomens, Delius Klasing Verlag, 2002.
[3] www.weltderphysik.de/thema/hinter-den-dingen/klima-und-wetter/gewitterblitze/
[4] N. R. Guilbert, Phys. Teach.**1999**, *37* (1), 11.
[5] www.dp.ruhr-uni-bochum.de/projekte_aktivitaeten/#c665
[6] www.phydid.de/index.php/phydid-b/article/view/212/254
[7] www.phydid.de/index.php/phydid-b/article/view/213/255
[8] www.teslaboys.com/Plasma/
[9] www.powerlabs.org/plasmaglobes.htm
[10] www.cpepweb.org/ptct/data/PhysicsPlasmaGlobes-Teachers.doc
[11] www.cpepphysics.org/fusion-materials/PlasmaGlobe-BodyCap.pdf

Mit folgenden Stichwörtern findet man Videos bei YouTube: Plasmakugel, Plasmalampe, plasma ball, plasmaglobe, plasmatube. Beispiele: www.youtube.com/watch?v=jAQMn9xl5t8 viewpure.com/329AOMqJSZk

Ein irritierend rotierender Globus

*Ein auf einem feststehenden Dreibein befind-
licher Globus dreht sich lautlos und scheinbar
ohne äußere Energiezufuhr. Dahinter steckt
eine ingeniöse Kombination von Hightech-
Materialien und Geräten mit bekannten
mechanischen und optischen Effekten,
die sich erst nach und nach erschließt.*

In einem Europäischen Patent [1] steht in einer für solche
Schriften typischen Diktion zu dem in Abbildung 1 sichtbaren Globus: „Eigenangetriebene, mobile, im Wesentlichen
stationäre Struktur, welche aufweist: einen sich drehenden
Körper, der einen in sich abgeschlossenen Antriebsmechanismus umschließt, der von Energie angetrieben ist, die von
elektromagnetischen Strahlungen herrührt, wobei der Mechanismus ein magnetisiertes, Gegendrehmoment produ-
zierendes Element aufweist, das festgelegt ist durch und ausgerichtet ist entlang die/der Richtung eines umliegenden
Energiefelds, welches das Erdmagnetfeld aufweist."

Betrachtet man den sich drehenden Globus in der Realität, erschließt sich einem zumindest teilweise der erste
Teil der Beschreibung. Dennoch ist es zunächst unver-
ständlich, wie sich die Erdkugel auf dem feststehenden Dreibein drehen kann. Nimmt man den Globus in die Hand, hat
man sofort ein erstes Aha-Erlebnis: Die Kugel mit der poli-
tischen Weltkarte bewegt sich. Dreht man die in der Hand
gehaltene Kugel, bleibt der Nordpol immer oben. Offenbar
befindet sich eine innere, frei bewegliche Kugel in einer äußeren, transparenten Kugel, die man fest umfassen und drehen kann.

Mit dieser ersten Schlussfolgerung beginnen wir eine
Untersuchung eines Systems, in das wir nicht direkt hineinschauen können, ohne es zu zerstören. Wir müssen gewissermaßen nicht-invasiv vorgehen. Dadurch wird der Reiz
der Untersuchung aber eher noch erhöht, weil wir – insbesondere optische – Methoden anwenden, um den inneren Aufbau des Globus zu erschließen.

Ein Video des in Abbildung 1 gezeigten Mova-Globus
kann heruntergeladen werden (siehe Seite 2).

Lagerung der inneren Kugel

Es gibt schon lange ein kleines Spielzeug ohne viel
Hightech, das den amerikanischen Erfinder William W.
French zur Erfindung des rotierenden Globus angeregt hat

Abb. 1 *Der Mova-Globus (Ø 11,4 cm) dreht sich in bei einer
Beleuchtungsstärke von 1000 lx etwa in 25 s einmal herum.*

[2]. In diesem Spielzeug befindet sich in einer transparenten, hohlen Plexiglaskugel eine Flüssigkeit (Petroleum), und
in dieser schwimmt eine zweite Kugel in Gestalt eines Auges (Abbildung 2). Faszinierend ist, dass dieses „Schlitter-
auge" (Glide Eye Ball) immer nach oben schaut, wenn man
das Spielzeug über eine Ebene rollen lässt. Da der Schwerpunkt der inneren Kugel unter ihrem Mittelpunkt liegt,
schwimmt die Kugel immer mit derselben Seite nach oben.
Die mittlere Dichte der inneren Kugel ist etwa gleich groß
wie die Dichte der Flüssigkeit.

Allerdings berührt die innere Kugel die äußere Kugel immer an irgendeiner Stelle von innen. Es ist grundsätzlich
nicht möglich, ein Objekt ohne weitere Hilfsmittel stabil innerhalb einer homogenen Flüssigkeit schweben zu lassen,
ohne dass es an der Oberfläche oder dem Boden aufliegt.
Das bekannte Galileo-Thermometer ist ein Beispiel hierfür
[3]. Kleinste Temperaturänderungen bewirken unterschiedliche Dichteänderungen von innerer Augenkugel und
Flüssigkeit und damit ein Absinken oder Hochschwimmen.

Es gibt jedoch eine Möglichkeit, einen Körper stabil
schweben zu lassen, indem man ihn auf die Grenzschicht

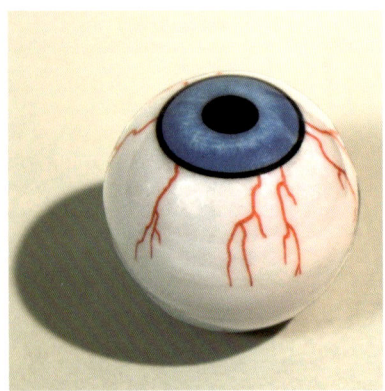

Abb. 2 *Eine Augenkugel mit einem Durchmesser von 4 cm.*

zwischen zwei nicht mischbaren Flüssigkeiten unterschiedlicher Dichte platziert. Dabei muss die mittlere Dichte des Körpers gerade zwischen den Dichten beider Flüssigkeiten liegen. Die untere Flüssigkeit hat eine größere Dichte als die obere Flüssigkeit. Eine derartige Konstruktion findet man in dem relativ unbekannten Kontrathermometer (siehe den Artikel „Auf und ab im Kontra- und Kettenthermometer", Seite 104). Genau diese Möglichkeit ist beim Mova-Globus realisiert (Abbildung 3a).

Im unteren Teil der äußeren Kugel befindet sich eine dichtere Flüssigkeit als darüber, beide sind transparent. Gemäß dem Patent [4] handelt es sich um spezielle Fluorcarbon- und Hydrocarbonflüssigkeiten mit Dichten von 1,69 g/cm³ beziehungsweise 0,75 g/cm³. Die mittlere Dichte der Innenkugel liegt gerade dazwischen. Durch eine kleine Veränderung der mittleren Dichte der Innenkugel kann man erreichen, dass die Kugel etwas höher oder tiefer schwebt, jedenfalls aber nicht unten oder oben anstößt. Die Grenze zwischen beiden Flüssigkeiten ist im unteren Bereich der Kugeln schwach erkennbar.

Tatsächlich schwebt die Innenkugel nicht zentrisch in der äußeren Kugel. Das lässt sich leicht mit einer optischen Untersuchungsmethode verifizieren, wie wir gleich noch sehen werden. Sie kann noch immer seitlich von innen an die äußere Plexiglasschale anstoßen.

Die beiden nicht mischbaren Flüssigkeiten müssen darüber hinaus vergleichbare thermische Ausdehnungskoeffizienten wie die Materialien der äußeren und inneren Kugel aufweisen. Andernfalls würden bei Temperaturänderungen die beiden Kugeln aneinanderstoßen. Gemäß dem beiliegenden User Manual sollte man das Gerät nicht Temperaturen unter 5 °C und über 38 °C aussetzen.

Da die beiden Flüssigkeiten eine geringe Viskosität aufweisen, wird mit dieser Konstruktion der in den Flüssig-

keiten schwebenden inneren Kugel eine sehr geringe Reibung zwischen den beiden Kugeln erzielt. Das ist wichtig für einen möglichst leistungsarmen Antrieb der inneren Kugel.

Optische Eigenschaften

Überraschenderweise sieht man die transparente, äußere Kugelschale praktisch nicht. Man hat das Gefühl, die Weltkarte befinde sich auf der Oberfläche der äußeren Kugel.

Blickt man auf den Rand der äußeren Kugel, wird das vom Inneren der Kugel kommende Licht zum Auge des Betrachters hin gebrochen. Dem Auge erscheint unmittelbar die innere Kugel auf der Oberfläche der äußeren Kugel (Abbildung 3b). Mit einer Brechzahl von $n_2 = 1,49$ für Plexiglas ergibt sich für den Winkel $\gamma \sim 138°$, das ist das 180°-Komplement zum Winkel für die Totalreflexion bei Plexiglas ($\Theta_c = 42,2°$).

Leuchtet man mit einem grünem Laser ungefähr senkrecht auf die Oberfläche, erscheint um den hellen Auftreffpunkt des Laserstrahls auf der inneren Kugel ein dunkler Kreis. Ihn umgibt ein heller Rand, dessen Helligkeit weiter nach außen schnell abnimmt (Abbildung 4 und „Totalreflexion mit einem Laser"). Dieser Effekt wurde als Teetassenlichtmuster-Effekt beschrieben (siehe Verräterische Lichtmuster in einer Teetasse, Seite 39). Der durch die Plexiglasschicht der äußeren Kugel und durch die Flüssigkeitsschicht auf die Oberfläche der inneren Kugel auftreffende Laserstrahl wird diffus in alle Richtungen reflektiert. Einige der Strahlen können aus dem Medium austreten, und man sieht den auftreffenden Strahl als sehr hellen Lichtpunkt. Überschreitet ein reflektierter Strahl jedoch den Grenzwinkel der Totalreflexion, bleibt das Licht innerhalb der Schicht (beim Mova-Globus innerhalb der Doppelschicht aus Plexiglas und Flüssigkeit) und trifft wieder auf die innere Oberfläche auf. Es gibt also einen kreisförmigen Bereich um den Auftreffpunkt, in dem kein Licht auf die Oberfläche kommt. Dieser Bereich erscheint als dunkler Kreis.

Das ermöglicht unmittelbar einen Vergleich der Dicke der Flüssigkeitsschicht des Mova-Globus und damit eine Be-

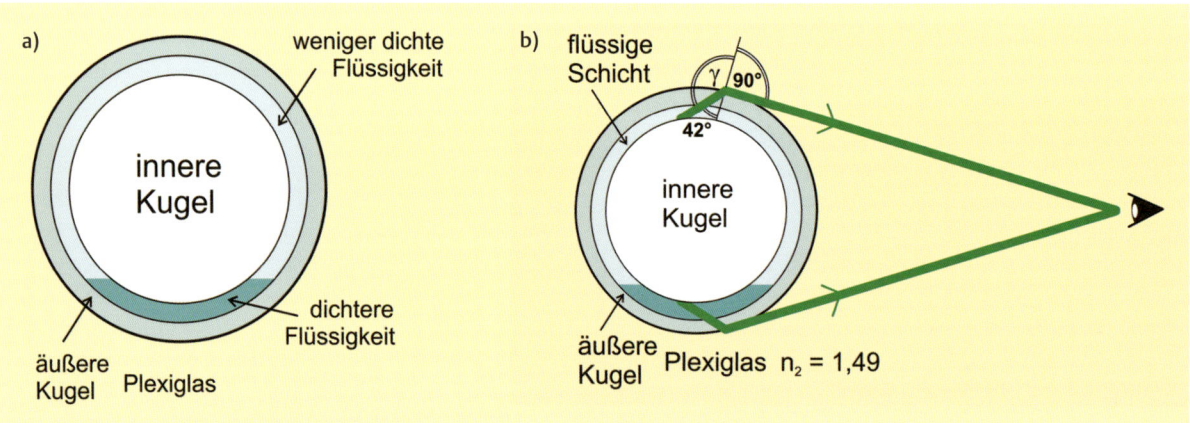

Abb. 3 *a) Lagerung der Innenkugel beim Mova-Globus (nicht maßstabsgerecht); b) Lichtbrechung am Rand der Kugel (nicht maßstabsgerecht; die Winkel stimmen aber).*

urteilung, wie gut zentrisch die innere Kugel schwebt. Wird der Durchmesser nämlich größer, ist die Dicke der Flüssigkeitsschicht größer. Die Dicke der äußeren Plexiglaskugel wird als konstant vorausgesetzt.

Darüber hinaus lassen sich mit diesem Effekt die unterschiedlichen Brechzahlen der zwei in der Kugel vorhandenen Flüssigkeiten sichtbar machen. Der Durchmesser des dunklen Kreises in der Umgebung des Südpols ist größer als in der Region unmittelbar oberhalb der dichteren Flüssigkeit. Das deutet gemäß der Formel im Infokasten auf eine kleinere Brechzahl der hier befindlichen Flüssigkeit hin.

Aufbau der inneren Kugel

Das eigentliche Geheimnis steckt auf und in der inneren Kugel. Da wir keinen Globus zerstören wollten, beziehen wir uns hier auf eine Erläuterung, auf das Patent des Erfinders [2, 4] und eine Röntgenaufnahme.

Die Oberfläche der inneren Kugel ist teildurchlässig gestaltet, so dass Licht durchdringen kann. Etwa 10 % kommt durch. Das Innere der Kugel sieht man nicht, wenn man von außen auf die Oberfläche blickt, da das relativ dunkle Innere gegen die beleuchtete Oberfläche einen sehr starken Kontrast aufweist.

Solarzellen treiben einen an der inneren Kugel im unteren Bereich befestigten Motor an (Abbildung 5a). Durch diese Lage liegt der Schwerpunkt der inneren Kugel unterhalb des Mittelpunkts. Würde die Achse des Motors nicht irgendwie festgehalten, würde sich bei Lichteinfall nur die Motorachse drehen, weil aus Gründen der Drehimpulserhaltung ein entsprechender Gegenimpuls fehlte. Hier hat der Konstrukteur eine sehr geniale Idee verwirklicht, indem er ohne materiellen Kontakt mit einem festen Rahmen – womit auch? – das Erdmagnetfeld zur Hilfe genommen hat: An der Achse des Motors nahe am Nordpol ist ein länglicher, horizontal magnetisierter Permanentmagnet befestigt, der sich am Erdmagnetfeld ausrichtet und daher ‚festhalten' kann. Das ist das „magnetisierte, Gegendrehmoment produzierende Element" aus der Patentbeschreibung. Bei der geringen Feldstärke des Erdmagnetfelds muss es sich schon um einen kräftigen Magneten handeln. Denn sein Drehmoment muss wesentlich größer sein, als das der durch den Motor gedrehten inneren Kugel.

Der tatsächliche Aufbau eines Mova-Globus und insbesondere der inneren Kugel lässt sich zumindest teilweise aus einer Röntgenaufnahme erschließen (Abbildung 5b). Die Schichtdicke der äußeren Plexiglaskugel beträgt etwa 3 mm. Die Dicke der Flüssigkeitsschicht ist nicht konstant, da die innere Kugel nicht ganz zentrisch zur äußeren Kugel schwimmt; sie schwankt zwischen 3 und 6 mm. Im User Manual des Mova-Globus ist für die Dicke von Plexiglaskugel und Flüssigkeitsschicht zusammen etwa 1/4 inch (entsprechend 6,35 mm) angegeben.

Im unteren Teil erkennt man deutlich die Schicht mit der dichteren Flüssigkeit. Das dunkle Rechteck im oberen Teil ist der Kompassmagnet. Die Solarzellen liegen in der Mitte der inneren Kugel, wo sie eine optimale Größe errei-

chen können. Darunter liegt der Motor.

Bei dieser Anordnung kommt es auf das optimale Zusammenspiel aller Komponenten an. Der Kompassmagnet kann keinem großen Drehmoment widerstehen, deswegen müssen Anlauf- und Reibungswiderstand der inneren Kugel gegen die äußere Kugel so klein wie möglich sein. Das gewährleisten die Flüssigkeitslagerung und eine möglichst geringe Masse der inneren Kugel. Der Motor benötigt im Extremfall nach Angabe des Herstellers lediglich ein Mikrowatt.

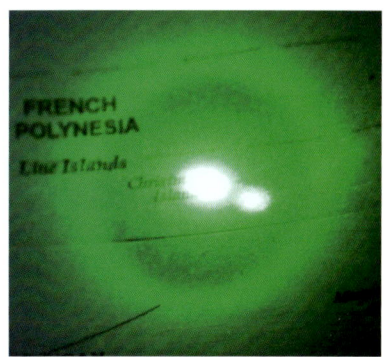

Abb. 4 *Totalreflexion mit einem Laser. Der kleinere, helle Punkt ist der Auftreffpunkt des Laserstrahls auf die äußere Plexiglaskugel.*

TOTALREFLEXION MIT EINEM LASER

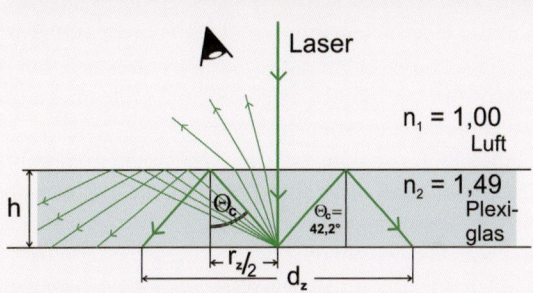

Trifft ein Laserstrahl senkrecht auf eine Schicht (Plexiglas, Wasser oder Ähnliches) und wird direkt an der Unterseite der Schicht diffus zurück reflektiert, verlässt ein Teil der Strahlen diese Schicht wieder. Man sieht den Auftreffpunkt des Laserstrahls. Ein anderer Teil der reflektierten Strahlen kommt jedoch wegen Totalreflexion an der Oberfläche nicht aus der Schicht heraus und wird sichtbar auf die untere Fläche auftreffen.

Von oben betrachtet ergibt sich dadurch ein heller Fleck in der Mitte einer dunklen Kreisfläche, die wiederum von einer Randfläche mit nach außen abnehmender Helligkeit umgeben ist.

Der Winkel der Totalreflexion Θ_c bei Plexiglas beträgt

$$\Theta_c = \arcsin\left(\frac{n_1}{n_2}\right) = \arcsin\left(\frac{1,00}{1,49}\right) = 42,2^0$$

Aus der Geometrie des Dreiecks beim Laserstrahl ergibt sich

$$\tan\Theta_c = \frac{r_z/2}{h}$$

Und damit

$$d_z = 4 \cdot h \cdot \tan\Theta_c.$$

Eine Schichtdicke von $h = 5$ mm ergibt einen Durchmesser des dunklen Kreises von $d_z = 18,1$ mm. Derartige Werte sind auf dem Mova-Globus zu beobachten.

In Wirklichkeit ist die Situation noch etwas komplizierter. Beim Globus gibt es zwei Schichten mit unterschiedlicher Brechzahl. Die Brechzahl der im oberen Teil des Globus befindlichen Hydrocarbonflüssigkeit beträgt $n = 1,43$ und liegt damit relativ nahe an der Brechzahl des Plexiglases. Die Brechzahl der im unteren Teil befindlichen Fluorcarbonflüssigkeit beträgt $n = 1,25$.

Außerdem ist die Schicht des Globus gekrümmt. Das macht jedoch bei einem Globusdurchmesser von 11,43 cm kaum etwas aus

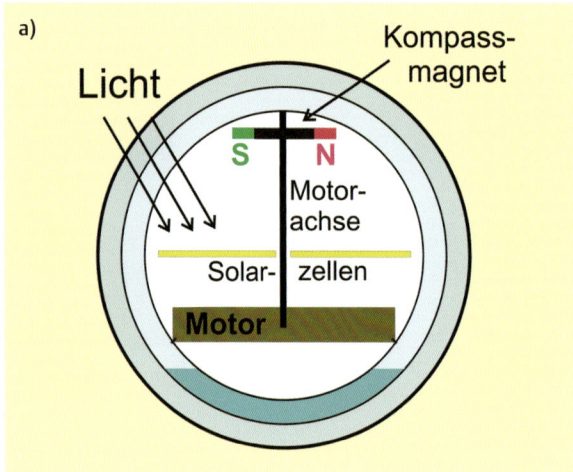

Abb. 5 *a) Motor mit Solarzellen (nicht maßstabsgerecht), b) Röntgenbild eines Mova-Globus.*

Da die Solarzellen waagerecht in der inneren Kugel liegen, reagiert der Globus besser auf Licht, das von oben kommt oder seitlich schräg einfällt. Er dreht sich dann schon bei einer Beleuchtungsstärke von etwa 100 lx und kann für eine Umdrehung mehr als 60 s brauchen. Bei bedecktem Himmel mittags, im Sommer im Freien misst man ohne weiteres eine Beleuchtungsstärke von 20000 lx, der Globus vollführt dann in weniger als 20 s eine Umdrehung. Direkter Sonnenstrahlung soll man das Gerät allerdings nicht aussetzen.

Magnetische Experimente

Der Kompassmagnet liegt etwa 2 cm unterhalb des Nordpols und verursacht direkt an der Oberfläche des Globus beim Nordpol ein Magnetfeld von etwa 2 mT. Bis zu 10 mT ergeben sich einige Zentimeter weiter, wenn man gerade einem Pol des Kompassmagneten nahe kommt. Da sollte man besser nicht mit seinem Smartphone messen.

Legt man auf den Nordpol eine übliche, längliche ferromagnetische Büroklammer, richtet sie sich sofort in der Richtung des Kompassmagneten aus. Dreht man die Büroklammer mit der Hand vorsichtig um 90° entgegen dem Uhrzeigersinn, bewegt man den Magnet darunter mit. Das geht sehr leicht, womit man gleichzeitig zeigt, wie gering das Drehmoment ist, dem der Kompassmagnet widerstehen kann. Auf diese Weise lässt sich die innere Kugel ein wenig beschleunigen. Umgekehrt kann man die innere Kugel bis zum Stillstand abbremsen oder sogar die Drehrichtung kurzzeitig umkehren, wenn man die Büroklammer gefühlvoll im Uhrzeigersinn dreht.

Das Drehen der Büroklammer und damit des Kompassmagneten hat allerdings Folgen. Lässt man die verdrehte Büroklammer auf dem Nordpol liegen, versucht der Magnet, sich an der Büroklammer und am Erdmagnetfeld auszurichten. Da die Büroklammer jedoch sehr leicht ist und nur eine geringe Reibung auf der Plexiglasoberfläche aufweist, dreht der Kompassmagnet die Büroklammer mit. Es gibt in der Folge ein Wechselspiel zwischen Ausrichtung des Magneten und der sich weiter drehenden Motorachse. Das führt erst nach einer gewissen Zeit zu einer gleichmäßig normalen Drehung. Ähnliches passiert, wenn man die Büroklammer nach dem Auflegen und Drehen wieder wegnimmt.

Transportiert man den Globus aus dem Dunkel ins Helle, muss sich der Kompassmagnet wie normalerweise bei jedem Ortswechsel auch neu ausrichten. Zur gleichen Zeit dreht der Motor aber relativ schnell los. Das kann dazu führen, dass der Motor den Magneten mitdreht und der Globus sich zunächst nicht dreht oder eine ganze Weile braucht, bis er seine reguläre, gleichmäßige Drehung erreicht.

Literatur
[1] Selbstdrehende sphärische Anzeigevorrichtung, Europäisches Patent EP 1224649 B1
[2] www.youtube.com/watch?v=OypJajrHsIg
[3] C. Ucke, H. J. Schlichting, Spiel, Physik und Spaß, Wiley-VCH, Weinheim 2011, S. 87.
[4] Frictionless self-powered moving display, Patent Number US 6,952,151 B2, Oct. 2005.

*) Alle Messungen und Größenangaben beziehen sich auf einen Mova-Globus mit einem Durchmesser von 11,43 cm.

Klassische Magnetkreisel

Kreisel gibt es in vielen unterschiedlichen Varianten; sie faszinieren alt und jung. Überraschende Effekte erlebt man mit Kreiseln, die magnetisch sind. Sie sind nicht nur interessante physikalische Spielzeuge, sondern kommen sogar in Kunstwerken zur Geltung.

K lassische Magnetkreisel besitzen eine magnetische Achse, die meistens aus einem dünnen Stabmagneten besteht. Manchmal wird die Magnetisierung der aus einem Eisenstift bestehenden Kreiselachse auch dadurch erreicht, dass man als Kreiselscheibe einen flachen Ringmagnet verwendet, dessen Pole auf der Symmetrieachse liegen. Ein Magnetkreisel funktioniert zunächst einmal wie jeder andere Kreisel auch. Bringt man ihn jedoch mit ferromagnetischen Objekten in Verbindung, so können dadurch erstaunliche Phänomene hervorgerufen werden, die wir uns im Folgenden etwas genauer anschauen.

Seit vielen Jahren erhältlich sind die von dem Künstler Jochen Valett entwickelten Magnetkreiselspiele Spiraculum und Radiaculum. Das Spiraculum (Abbildung 1 links) besteht aus einem spiralig gewickelten und das Radiaculum (Abbildung 1 oben) aus einem kühn geschwungenen, verchromten Gestell aus Stahldraht, an dem der Kreisel mit den Achsenden haftet und wie auf einer Schiene entlang rollen kann. Dazu muss man das Gestell in beide Hände nehmen und so bewegen, dass der Kreisel unter dem Einfluss der Schwerkraft ein Drehmoment erfährt und in Rotation gerät. Die Kunst besteht darin, den Kreisel in permanenter Drehung zu halten (siehe Videofilme in „Internet", S. 127).

Beim Spiraculum ist dies relativ einfach, weil der Kreisel mit beiden Enden am Draht entlang rollen kann. Es kommt lediglich darauf an, die Trägheit des rotierenden Kreisels mit der Bewegung des Gestells so zu koordinieren, dass der Kreisel nicht stehen bleibt.

Das Radiaculum erfordert etwas mehr Geschicklichkeit. Der Kreisel haftet nur mit einem Ende der Achse seitlich an der Schiene und hängt in der Ruhestellung mit der Kreiselspitze nach unten. Damit der Kreisel an der Schiene abrollen kann, muss dafür gesorgt werden, dass die Kreiselachse waagerecht bleibt. Nur so kann sie an der schräg nach unten verlaufenden Schiene beschleunigt werden. Dies ist aber nur dann möglich, wenn der Kreisel so schnell rotiert, dass die Schwerkraft keine Chance hat, die Achse in die Vertikale zu drehen. Alles kommt daher darauf an, durch geschicktes Manövrieren des Drahtgestells dafür zu sorgen, dass der zu Beginn per Hand angedrehte Kreisel stets eine

genügend „schiefe Ebene" vorfindet, deren Neigung für den Antrieb sorgt. Mit der geeigneten Neigungsrichtung trägt man dem senkrechten Ausweichen des Kreisels Rechnung.

Weniger aufwendig, aber in ihrer Wirkung ähnlich frappierend, sind Magnetkreisel, die mit Eisenobjekten in Wechselwirkung gebracht werden. Nähert man der magnetischen Spitze eines auf dem Tisch rotierenden Kreisels einen Draht oder ein Blech aus Eisen, so passiert im Prinzip dasselbe wie bei den obigen Phänobjekten: Der Kreisel läuft an der Kante des Drahts oder Blechs entlang. Zumindest aus dem Ruhesystem des Drahts oder Blechs gesehen ist es so. Aus dem Laborsystem betrachtet bleibt der Kreisel im Wesentlichen auf der Stelle und rollt den Draht oder das Blech an sich entlang. Dabei entstehen je nach der Beschaffenheit des Drahts oder Blechs

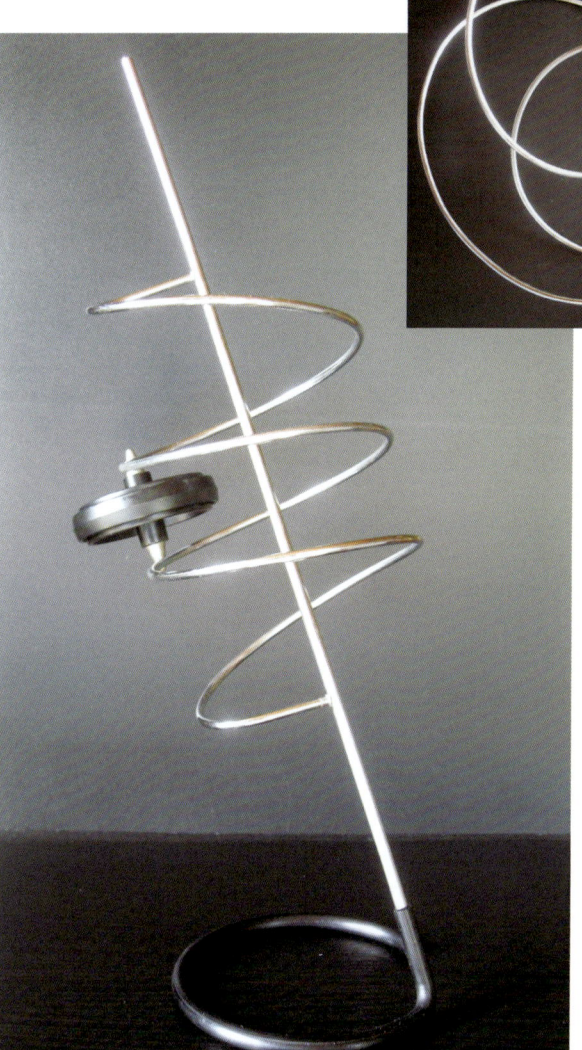

Abb. 1 *Magnetkreisel von Jochen Valett. Links das Spiraculum, oben das Radiaculum.*

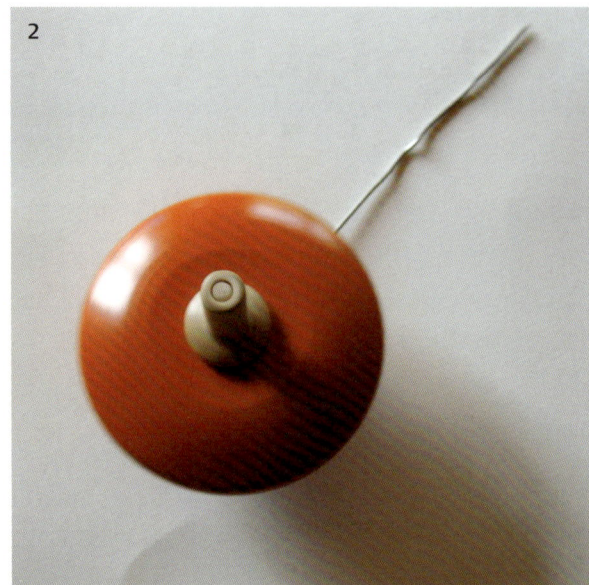

ganz unterschiedliche Bewegungsfiguren.

Die einfachste Bewegung erhält man mit einem schlichten geraden Draht, beispielsweise einer gerade gebogenen Büroklammer (Abbildung 2). Sobald der auf dem Tisch liegende Draht in Kontakt kommt mit der magnetischen Spitze des rotierenden Kreisels, gerät er in eine von der Drehgeschwindigkeit abhängigen Hin- und Herbewegung parallel zu seiner Längsachse. Genau genommen läuft der Draht beim Hin auf der einen und beim Her auf der anderen Seite am Kreisel vorbei. Oder aus der Sicht des Drahts: Der Kreisel umrundet ständig den Draht (Abbildung 3).

Wenn man den Draht auf der Unterlage fixiert, kann man sogar erzwingen, dass der Kreisel (im Laborsystem, also relativ zum Tisch) um den Draht herumläuft. Wer (im Laborsystem) um wen herum läuft, hängt letztlich vom Verhältnis der Reibungskräfte ab, die beim Kreisel und beim Draht im Kontakt zur Unterlage auftreten. Fixiert man den Draht, so endet die Bewegung schneller, als wenn der Kreisel an seinem Ort bleibt. Daran erkennt man, dass die Reibung aufgrund der Verschiebung des Kreisels auf der Unterlage stärker ist als die des Drahts. Das leuchtet qualitativ unmittelbar ein: Der im Vergleich zum Draht schwerere Kreisel muss mit der Spitze über den Tisch gleiten, während er ansonsten lediglich auf der Stelle rotiert und der Draht an ihm abrollt.

Die Rollreibung zwischen Kreisel und Draht entsteht durch die magnetische Anziehungskraft, mit der beide aneinander gepresst werden. Damit es zu einem Vortrieb des Objekts kommt, muss diese Rollreibungskraft die Gleitreibungskraft zwischen Draht und Unterlage kompensieren.

Verfolgt man das Hin und Her des Drahts eine Weile, so erkennt man, dass sich der Draht zusätzlich dreht: Nach jeder halben Umrundung des Kreisels rückt er wie ein Uhrzeiger in Drehrichtung des Kreisels vor. Er führt also eine ruckweise Drehbewegung um den Auflagepunkt des Kreisels als Drehachse aus. Wie kommt es zu diesem Drehmoment? Ein Vorversuch gibt einen Hinweis darauf.

Wir heben den Kreisel samt den an ihm haftenden Draht hoch und drehen ihn: Wegen der Haftreibungskraft zwischen Draht und Kreiselachse dreht sich der Draht mit. Bezogen auf den in der Drehachse des Kreisels liegenden

Abb. 3 *Durch die Reibungskraft zwischen Kreiselachse und Draht oder Blech (blau) kommt es zu einem Drehmoment in Drehrichtung des Kreisels. Die Reibungskraft mit der Unterlage (Reibungsschwerpunkt, rot) bewirkt ein entgegengesetztes Drehmoment. Beim Draht überwiegt ersteres Drehmoment, beim Blech letzteres. Daraus resultieren unterschiedliche Drehrichtungen.*

Abb. 2 *Ein Draht, der an der Spitze eines Magnetkreisels anliegt, vollführt entlang seiner Längsachse eine Hin- und Herbewegung. Außerdem dreht er sich ruckweise um seinen Reibungsschwerpunkt, ähnlich wie ein Uhrzeiger.*

Abb. 4 *Eine Blechschlange führt eine schlängelnde Bewegung aus und dreht sich ebenfalls ruckweise wie ein Uhrzeiger.*

Abb. 5 *Diese unterschiedlich geformten Bleche führen im Kontakt mit dem rotierenden Kreisel erstaunliche Bewegungen aus.*

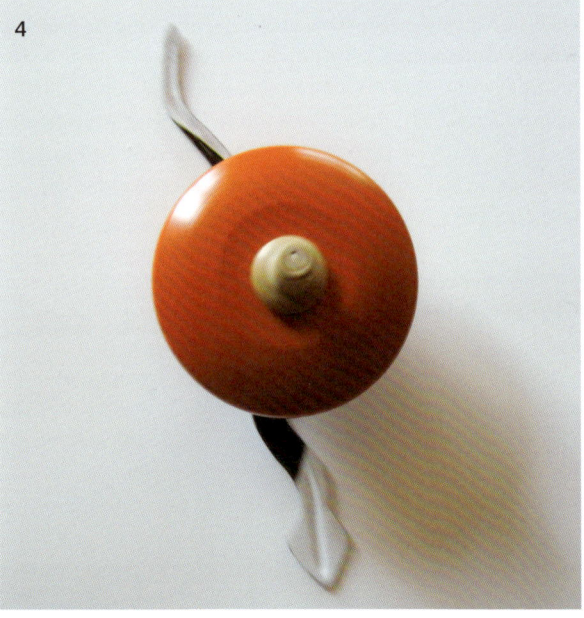

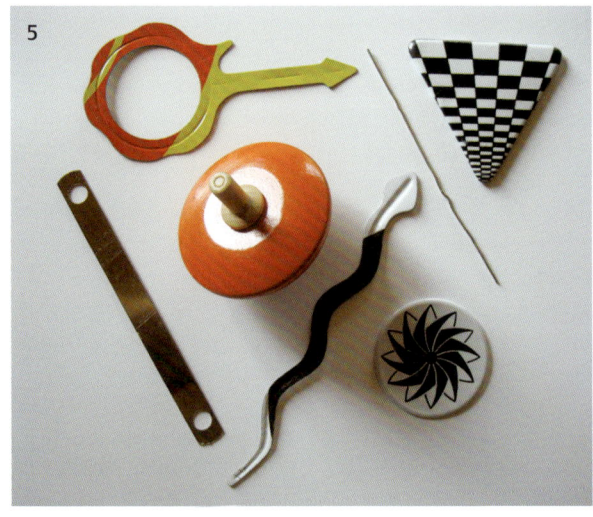

Drehpunkt (blauer Punkt in Abbildung 3) übt die im Berührpunkt zwischen Achse und Draht angreifende Reibungskraft ein Drehmoment in Drehrichtung des Kreisels aus (Abbildung 3, blauer Pfeil). Liegt der Draht auf der Unterlage, so wird das Drehmoment auf den Draht weitgehend durch das Drehmoment aufgrund der Reibungskraft mit der Unterlage kompensiert. Ursache ist der geringe Abstand des Reibungsschwerpunkts des Drahts zur Kreiselachse. Es kommt zu der beschriebenen Hin- und Herbewegung.

Die Kompensation ist nicht immer vollkommen. Durch die Bewegung des nicht immer glatt aufliegenden Drahts schwanken die Reibungskraft und die Größe des Drehmoments, das der Drehung des Kreisels entgegenwirkt (Abbildung 3, roter Pfeil). In solchen Momenten wird der Draht ein Stück weit in Drehrichtung mitgenommen, wie der beschriebene Vorversuch zeigt. Daher wird das Hin und Her des Drahts von einem unregelmäßigen ruckweisen Vorrücken überlagert.

Benutzt man statt des Drahts einen Blechstreifen, beispielsweise ein Schnellhefterblech, dann beobachtet man auch hier eine der Hin- und Herbewegung überlagerte ruckweise Drehbewegung. Allerdings erfolgt sie in diesem Falle entgegengesetzt zur Drehrichtung. Bei Blechen ab einer bestimmten Breite liegt der Reibungsschwerpunkt so weit vom Drehpunkt des Kreisels entfernt, dass das Drehmoment größer ist als das oben beschriebene in Drehrichtung des Kreisels wirkende Drehmoment (Abbildung 3). Dann kommt es zu einer ruckweisen Rückwärtsbewegung.

Dieser „Tanz" von Magnetkreisel und metallischem Draht lässt sich mit unterschiedlich geformten Objekten noch erheblich variieren. Verwendet man beispielsweise ein schlangenartiges Blech (Abbildung 4), so führt der Draht auch eine schlängelnde Bewegung aus. Abbildung 5 zeigt einige unterschiedlich geformte Bleche, deren Bewegung am Kreisel man aus den bisherigen Erklärungen selbst erschließen kann.

INTERNET

Videofilme zu Spiraculum und Radiaculum
www.grand-illusions.com/toycollection/radiaculum
www.grand-illusions.com/toycollection/spiraculum

Streng geheim: Der ewige Kreisel

Es wäre schön, wenn ein einmal angedrehter Kreisel nie mehr aufhören würde sich zu drehen. Solche „ewigen Kreisel" gibt es tatsächlich. Sie verfügen über eine externe Energiezufuhr oder eingebaute Energiequelle, die eine Laufzeit von mehreren Stunden oder Tagen erlaubt. Ewig laufen sie natürlich nicht.

Ein einmal mit den Fingern oder Händen angedrehter Spielzeugkreisel kommt ohne weitere Energiezufuhr nach mehr oder weniger kurzer Zeit wieder zur Ruhe. Es ist naheliegend, in einen Kreisel einen Motor mit Energiequelle einzubauen oder eine externe Anregung zu realisieren, so dass er lange läuft. Im Folgenden stellen wir drei Spielzeug-Dauerkreisel vor, darunter zwei Exemplare mit externer Energiezufuhr und einen mit eingebauter Energiequelle. Bei technischen Anwendungen wie dem Kreiselkompass sind derartige Konstruktionen schon lange realisiert.

Levitron-Kreisel mit Perpetuator.

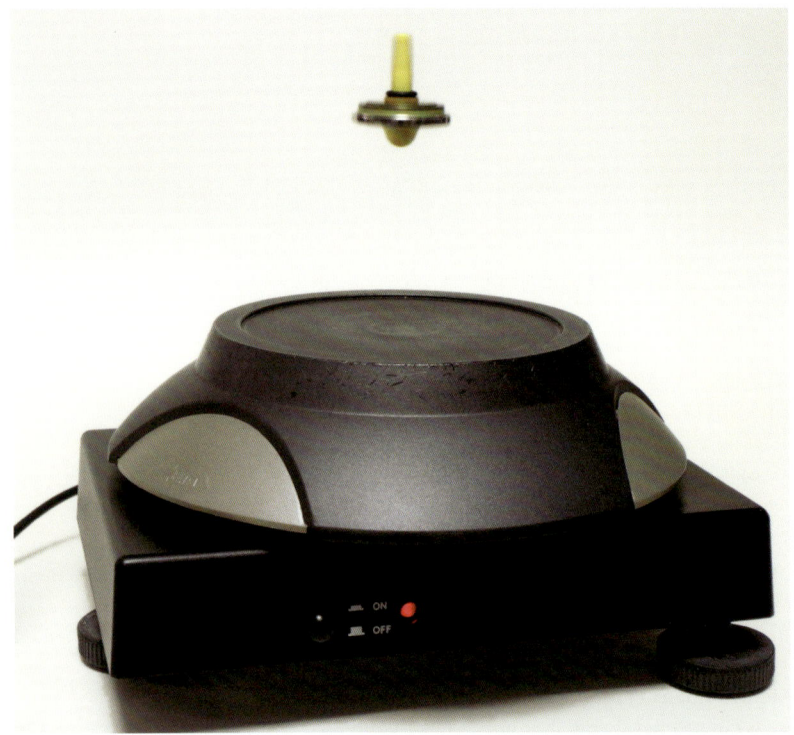

Externe Energiezufuhr

Der Markenname TopSecret deutet bereits auf etwas Verborgenes, nicht unmittelbar Zugängliches hin. Rein äußerlich gibt das zylinderförmige Podest, auf dem der Kreisel (Englisch: Top) zum Laufen gebracht wird, auch keinen Hinweis auf den Antriebsmechanismus, der darin untergebracht ist (Abbildung 1a). Dieses Geheimnis wird allerdings spätestens dann enthüllt, wenn man den Kreisel nicht einfach nur vorgeführt bekommt, sondern selbst zum ersten Mal in Betrieb nimmt. Dann muss nämlich eine 9-V-Batterie als Energiequelle in die Basis eingesetzt werden, die zudem eine Spule mit Eisenkern enthält (Abbildung 1b). Daneben befindet sich etwas versteckt ein Transistor. Der kleine Kreisel mit einem Durchmesser von 20 mm wird auf der leicht konkaven Plattform angedreht und erreicht schnell eine Umdrehungszahl von etwa 3000 U/min. Das kann dann einige Tage anhalten.

Grundlage für diesen Kreisel sind amerikanische Patente von 1974 und 1980 [1]. Das Funktionsprinzip ist darin klar beschrieben und mit anschaulichen Zeichnungen versehen [2, 3] (Abbildung 1c). Der Kreisel selbst enthält eine Scheibe, die in horizontaler Richtung wie ein Dipol magnetisiert ist. Läuft ein Pol des rotierenden Kreisels gerade über die darunter befindliche Spule, so wird in ihr ein Spannungsstoß induziert. Der schaltet über einen elektronischen Schalter (Transistor) die Batterie kurz und induziert gleichzeitig in der Spule mit dem Eisenkern ein Magnetfeld, das den Pol des Kreisels abstößt und ihm so jedes Mal einen Schub gibt. Dabei ist es egal, in welche Richtung der Kreisel angedreht wird.

Die Lauffläche des Kreisels ist uhrglasförmig gewölbt, damit der Kreisel immer wieder zum Zentrum gezwungen wird und sich nicht zu weit aus dem Einflussbereich der Energiezufuhr entfernt. Außerdem ist der Lauffläche eine kleine Erhöhung aufgeprägt, die den Lauf des Kreisels behindert und zu neuen Bahnen Anlass gibt. Dadurch kommt so etwas wie ein Zufallselement in den Bewegungsablauf.

Der Kreisel muss schnell genug angedreht werden, damit dessen Dipolmagnet in der Induktionsspule einen genügend großen Spannungsimpuls erzeugt, der den Transistor schalten kann. Daraufhin wird in der Induktionsspule ein Magnetfeld zur weiteren Beschleunigung des Kreisels erzeugt. Der Kreisel dreht sich dann immer schneller, bis die Reibungsverluste eine weitere Erhöhung der Drehzahl gerade kompensieren.

Der Kreisel würde genauso laufen, wenn man diese Schaltung unterhalb einer dünnen Tischplatte versteckt und

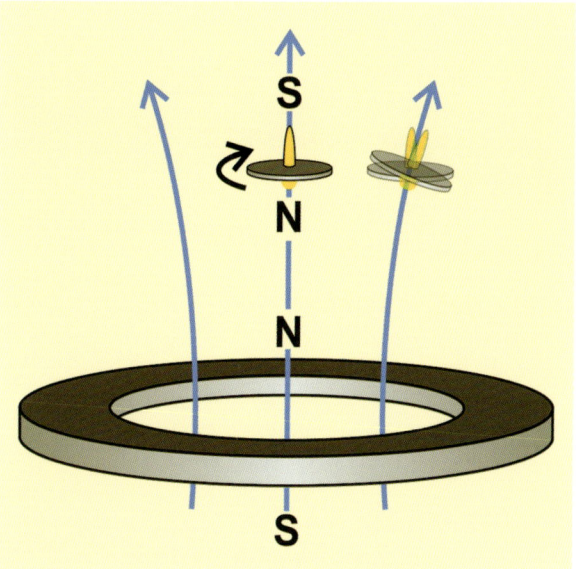

Abb. 2 *Levitron-Kreisel schematisch mit angedeuteten Feldlinien des unteren, ringförmigen Magneten und der Präzession des Kreisels (rechte Feldlinie).*

Abb. 1 *a) Der Dauerkreisel TopSecret; b) das Innere der Basis mit Spule und 9-V-Batterie; c) Querschnitt durch den Dauerkreisel mit Schaltbild.*

darüber ein konkaves Uhrglas geeigneter Größe platziert. Damit könnte man den Kreisel noch geheimnisvoller machen und der Bezeichnung TopSecret etwas mehr gerecht werden. Das Interesse von Schülern und Lehrern an dem scheinbar ewig laufenden Kreisel und die dahinter stehende, einfache Schaltung hat auch zu Publikationen für die Verwendung dieses Spielzeugs im Physikunterricht geführt [2, 3].

Levitron Perpetuator

Das physikalische Spielzeug schlechthin aus den 1990er Jahren ist der frei in der Luft schwebende magnetische Levitron-Kreisel (Abbildung Seite 131) [4]. Ein Nachteil der ursprünglichen Version besteht darin, dass die maximale Schwebezeit ganz ähnlich wie die maximale Rotationsdauer bei rein mechanischen Kreiseln nur etwa vier Minuten beträgt, hauptsächlich bedingt durch Luftreibungsverluste.

Die Physik des Levitrons ist so komplex, dass wir sie hier nur kurz skizzieren können [5, 6]. Der Kreisel, selbst ein magnetischer Dipol (Abbildung 2), schwebt nur in einem eng begrenzten Höhenintervall und Drehzahlbereich stabil. Nur in der optimalen Höhe ist die abstoßende Kraft des Ringmagneten gegen den Dipol des Kreisels stark genug, um das Gewicht des Kreisels zu halten. Dafür muss der Kreisel mit einer Drehzahl von mindestens 20 s^{-1} rotieren. Andernfalls wird die Präzession zu stark mit der Folge, dass der Kreisel umkippt und hinunterfällt. Die Drehzahl der Präzession eines Kreisels ist nämlich umgekehrt proportional zu dessen Drehzahl um die Rotationsachse.

Für die stabilisierende Wirkung des Magnetfeldes des Ringmagneten gegen ein seitwärtiges Wegdriften des Kreisels ist andererseits aber eine gewisse Präzession der Kreiselachse notwendig. Und das bedingt eine Maximaldrehzahl von 30 bis 35 s^{-1}, da bei zu hoher Drehzahl die Präzession zu klein wird. Der Kreisel würde sich dann quasi wie ein statischer Magnet verhalten und wäre gemäß dem Earnshaw-Theorem [9] nicht mehr stabil gegenüber einer horizontalen Translation. Das Earnshaw-Theorem besagt, dass es kein *statisches* Magnetfeld gibt, das magnetische Objekte in einem stabilen Gleichgewicht halten kann. Insbesondere ist es nicht möglich, nur mit Dauermagneten eine stabil schwebende Konstruktion zu realisieren.

Diese notwendige Präzession kann man ausnutzen, um dem schwebenden Kreisel Energie zuzuführen und auf diese Weise Energieverluste auszugleichen. Das geschieht dadurch, dass der Kreisel aus einem gepulsten, horizontalen Magnetfeld ein Drehmoment erhält und seine Drehzahl stabil auf etwa 28 1/s gehalten wird. Das macht ein käufliches Gerät namens Perpetuator. Mit einer Helmholtz-Spule lässt sich ein solches Gerät aber auch selbst bauen [6, 7, 8, 10].

Die Drehrichtung des Kreisels spielt auch bei diesem Aufbau keine Rolle.

Die in Abbildung 2b skizzierte Situation ist nicht maßstabsgerecht. Der Levitron-Kreisel bewegt sich in Wirklichkeit nur um wenige Millimeter von der zentralen Symmetrieachse des ringförmigen Magneten weg, und der Präzessionswinkel der Kreiselachse beträgt kaum mehr als einige Grad.

Interne Energiezufuhr

Man kann sich überlegen, dass ein Kreisel auch intern durch einen mit Batterie betriebenen Motor permanent am Laufen gehalten werden könnte. Ein auf der Symmetrieachse des Kreisels eingebauter Motor müsste mit einem Exzenter ausgestattet sein, so dass der Motor selbst und mit ihm der Kreisel in entgegengesetzter Richtung rotierte. Alternativ kann der Motor selbst exzentrisch angeordnet sein.

Solche Kreisel gibt es bereits. Abbildung 3 zeigt als Beispiel den Non-Stop-Top [11]. Mit zwei Knopfzellen (3 V) läuft der Kreisel mit etwa 2000 min^{-1} bis zu zehn Stunden lang. Außerdem bringt die Batterie effektvoll drei LEDs zum Leuchten. Der Motor befindet sich in der Mitte des Kreiselgehäuses unterhalb der Knopfzellen mit der Unwucht fast ganz unten (Abbildung 4a). Dadurch liegt der Gesamtschwerpunkt ziemlich tief unten, und der Kreisel rotiert stabiler. Der Motor startet erst nach dem Andrehen mit der Hand mit Hilfe eines Fliehkraftschalters. Anfänglich präzediert der Kreisel noch, nach einigen Minuten scheint er ruhig immer auf derselben Stelle zu rotieren.

Der Kreisel dreht sich allerdings nicht um seine Symmetrieachse. Die Spitze des Kreisels wandert kreisförmig

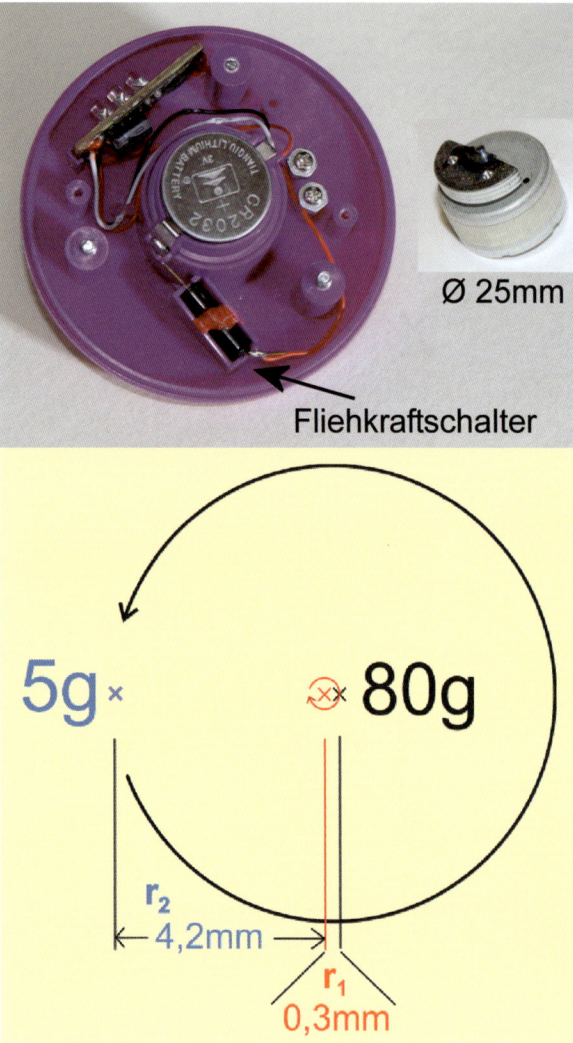

Ø 25mm

Fliehkraftschalter

5g ×   80g

r_2
← 4,2mm →

r_1
0,3mm

Abb. 4 *a) Das Innere des Non-stop-Tops. Der Motor mit einer Unwucht (rechts im Bild) befindet sich unterhalb der Knopfzellen. b) Lage des Schwerpunkts der Unwucht bezüglich der Kreiselachse. Man beachte den Maßstab! Der Durchmesser des Kreisels ist etwa zehn Mal größer als derjenige des schwarzen Kreises.*

auf dem Boden um weniger als einen Millimeter herum. Das ist mit bloßem Auge kaum wahrnehmbar, kann mit Highspeed-Videos aber sichtbar gemacht werden (Videos finden Sie auf Seite 2).

Wegen der Drehimpulserhaltung muss der Bahndrehimpuls L des Schwerpunkts der Unwucht umgekehrt gleich dem Bahndrehimpuls des Schwerpunkts des gesamten Kreisels (ohne Unwucht) sein. Da dieser eine viele größere Masse besitzt, ist der zugehörige Bahnradius r entsprechend klein, aber nicht gleich Null:

$$L_1 = r_1 \cdot p_1 = r_2 \cdot p_2.$$

Zur konkreten Berechnung betrachten wir den Motor mit seiner Unwucht (Abbildung 4b). Die Achse des Motors stimmt mit der Symmetrieachse des Kreisels überein

Abb. 3 *Non-stop-Top mit 8,2 cm Durchmesser und einer Masse von 85 g. Wechselnd blinkende LEDs erhöhen die Attraktivität.*

(schwarzes Kreuz). Die Masse der Unwucht beträgt etwa 5 g, die des Kreisels ohne Unwucht 80 g, der Abstand des Schwerpunkts der Unwucht (blaues Kreuz) von der Motorachse etwa 4,5 mm.

Die Motorachse mit der Unwucht dreht sich von oben gesehen links herum (schwarzer Kreis mit Pfeil), der Kreisel ohne Unwucht erhält infolgedessen ein entgegengesetztes Drehmoment und dreht sich rechts herum. Und beide, das heißt die Unwucht und der Kreisel, drehen sich um den gemeinsamen Schwerpunkt (rotes Kreuz) in einem Abstand von etwa 0,3 mm von der Motorachse beziehungsweise der Symmetrieachse des Kreisels (kleiner roter Kreis). Von oben auf den rotierenden Kreisel gesehen, sieht es jedoch wegen der kaum wahrnehmbaren Abweichung so aus, als wenn sich der Kreisel um seine Symmetrieachse drehen würde. Diese Überlegung berücksichtigt allerdings nicht den Einfluss der Reibung der Kreiselspitze auf dem Untergrund.

Dieser Kreisel lässt sich nur rechts herum starten, da die Drehrichtung des Motors durch die Polung der Knopfzellen links herum festgelegt ist. Bei manchen Ausführungen kann man die Batterien falsch herum einlegen und damit die Drehrichtung des Motors und des Kreisels umkehren.

Solche Kreisel faszinieren insbesondere dadurch, dass man kaum Erfahrungen hat mit Objekten, die sich scheinbar von selbst drehen können. Man wird dabei leicht an Münchhausen erinnert.

Levitron im Eigenbau

Der Faszination des schwebenden Levitron-Kreisels kann sich kaum jemand entziehen. Leider schwebt der Kreisel ohne Zusatzgerät nur wenige Minuten. Das vom Hersteller des Kreisels [12] angebotene Gerät mit dem sinngebenden Namen ‚Perpetuator‘ erlaubt es tatsächlich, den Kreisel ‚ewig‘ schweben zu lassen. Leider wird dieses Gerät nicht mehr produziert. In der zugehörigen Patentbeschreibung [13] sind jedoch eine Menge erklärende und hilfreiche Hinweise enthalten.

Mit den in vielen Physiksammlungen vorhandenen Helmholtz-Spulen lässt sich mit nicht allzu viel Aufwand ebenfalls ein dauerndes Schweben realisieren [14]. Wir beschreiben hier unseren Aufbau.

In Abbildung 5 sind Helmholtz-Spulen (Phywe, Ø 40 cm; 154 Windungen/Spule), ein Leistungsfrequenzgenerator, ein Amperemeter und der in der Mitte der Spulen schwebende Kreisel zu erkennen. Zwischen den Spulen wird ein sinusförmig gepulstes, horizontales Magnetfeld erzeugt. Bei der im Bild ersichtlichen Frequenz von 39,6 Hz und einer Stromstärke von 0,28 A blieb der Kreisel stabil schweben. Der Kreisel selbst hatte dann eine Drehzahl von 29 U/s (siehe Video Ewiger_Kreisel1_420fps; Video mit 420 Bildern/Sekunde aufgenommen). Interessanterweise ist die Frequenz des Generators nicht gleich oder ein ganzzahliges Vielfaches der Drehzahl des Kreisels.

Die Kreiselachse selbst hat eine Länge von 3,2 cm (Unterseite bis Spitze). Die Unterseite des Kreisels schwebte in

Abb. 5 *Helmholtz-Spulen mit Leistungsfrequenzgenerator, Amperemeter und dem schwebenden Levitron-Kreisel (Modell Platinum Pro).*

einer Höhe von 5,0 bis 5,5 cm über der Plattformoberfläche.

Die Frequenz des Leistungsgenerators ließ sich beim schwebenden Kreisel von 25 bis 52 Hz verstellen, die Drehzahl des Kreisels bewegte sich in einem Bereich von etwa 21 bis 32 U/s. An den Bereichsgrenzen schwebte der Kreisel kaum noch stabil, der Präzessionswinkel der Kreiselachse wurde bei den niedrigen Frequenzen sichtbar größer (siehe Video Ewiger_Kreisel2_420fps; ~22U/s ; Video mit 420 Bildern/Sekunde aufgenommen), was ja letztlich der Grund für das Umkippen des Kreisels bei niedriger werdenden Drehzahlen ist.

Die Stromstärke wurde zwischen 0,24 A und 0,35 A variiert, wobei an den Grenzen ebenfalls die Stabilität abnahm. Das – horizontale – Magnetfeld der Helmholtz-Spulen (ohne Levitronplattform) hatte in der Schwebehöhe bei 0,28 A einen Wert von etwa 0,14 mT. Der ‚Perpetuator‘ (ebenfalls ohne Levitronplattform) hat in der Schwebehöhe ein Magnetfeld von etwa 0,12 mT (Erdmagnetfeld etwa 48 µT). Das war unsere Orientierung für die Einstellung der Stromstärke. Heutzutage lässt sich das mit vielen Smartphones noch messen. Das Magnetfeld der Levitronplattform in der Schwebehöhe des Kreisels betrug etwa 3 mT (besser nicht mit Smartphone messen). Das gepulste, horizontale Magnetfeld, das den Kreisel antreibt, ist also etwa um den Faktor zwanzig schwächer als das statische vertikale Magnetfeld der Levitronplattform.

Die hier mitgeteilten Werte können nur als Näherung verstanden werden. Bei anderen Geräten wird man nicht um ein individuelles Probieren herum kommen.

Non-Stop-Top

Leider sind Non-Stop-Tops nicht direkt in Deutschland erhältlich (Stand Juni 2015). Der im Artikel beschriebene Non-Stop-Top ist laut Auskunft der amerikanischen Herstellerfirma ‚Can You Imagine‘ [15] nur in den USA zu bekommen.

Häufig kann man jedoch über Großbritannien ‚Dauer-Kreisel' mit den im Artikel genannten Stichwörtern finden.

Das Video Ewiger_Kreisel3_420fps zeigt den Non-Stop-Top in einer high-speed-Aufnahme mit 420 Bildern/Sekunde. Mit geeigneten Video-Playern mit Einzelbildschaltung (z.B. VCL, Viana) ist sichtbar, dass die Spitze des rotierenden Kreisels auf dem konkaven Spiegel um weniger als einen Millimeter hin und her wandert.

Die Videos ‚Ewiger_Kreisel1_420fps', ‚Ewiger_Kreisel2_420fps' und ‚Ewiger_Kreisel3_420fps' sind herunterladbar (siehe Seite 2).

Literatur

[1]   US Patent 3783550 Novelty electric motor, 1974; US-Patent 4200283: Magnetic spinning top game, 1980.
[2]   O. E. Berge, Naturwissenschaften im Unterricht – Physik/Chemie **1979**, *27*, 132.
[3]   A. Mills, Phys. Educ. **2012**, *47*, 399.
[4]   C. Ucke, H. J. Schlichting, Phys. Unserer Zeit **1995**, *26*, 217.
[5]   M. Berry, Proc. R. Soc. Lond. A **1996**, *452*, 1207.
[6]   M. D. Simon, Am. J. Phys. **1997**, *65*, 286.
[7]   EP Patent 0817363 A2, Electromagnetic drive method and apparatus for driving a rotationally stabilized magnetically levitated object, 1998.
[8]   www.hcrs.at/levitron.htm.
[9]   S. Earnshaw, Camb. Phil.. Soc. **1842**, *7*, 97.
[10] www.youtube.com/watch?v=NwlvhZvtHjY.
[11] www.cyi.net.
[12] www.fascinations.com
[13] EP Patent 0817363 A2, Electromagnetic drive method and apparatus for driving a rotationally stabilized magnetically levitated object (1998)
[14] www.youtube.com/watch?v=Cd_lllVq1eE
[15] www.cyi.net

Mit folgenden Stichwörtern findet man im Internet weitere links und Videos: Ewiger Kreisel, Dauerkreisel, Non-stop-Top, perpetual top, infinity top, infinite spinning top, top secret spinning top, long spinning top, gyroscopic toy top, Levitron Perpetuator, endless Levitron.

Anhänge

Wo sind physikalische Spielereien und Spielzeuge erhältlich?

Physikalische Spielereien sind mit Alltagsgegenständen (Bierdeckel, Teetassen usw.) oder mit Spielzeuge (Saltospringer, Plasmakugel usw.) möglich. Manches ist in einem normalen Haushalt vorhanden, anderes kann man kaufen.

Physikalisches Spielzeug speziell findet sich gut sortiert im Versandhandel im Internet. In normalen Spielwarengeschäften ist das Angebot kleiner und häufig wechselnd. Manchmal muss man viel Findigkeit beweisen, um an ein bestimmtes Spielzeug heranzukommen.

Die im Folgenden angegebenen Internet-Adressen können nur eine Auswahl darstellen. Bestellungen aus dem Ausland können mitunter hohe Versandkosten bedeuten.

Shop des Deutschen Museums, www.deutsches-museum-shop.com
(sehr viele Objekte, nicht nur Physik)

Shop Bild der Wissenschaft,
www.wissenschaft-shop.de
(sehr schöne und zum Teil exklusive Objekte, nicht nur Physik)

Spektrum der Wissenschaft, www.science-shop.de
(etwas teure, aber sehr schöne und teils exklusive Objekte)

Spieleshop, www.spieleshop.de/wissenschaft.html
(Spielzeuge mit physikalischem Hintergrund, auch schöne Puzzles)

Gaby's Zauberland, www.hund-hersbruck.de
(günstige Einkaufsquelle, viele Artikel, auch Zauberartikel)

Hagemann, www.hagemann.de/Forscher-Werkstatt/
(günstige Einkaufsquelle, viele Artikel, nicht nur Physik)

Kids and Science,
http://kids-and-science.rakuten-shop.de/
(günstige Einkaufsquelle, umfangreiches Angebot für Kinder und Eltern, Schulen und Kindergärten)

AstroMedia, www.astromedia.eu
(Schwerpunkt günstige astronomisch-optische Bausätze zum Selbstbau)

Kreiselparadies, www.kreiselparadies.de
(vermutlich größter Kreiselshop überhaupt)

Dynabee Gyroscopic Exercises, www.dynabee.de
(physikalisch sehr interessanter Kreisel, auch Sporttrainingsgerät, viele Variationen)

Powerball, www.powerball-germany.de
(ähnlich wie Dynabee, aber mit Zähler für die Drehzahl)

Kreisel von Christoff Guttermann,
www.kreiselvonchristoffg.de
(sehr schöne Kreisel; Wendekreisel, Taumelkreisel aus Metall; edle Kreisel aus Holz)

Valett Design, www.valett-design.de
(schöne Kreationen aus Edelstahl; großes Wilberforce-Pendel; Möbius-Band-Puzzle)

Supermagnete, www.supermagnete.de
(alle möglichen Magnete zum Spielen und Experimentieren; viele Anregungen durch kleine Veröffentlichungen)

Perpetuum Mobile, www.perpetuum-mobile.ch/de
(Schweiz; viele, zum Teil sehr schöne Spielzeuge aus der Physik)

Klangspiel, www.klangspiel.ch
(Schweiz; viele, zum Teil sehr schöne Spielzeuge aus der Physik)

Grand Illusions, www.grand-illusions.com
(Großbritannien; einige sehr originäre und originelle Objekte)

Science Museum London,
www.sciencemuseum.org.uk/shoponline.aspx
(Großbritannien, viele Bausätze)

Educational Innovations,
www.teachersource.com/index.html
(USA; viele und interessante, zum Teil originäre Spielzeuge und Lehrmittel für Schulen)

Arbor Scientific, www.arborsci.com/
(USA, viele Spielzeuge, auch Lehrmittel)

Edmund Scientifics, www.scientificsonline.com/
(USA, sehr umfangreiches Angebot)

In Ladengeschäften findet man die meisten Artikel in den Läden, die den wissenschaftlich-technischen Museen (Science Museum, Science Center) zugeordnet sind. Die Artikel sind üblicherweise nicht unter einer Rubrik Physikalische Spielzeuge geordnet, sondern verstreut im Laden vorhanden.

Ohne Anspruch auf Vollständigkeit seien hier einige Adressen angegeben:

Deutsches Museum Shop, München, www.deutsches-museum-shop.com

EXPLORA, Museum+Wissenschaft+Technik, Glauburg Platz 1, 60318 Frankfurt am Main; kein Verkauf über das Internet!

Phaeno shop, Wolfsburg, www.phaeno.de/shop.html

Phänomenta *Flensburg,* **Phänomenta** *Peenemünde.* **Phänomenta** *Bremerhaven.* **Phänomenta** *Templin.* **Phänomenta** *Lüdenscheid*

Universum Science Center, Bremen

Technorama (Laden), Technoramastr. 1, CH-8404 Winterthur, Schweiz; kein Verkauf über das Internet!

Diverse Läden in England (Science Museum/London), Frankreich (Cité des Sciences/Paris), USA Liberty Science Center/New York, Science Center/Boston/Washington/Chicago/u.a.; Exploratorium/San Francisco

Bei einem Besuch in derartigen Museen lohnt sich ein Durchgang durch die dort befindlichen Läden auf jeden Fall

Läden für Jonglierzubehör und Zauberartikel haben häufig auch Objekte, die sonst unter physikalischen Spielzeugen eingeordnet werden. In allgemeinen Spielwarenläden findet man auch physikalische Spielzeuge. Diese gehen aber häufig im gesamten Angebot unter. Eine physikalische Beratung ist nicht vorhanden. Das Angebot wechselt schnell. Hersteller und Läden gehen dazu über, Artikel zum Teil nur kurzfristig oder saisonweise anzubieten. Einen schönen Kreisel findet man dann nicht wieder. In den Geschenkabteilungen großer Kaufhäuser und in Geschenkboutiquen, Party-Shops und ähnlichen Läden, ja auch in modernen Einrichtungsgeschäften finden sich ebenfalls immer wieder mal physikalische Spielzeuge. Ähnliches trifft für Optiker und Elektronikfachgeschäfte zu. Manche Geschäfte sind spezialisiert auf Drachen, Bumerangs, alle Arten von Ballons, Zauber oder Jonglierartikel. Auch hier kann man fündig werden. Zufallsfunde lassen sich auch auf Jahrmärkten, Kirchweih, Oktoberfest oder ähnlichen Veranstaltungen machen. Ebensowenig systematisch findet man in den Überraschungseiern der Firma Ferrero gelegentlich ganz nette physikalische Spielzeuge (beispielsweise Wackeltier, Pickspecht, Mini-Mikroskop). Auf der nicht allgemein zugänglichen Nürnberger Spielwarenmesse sind natürlich die Hersteller selbst vertreten. Ein Handverkauf findet dort nicht statt.

Information und Literatur zu physikalischen Spielereien

Die Frage, was eigentlich ein physikalisches Spielzeug ist, lässt sich nicht eindeutig beantworten. Man kann nur versuchen, den Begriff einzugrenzen. Kreisel sind klassische physikalische Spielzeuge; wenn ein Wissenschaftler sich einem solchen Objekt zuwendet, kann der Spielzeugcharakter praktisch verloren gehen. Hologramme oder Moiré-Muster kann man spielerisch betrachten. In der Kunst finden sie ebenfalls Anwendung. Aber auch in Wissenschaft und Technik sind sie weit verbreitet. Bumerangs, Frisbeescheiben und Drachen sind Sportgeräte, weisen aber in mancher Hinsicht physikalische Spielaspekte auf. Es gibt fließende Verbindungen zwischen Freihandexperimenten und physikalischen Spielzeugen. Physikalische Spielzeuge sind mehr dadurch charakterisiert, dass sie als Einzelobjekte käuflich sind oder waren oder selbstgefertigt sind und der Spielaspekt im Vordergrund steht. Bei Freihandversuchen steht der Lehr- und Vorführaspekt im Zentrum. Ja, auch zwischen Magie und Zauberkunststücken auf der einen Seite und physikalischen Spielzeugen auf der anderen Seite bestehen Zusammenhänge.

Beim Einsatz im Unterricht und für alle diejenigen, die über das bloße Spielen hinaus weiterführendes Interesse haben, kann die Frage nach vertiefenden Informationen auftauchen. Sofern diese als Beilage überhaupt vorhanden sind, beschränken sie sich in den meisten Fällen darauf, den Zusammenbau und einige Spielmöglichkeiten zu erklären. Zusätzliche physikalische Hintergrundinformationen sind selten vorhanden, ja häufig auch nicht sinnvoll, weil die Erklärungen nicht allgemein interessieren oder zu schwierig wären. In einigen Fällen sind die Erklärungen zu physikalischen Spielzeugen so einfach, das sie ein Physiklehrer, Physiker oder naturwissenschaftlich Allgemeingebildeter ohne Rückgriff auf spezielle Literatur selbst geben kann. Jedoch sollte man dabei aufpassen. Manche Spielzeuge verleiten zu einfachen Erklärungen und sind in Wirklichkeit doch komplizierter, als man denkt. Hierzu zählen beispielsweise der Luftheuler, die trinkende Ente, der Klopfspecht und das Dampfboot. Einige Spielzeuge finden sogar Eingang in die Wissenschaft. Dazu zählen insbesondere spezielle Kreisel, wie der keltische Wackelstein, der Stehaufkreisel oder der magnetische Levitron-Kreisel. Der Übergang von Spiel zu Wissenschaft ist da ziemlich gleitend.

Als erste Quelle für weiterführende Information bietet sich heutzutage das Internet an. Die Eingabe des entsprechenden Spielzeugnamens ergibt meistens viele Einträge, üblicherweise von sehr unterschiedlicher Qualität. Ein Problem stellt schon der Name des Spielzeugs oder des Spiels selbst dar. Es kann sich um einen allgemein verbreiteten Namen handeln, unter dem auch im Internet sofort Informationen erscheinen. Beispiele dafür sind die schon erwähnte trinkende Ente, der Stehauf kreisel, der Levitron-Kreisel, das Kaleidoskop und andere. Bereits bei diesen Spielzeugen sind aber teilweise auch andere Bezeichnungen verbreitet. Der Stehaufkreisel ist auch unter den Namen Wendekreisel, Umkehrkreisel oder Kippkreisel bekannt. Die trinkende Ente heißt manchmal auch trinkender Storch, Wippvogel, Pickvogel, Schluckspecht oder sogar Suffi. Bei Wikipedia gibt es eine extra Kategorie Physikalisches Spielzeug [1], bei der äquivalente Namen aufgeführt sind, sofern das Spielzeug dort vorhanden ist.

Ein Spielzeug kann aber auch eine spezielle Firmenbezeichnung haben, die meist ebenfalls im Internet zu finden ist. Hinter Tick-Tock verbirgt sich beispielsweise das Kugelstoßpendel (Stoßpendel, Newtons Pendel, Newtons Wiege). Der Kreativität beim Suchen im Internet durch Hinzusetzen weiterer Wörter ist da keine Grenze gesetzt.

Eine enorme Erweiterung der Information erhält man durch Eingabe entsprechender Englischer Bezeichnungen. Sind sie nicht gerade auf dem Spielzeug oder der Verpackung selbst aufgeführt, ist es manchmal nicht einfach, die äquivalente Bezeichnung im Englischen zu finden. Wörterbücher helfen nur bedingt weiter. Zu einigen Artikeln bei Wikipedia sind die entsprechenden Namen und die ganzen Artikel in anderen Sprachen enthalten.

Die vordergründige Internetsuche (einfaches googeln) führt nur selten zu professionellen Datenbanken oder gar zum Verweis auf Behandlung des Spielzeugs oder des physikalisch-spielerischen Themas in einschlägigen Zeitschriften und Büchern. Das sind allerdings genaue Quellen weiterführender Information. Deswegen sei darauf etwas genauer eingegangen.

Es gibt einige Zeitschriften, in denen immer wieder physikalische Spielzeuge behandelt werden. Ohne Anspruch auf Vollständigkeit – insbesondere bezüglich mittlerweile nicht mehr existierender Publikationen – zählen im deutschsprachigen Raum dazu

Zeitschriften

Physik in unserer Zeit (Phiuz), www.phiuz.de
kostenpflichtig zugänglich im Internet; ab 1993 spezielle Rubrik Die Spielwiese zum Thema Spiele und Spielzeuge. Einige Videos zum Thema sind frei zum Download.

Spektrum der Wissenschaft, www.spektrum.de
Ausgaben ab 1993 kostenpflichtig zugänglich im Internet; ab 2000 Beiträge zu physikalischen Spielzeugen und Spielereien; in früheren Jahren einiges in der Rubrik Experiment des Monats. Sonderhefte: Physikalische Unterhaltungen, 2010; Naturgesetze in der Kaffeetasse 2014, Rubrik ‚Schlichting!' (ab 2009)

Bild der Wissenschaft, www.wissenschaft.de
frei zugänglich ab 1997 im Internet, allerdings nur Texte (keine Abbildungen und Formeln); zwischen 1988 und 2000 viele Beiträge zum Thema in der Rubrik Das Kabinett.

Mathematisch-Naturwissenschaftlicher Unterricht (MNU), www.mnu.de
nicht im Internet zugänglich. Ab 2002 auf CD erhältlich. Enthält insgesamt wenig zum Thema.

Praxis der Naturwissenschaften/Physik in der Schule,
www.aulis.de/newspaper_view/praxis-der-naturwissen-schaften-physik-in-der-schule.html
beschränkt im Internet zugänglich. Enthält insgesamt wenig zum Thema.

Naturwissenschaften im Unterricht Physik (NiU),
www.friedrich-verlag.de/go/Schule%20&%20Unterricht/Sekundarstufe/Naturwissenschaften/Physik
nur sehr eingeschränkt im Internet zugänglich. Enthält insgesamt wenig zum Thema.

PhyDid (nur im Internet), seit 2002, www.phydid.de
frei zugängliche Internetpublikation; insgesamt wenig zum Thema.

Tagungsbände des Fachausschusses Didaktik der Physik in der DPG
ab 2010 in PhyDid B frei zugänglich, von 1997 bis 2009 auf CD (zu beziehen über Lehmanns Media (www.lob.de)), davor nur in gedruckter Form. Enthalten eine ganze Menge von Beiträgen zum Thema.

Datenbanken

Datenbank PhysDat, http://www.schulpool.uni-wupper-tal.de/sd-pd/db_suche.php
Die Datenbank enthält fast 23.000 Einträge mit bibliographischen Angaben, Abstracts und Deskriptoren zu Aufsätzen aus deutschen physikdidaktischen Zeitschriften bis 2008, erstellt an der Universität Wuppertal. PHYSDAT erschließt Aufsätze zur Sekundarstufe I und II.

Private Datenbank von C. Ucke, www.ucke.de/christian/physik/suche.php
Diese Datenbank enthält etwa tausend Einträge speziell zur Literatur von physikalischen Spielzeugen, insbesondere Hinweise auf Literatur vor dem Jahr 2000. Jetzt nur noch sporadisch aktualisiert.

Datenbank Fachportal Pädagogik, Fachinformations-system (FIS) Bildung
www.fachportal-paedagogik.de/fis_bildung/fis_form.html
frei zugänglich bezüglich der Recherche, einiges zu physikalischen Spielzeugen und Spielereien.

Datenbank GoogleScholar, http://scholar.google.de/
frei zugänglich; zeigt enorm viel an aus Internet, Zeitschriften und auch Büchern

Deutsche Patent-Datenbank, www.dpma.de
frei zugängliche Datenbank für deutsche Patente. Im Prinzip eine enorme Quelle auch für physikalische Spielzeuge. Die spezielle Sprache und Form von Patenten erschwert häufig die Lesbarkeit.

Amerikanische Patente, www.google.com/patents
In dieser Suchmaske von Google kann man amerikanische Patente recherchieren.

Englischsprachige Zeitschriften

The Physics Teacher,
http://scitation.aip.org/content/aapt/journal/tpt
Abstracts frei im Internet, sonst kostenpflichtig zugänglich; enthält viele Artikel zum Thema, häufig bezogen auf den Einsatz in Schulen.

American Journal of Physics,
http://scitation.aip.org/content/aapt/journal/ajp
Abstracts frei im Internet, sonst kostenpflichtig zugänglich; enthält insgesamt viele Artikel zum Thema, vielfach mathematisch anspruchsvoll.

Physics Education, http://iopscience.iop.org/0031-9120
Abstracts frei im Internet, sonst i. A. kostenpflichtig zugänglich; enthält insgesamt eine Reihe von Artikeln zum Thema, häufig bezogen auf den Einsatz in Schulen.

European Journal of Physics,
http://iopscience.iop.org/0143-0807
Abstracts frei im Internet, sonst i. A. kostenpflichtig zugänglich; enthält einige Artikel zu physikalischen Spielzeugen, mathematisch anspruchsvoll.

Artikel aus nicht direkt im Internet zugänglichen Zeitschriften lassen sich kostenpflichtig entweder direkt über die Zeitschrift oder über Subito bestellen (www.subito-doc.de). Personen mit Zugriff auf zentrale Online-Zeitschriftendatenbanken (Hochschul- oder Forschungsinstitutsangehörige oder Abonnenten) haben auf einige dieser Zeitschriften Online-Zugriff.

Bücher

Außer in Zeitschriften, in denen Artikel eher unregelmäßig erscheinen, kann man in Büchern konzentriert zum Thema fündig werden. Hier kann nur ein Überblick einiger wichtiger Werke gegeben werden. Die meisten Bücher sind längst vergriffen, mittlerweile über das Internet antiquarisch dennoch erhältlich.

Georg Dussler, Spiel und Spielzeug im Physikunterricht, Verlag Otto Salle, Frankfurt/M. 1933.

Richard Kluge, Spielzeuge als Zugang zur Physik, Verlag M. Diesterweg, Frankfurt/M. 1973.

Alfred Becker, Schulphysik mit Spielzeug, Aulis Verlag Deubner, Köln 1974.

Otto Ernst Berge, Spielzeug im Physikunterricht, Quelle&Meyer, Heidelberg 1982.

Mireille Hibon, Elisabeth Niggemeyer, Spielzeug Physik, Luchterhand, Köln 1998.

Jearl Walker: Der fliegende Zirkus der Physik, Oldenburg Verlag, München 2007, (Englisch: The flying Circus of Physics, 1975). Zu diesem Buch gibt es eine frei zugängliche Webseite mit sehr vielen weiteren Literaturangaben und links: www.flyingcircusofphysics.com

Hans Joachim Schlichting, Wenn der Pool ins Schwimmen gerät, Primus Verlag, Darmstadt 2012

Christian Ucke, Hans Joachim Schlichting, Spiel, Physik und Spaß, Verlag Wiley-VCH, Weinheim 2011

Heinrich Hemme: Kolumbus-Eier, Spiele und Experimente aus der Physik, Anaconda-Verlag, Köln 2013

Hannelore Dittmar-Ilgen: Wie der Kork-Krümel ans Weinglas kommt, Hirzel-Verlag, Stuttgart 2007

Wolfgang Bürger, Spielzeug-Physik, Akademie-Bericht Nr. 98, Dillingen 1986; Akademie für Lehrerfortbildung, Kardinal-von-Waldburg-Str. 6–7, 89407 Dillingen.

Wolfgang Bürger, Der paradoxe Eierkocher, Birkhäuser-Verlag, Basel 1995.

Wolfgang Bürger, Der Traum des Seglers bei Flaute, Birkhäuser- Verlag, Basel 1998.

Ernst Hrabalek, Laterna Magica – Zauberwelt und Faszination des optischen Spielzeugs, München 1985.

Jürgen Becker, Christian Ucke (Hrsg.), Unterrichtsanregungen zur Physik-Boutique, Stark-Verlag, Freising 1995.

Renée Holler, Kreisel, Hugendubel Verlag, München 1996.

Norbert Treitz, Spiele mit Physik, Verlag Harri Deutsch, Frankfurt/M. 1996.

Joachim Bublath, Das knoff-hoff Buch, Heyne Verlag, München. Drei Bände 1987, 1988 und 1993.

Michael Kratz, Das Blutwunder von Neapel, AOL-Verlag, Lichtenau 1994.

Michael Kratz, Cola verdaut Fleisch, AOL-Verlag, Lichtenau 1997.

Beverley Taylor et al., Teaching Physics with Toys, Terrific Science Press, Cincinnati 2006.

Mickey Sarquis, Exploring Matter with Toys: Using and Understanding the Senses, Terrific Science Press, Cincinnati 1997.

Jerry Sarquis et al., Investigating Solids, Liquids, and Gases with Toys, Terrific Science Press, Cincinnati 1997.

Jodi und Roy McCullough, Let them play – the role of toys in teaching physics, American Association of Physics Teachers 2000.

Internet
[1] de.wikipedia.org/wiki/Kategorie:Physikalisches_Spielzeug

Spielerische Physik mit und in Videos

Dieser Artikel mit allen links ist komplett herunterladbar (siehe Seite 2).

Videos können physikalische Phänomene anschaulich machen. Man kann sie leicht selbst herstellen und ebenso leicht im Internet verfügbar machen. Die Spannbreite der Qualität ist enorm. Besondere Möglichkeiten bieten Slow-motion-Videos. Die Anzahl verfügbarer Videos ist nicht mehr überschaubar.

Das Videoportal YouTube (allgemein: www.youtube.com; deutsch: www.de.youtube.com) ist sicherlich die erste Adresse, umfangreichste und unverzichtbare Quelle [1]. Das Portal existiert seit dem Jahre 2005, wurde 2006 von Google gekauft und hat seitdem einen enormen Aufschwung erlebt. Mittlerweile werden täglich mehrere hunderttausend Videos hochgeladen und mehrere Milliarden Videos heruntergeladen, darunter auch viele physikbezogene. Unter diesen wiederum sind Themen mit einem spielerisch-physikalischen Bezug eine mittlerweile auch kaum mehr abschätzbare Untermenge. Die Problematik besteht darin, die wirklich interessanten und gehaltvollen Quellen zu finden. YouTube bietet die Möglichkeit mit geeigneten Stichwörtern zu suchen, wobei die Suche sich offenbar an Google-Algorithmen anlehnt. Da aber jeder Einsteller von Videos seine eigenen Stichwörter kreiert und das häufig nur in seiner eigenen Sprache, kann das Finden im Einzelfall pures Glück bedeuten. Interessante Videos sind auch in für uns schwerer oder kaum zugänglichen Sprachen wie Russisch, Japanisch usw. vorhanden. Zwar sprechen die bewegten Bilder oft genug für sich selbst. Aber Hintergrundinformation oder Kommentare sind dann doch kaum verständlich.

Die heutigen Suchmaschinen bieten ganz allgemein die Möglichkeit, mit Stichwörtern direkt nach Bildern oder Videos zu suchen. Das erbringt zunächst wieder fast nur YouTube-Quellen, im Einzelfall auch andere Hinweise.

Aus der schier unüberschaubaren Masse von Videos allein mit der hier interessierenden Thematik haben wir deshalb exemplarisch einige ausgewählt und kommentiert. Wir können nur jedem Interessierten raten, beim Suchen eine nicht zu vernachlässigende Zähigkeit und Kreativität zu entwickeln. Meist findet man dabei auch ganz andere, interessante Clips.

Generell gilt, dass man mit Englisch erheblich mehr als mit Deutsch findet. Mit dem Stichwörtern ‚physics toys‘ oder ‚physics is fun‘ ergeben sich weitaus mehr Treffer als mit ‚physikalische Spielereien‘ oder ‚physikalisches Spielzeug‘. Wer andere Sprachen beherrscht, sollte das natürlich auch nutzen.

Generell gilt auch, dass bei der überwiegenden Anzahl der Videos keine befriedigende Erklärung physikalischer Hintergründe vorhanden ist. Zu den Videos kann jeder Nutzer Kommentare dazu schreiben. Da kann man manchmal gute Hinweise finden, meist jedoch überwiegen völlig unwesentliche Bemerkungen.

Störend ist die immer häufiger vorgeschaltete oder eingeblendete Werbung.

YouTube-Kanäle

YouTube bietet sogenannte Kanäle als Extrapunkt an. Kanäle haben den Vorteil, dass die Videos zu dem gewünschten Thema gleich gebündelt angeboten werden. Gibt man in der entsprechenden Suchzeile ‚physics toys‘ ein, erscheinen einerseits kommerzielle Anbieter von physikalischem Spielzeug mit selbst produzierten Videos, wie www.youtube.com/user/p4perpetuum/videos, www.youtube.com/user/henders007/videos, www.youtube.com/channel/ UC0Sqq1RtEAq2DfHaXHLWyvQ/videos.

Die Masse der vorgestellten Objekte sind jedenfalls eine Quelle der Inspiration.

Zum anderen gibt es interessierte Personen, die physikalische Phänomene vorstellen, darunter auch Spielzeuge (z.B. www.youtube.com/user/leventsakar/videos).

Der amerikanischer Physiker Julius Sumner Miller hat schon im Jahr 1969 Vorlesungen gehalten, die sich ebenfalls mit physikalischen Spielzeugen befassen (www.youtube.com/user/dramaticphysics). Auch wenn die Spielzeuge teilweise in der gezeigten Ausführung heute nicht mehr erhältlich sind, gibt die Serie von Videos einen informativen Überblick.

Mit dem Stichwort ‚arvind gupta‘ kommt man zu der Videoliste des indischen Kreativkonstrukteurs Arvind Gupta (www.youtube.com/user/arvindguptatoys/videos). Im Gegensatz zu kommerziellen Anbietern liegt sein Schwerpunkt beim Selbstbau von Wissenschaftsspielzeug aus einfachsten Materialien für Mathematik, Physik und Technik. Sein Motto lautet sogar ‚toys from trash‘. Sein Einfallsreichtum und seine Vielfalt sind eindrucksvoll.

Mit dem Stichwort ‚veritassium‘ gelangt man zu einem Kanal mit Wissenschaftsvideos, darunter auch einige mit physikalischen Spielereien. Die Autoren zeigen zunächst ein Experiment oder ein Objekt und dessen Eigenschaften. In weiteren Videos folgt dann eine physikalische Erklärung. Das ist sonst generell selten. Hier seien nur zwei Beispiele angeführt: 1) Der freie Fall eines Slinky's in slow motion (**Slinky Drop;** www.youtube.com/watch?v=uiyMuHuCFo4); 2) ein Kreisel in Form eines Zylinders (**Spinning Tube Trick;** www.youtube.com/watch?v=wQTVcaA3PQw). Hierzu könnte man auch den Artikel ‚Zylinder- und Kugelkreisel‘ im Buch ‚Spiel, Physik und Spaß‘ [2] lesen.

Die Zeitschrift ‚Physik in unserer Zeit‘ publiziert seit einigen Jahren zu ihren normalerweise kostenpflichtigen Artikeln frei zugängliche Videos in einem eigenen Kanal www.youtube.com/channel/UCeOmborSGJ-Si_a6OKlik3g. Wer hier etwas Interessantes findet, hat die Möglichkeit, sich in den zugehörigen Artikel wissenschaftlich fundiert zu vertiefen.

Suche nach Videos bei YouTube mittels Stichworteingabe

Die Eingabe von einzelnen Stichwörtern ergibt natürlich spezifischere Ergebnisse als das Durchforsten von Kanälen. Außerdem werden auch die Treffer in Kanälen gefunden. Hilfreich zum Finden der Stichwörter in anderen Sprachen (hauptsächlich wieder Englisch) kann die Kategorie ‚Physikalisches Spielzeug' in Wikipedia sein (de.wikipedia.org/wiki/Kategorie:Physikalisches_Spielzeug).

‚Physikalisches spielzeug' oder ‚physikalische Spielereien' als Stichwort ergibt jeweils etwas weniger als hundert Ergebnisse. Und selbst die befassen sich nicht alle genau mit dem Thema. Mit ‚physics toy' erhält man etwa 87.000 Ergebnisse, mit ‚physics fun' an die 370.000 Hinweise (Juli 2015). Die meisten Videos sind kaum länger als einige Minuten und zeigen nur ein physikalisches Spielzeug oder Experiment ohne weitere Erklärung des physikalischen Hintergrundes.

Eine passables Beispiel bezüglich Darstellung und Erklärung sind mehrere Videos von Dave Billiards (z.B. **Woodpecker on Pole**; www.youtube.com/watch?v=s3YSnNAIHDg). Hier wird der physikalische Hintergrund des eine Stange hinunter pickenden Spielzeugspechts beschrieben und sinnvoll mit Zeitlupen-Aufnahmen ergänzt. Gibt man nunmehr als Stichwort ‚woodpecker toy' ein, erhält man viele weitere Ergebnisse zu diesem Spielzeug, darunter auch Hinweise, wie man den Pickspecht selbst bauen kann.

5 Fun Physics Phenomena (www.youtube.com/watch?v=1Xp_imnO6WE) zeigt fünf scheinbar einfache, spielerische Experimente und fragt den Zuschauer nach einer Erklärung. In einem Folgevideo gibt es dann die Erklärungen – und die sind gar nicht oberflächlich!

Schon ziemlich weit hinten nach einigen hundert Einträgen taucht ein Vortrag des Mathematikers Tadashi Tokieda auf. Es bedarf schon einiger Zähigkeit so weit zu kommen. Mit dem Namen direkt ins Suchfeld ergeben sich viele Ergebnisse. Hier sei nur der folgende Link erwähnt (**LMS Popular Lecture Series 2008, Toy models**; www.youtube.com/watch?v=pkfDYOZ1p4Y). Es handelt sich um einen einstündigen Vortrag in English über einige physikalisch-mathematisch sehr interessante Spielzeuge, wie keltische Wackelsteine und Stehaufkreisel. Tokieda trägt nicht nur unterhaltsam vor, er zeigt darüber hinaus physikalische Ansätze zum Verstehen der Spielzeuge. Er hat auch zu einigen Objekten mathematisch anspruchsvolle Publikationen verfasst. Dieses Video stellt sicherlich ein Extrem bezüglich Länge und Physik dar.

Weitere Quellen für Videos (nicht YouTube)

Andere, allgemeine Videoportale, wie myvideo.com, vimeo.com, dailymotion.com (Übersicht unter www.basiclinks.de/video/linksammlung_videoportale.html) sind kaum relevant für unsere Thematik. Hier können wir nur einige Hinweise geben.

Die amerikanische Weltraumorganisation NASA hat schon 1985 eine Reihe von Experimenten ‚toys in space' induziert, zu denen sowohl Videos als auch Begleitmaterialien gehören (www.nasa.gov/audience/foreducators/microgravity/home/toys-in-space.html). Das unterschiedliche Verhalten von physikalischen Experimenten im Weltraum (microgravity) und auf der Erde wird anschaulich thematisiert.

Das Portal www.sciviews.de hat sich zum Ziel gesetzt, wirklich gute und eindrucksvolle Wissenschaftsvideos zu finden, zu zeigen und gegebenenfalls zu kommentieren. Hier das Beispiel des Levitron-Kreisels www.sciviews.de/video/levitron-oder-der-schwebende-kreisel .

In der Mediathek zu den Sendungen von Kopfball (www.wdr.de/tv/kopfball/) finden sich manchmal interessante Themen. Der bei YouTube im Jahre 2013 millionenfach angeklickte Videoclip zur chain fountain (**self siphoning beads**; www.youtube.com/watch?v=_dQJBBklpQQ) führte zu Folgesendungen auch in deutschen, populären Wissenschaftsmagazinen. Unter dem Stichwort Kettenfontäne findet sich bei Kopfball eine ganze Sendung dazu (www.wdr.de/tv/kopfball/sendungsbeitraege/2014/1122/kette.jsp). Hier darf man nicht zu große Maßstäbe bezüglich der Physik erwarten. Aber das ist ja auch nicht das Ziel der Sendung.

Referenzen

[1] de.wikipedia.org/wiki/YouTube
[2] C. Ucke, H. J. Schlichting, Spiel, Physik und Spaß, Wiley-VCH, Weinheim 2011.

Stichwortverzeichnis